2012/01

总 期 第 一 期

注册建筑师

REGISTERED ARCHITECT

深圳市注册建筑师协会
香港建筑师学会

主　编　张一莉
副主编　赵嗣明　戚务诚

U0251080

中国建筑工业出版社

弘扬建筑文化

营造美好家园

贺《注册建筑师》创刊

岁在壬辰年春 萧如棠书

原城乡建设与环境保护部部长、建设部常务副部长叶如棠题词

绘华夏蓝图

创建筑精品

贺《注册建筑师》出版发行

宋春华题

原建设部副部长宋春华题词

建业一品 筑梦两地

贺《注册建筑师》出版发行

洪海灵题

深圳市住房和建设局副局长洪海灵题词

序 / 风乍起 吹皱一池春水

深圳市注册建筑师协会会长

随着我国市场经济的发展，勘察设计市场机制运作逐步成熟与完善。从1997年的《中华人民共和国建筑法》到2000年的《建筑工程质量管理条例》等法规颁布实施，勘察设计行业作为经济社会中的一个行业，从法律上得到了确认。1995年，国务院颁布了《中华人民共和国注册建筑师条例》，正式立法实施了职业建筑师注册考试制度。建筑师经历了职业教育、职业考试、职业注册、职业立法等活动程序后，具有了"注册建筑师"的垄断性的名称和职业领域。依据注册建筑师条例的规定，深圳市的建筑师在1998年自行组建了"注册建筑师协会"。

深圳市注册建筑师协会，在市政府行政主管局和注册建筑师管委会指导下，做了以下一些工作：贯彻有关建筑师的法规、政策，宣传注册建筑师的执业道德规范；对深圳市的注册建筑师教育、职业实务训练、考试、注册、继续教育和执业等工作，提出意见和建议；支持会员依法履行注册建筑师职责、维护会员合法权益；承担了建设行政主管部门和注册建筑师管委会委托的有关注册建筑师方面的工作；筹划和开展了国内、国际社会团体间有关建筑学学术领域的交流和合作。

深圳市注册建筑师协会自组建以来，就一直试图创办具有职业特色、有关注册建筑师的书刊，基于多种原因一直未能实现。近年来建筑市场逐日地繁荣和扩大，深圳市的职业建筑师执业走向全国和境外。协会理事会经过讨论、研究，决定按照会员提出的倡议，试办具有注册建筑师职业特色，名为《注册建筑师》的书刊。编辑《注册建筑师》的宗旨是：反映和体现注册建筑师的职业考试、教育、执业、管理等工作环节上的意见、技能、水平和成果业绩；彰显和评估注册建筑师的责任、诚信、思想和职业道德；介绍和交流注册建筑师的认识、经验、观点和设计理念；

认识和对比我国注册建筑师在执业过程中和国际习惯做法的不同、不足、差距和处理方法；宣传和拓展职业建筑师的"建筑学服务"的流程和职业建筑师职能体系。

正如2012年注册建筑师必修课《职业建筑师业务指导手册》中所提到的那样，我国职业建筑师制度具有如下特点：设计的建筑师实践性的垄断，建筑师职业服务片段化，建筑师的独立性尚不具备，行业组织的主体性缺失。国际通行的职业建筑师服务流程分为策划、设计、施工、维护四大阶段，世界贸易组织将"建筑学与工程设计服务"分为四类，编号为CPC8671-8674，与联合国产品分类目录相对应。其中"建筑学服务"（CPC8671），就概述了职业建筑师从前期企划到施工合同管理的全过程服务。即：咨询和设计前期服务；建筑设计服务；项目合同管理服务；建筑设计和项目合同管理组合服务；其他建筑学服务。对照上述国际职业建筑师服务流程，确实感到我国"建筑师职业服务片段化"了。着眼于未来的职业发展，我国与世界的交流和服务竞争，中国职业建筑师的建筑学全过程服务的导向越来越明确了。为此，我国职业建筑师，就需要努力地做好各方面工作，争取早日建成建筑学全过程服务体系。

《注册建筑师》的编辑和出刊，我会尚是初次实践，定有诸多的缺点和不足。期望各方领导、专家和建筑师们提出意见和建议，以便探求职业建筑师书刊的特点，积累经验、提高质量，使其具有方向性、专业性、可读性和群众性。

《注册建筑师》的出版，愿如阵阵和煦的"微风"，吹进建筑师的心田和执业空间。

期盼"风乍起，吹皱一池春水"。

2012年10月 深圳

目录 CONTENTS

建筑广角

附录

中国注册建筑师制度 20 年历程

——我所经历的中国注册建筑师制度

修 璐

住房和城乡建设部执业资格注册中心副主任

前言

理论上很难确定我国建立注册建筑师制度的准确起始时间，但粗略估计已经约有20年的历史了（若从两部正式发文算起应该是19年）。20年的勘察设计行业改革和企业发展的历程，见证了我国注册建筑师制度成长20年的风风雨雨，20年的进步发展和20年取得的辉煌。这里面凝聚了几代行业领导者、企业管理者、建筑设计人员的辛勤劳动，不懈努力，负责任的创新精神和对建立一支现代化并受国际同行尊重的建筑师队伍的殷切期盼。20年的历史有太多的事情值得回顾，有太多的内容值得记忆。回忆历史，了解发展过程，总结有益的经验，发现进步中的新问题，同时体会老一代行业领导、管理者和建筑设计人员呕心沥血，对推动我国注册建筑师制度所作出的不懈努力和巨大贡献，对当前行业管理者和执业注册人员了解行业改革和注册建筑师制度发展历史，进一步促进勘察设计行业和企业发展，提高我国建筑师队伍素质和国际地位都是十分必要和有意义的。这也是笔者撰写此文的真正目的和动力。

回顾和了解这段历史，当前行业管理者和注册建筑师自然而然地会提出很多困惑或需要了解的问题。诸如为什么20世纪90年代初期我国勘察设计行业管理体制要进行改革，在行业管理制度改革中为什么决定在建筑设计领域首先推行注册建筑师制度，有什么特殊意义吗？推行注册建筑师制度符合当时我国勘察设计行业发展实际需要吗，要解决什么实质性问题？在建立注册建筑师制度中，中国国情（特色）是如何考虑和体现的？我国建立注册建筑师制度，在标准上确定与当时世界上最发达的国家美国标准接轨，有这个必要吗？这样定位对我国勘察设计行业和企业发展具有哪些现实意义和长远的战略意义？实施注册建筑师制度对保证工程设计质量，公众利益和人民生命财产安全，提高设计水平以及树立我国建筑师的国际地位起到了什么样的积极促进作用？等等。在20多年后的今天，回顾和审视这段历史，有些问题已经有了答案，有些方面积极效果正在显现，有些新挑战随着环境的变化在不断涌现，需要逐步加以解决和完善，但无论怎样，注册建筑师制度都是备受过去、现在和将来行业管理者

作者简历

修璐，管理工程与科学博士，研究员，曾留学美国康奈尔大学。20世纪90年代曾任国家建设部勘察设计司注册办主任，资格质量处处长，市场管理处处长，全国注册建筑师管理委员会首任秘书长，贵州省都匀市委常委，副市长（挂职），以及住房和城乡建设部执业资格注册中心副主任等职务。亲身经历和参与了我国注册建筑师制度建立的主要过程，并一直从事与勘察设计行业有关的管理理论和政策研究工作。在建设部和勘察设计司有关领导的指导下，曾参加建设部注册建筑师制度国内外调研、必要性和可行性论证，整体工作框架制定，建筑学教育评估，职业实践标准，注册建筑师法律法规建设，注册建筑师特许和考核认定等有关政策文件的研究制定和起草工作。组织有关专家制定注册建筑师考试大纲和考题设计，并参与和组织实施了特许和考核认定，辽宁省全国一级注册建筑师考试试点，全国注册建筑师考试和评分等项工作。曾多次代表我国参加国际建筑师组织机构之间资格互认谈判，交流与合作工作，目前是亚太经合组织（APEC）建筑师项目监督委员会中国代表。

和执业人员关注和希望得到充分了解的主题。为了对我国注册建筑师制度发展有更客观，更全面和更深刻的理解，就让我们从当时我国勘察设计行业和企业改革的历史背景，我国建立注册建筑师制度的必要性、紧迫性和可行性(战略意义和现实意义)，注册建筑师制度对勘察设计行业及相关领域改革带来的影响与变化，以及注册建筑师制度建立过程中发生的具有重要历史意义的事情和对主要有影响人物的透视等多视角，去观察和体会注册建筑师制度的发展历史和伟大的业绩吧。

一、我国建立注册建筑师制度的历史背景和发展要求

要想准确了解注册建筑师制度发展历程，就必须从了解制度建立时勘察设计行业所处历史背景情况入手。回顾历史，可以说正是勘察设计行业和企业改革及广大建筑设计人员发展的要求，以及行业领导者、管理者的正确判断，创新的精神和果断的决定推动了我国注册建筑师制度的诞生和发展。我国注册建筑师制度是在20世纪80年代末期开始进行调研、论证，并进入方案规划和

前期准备，90年代初期开始按计划逐步实施的。任何一项改革的出现都是和当时的社会和经济发展需要紧密相关的，尤其是经济体制和行业管理制度这样的重大调整。那么当时国家经济体制、行业管理制度和企业发展在新的历史时期发生了哪些变化，提出了哪些新的改革与发展要求呢？回忆起来当时主要有以下几方面因素。

1. 1978年召开了党的十一届三中全会，会议提出了以经济建设为中心和改革开放的方针政策，明确了探索和建立有中国特色的社会主义为目标的发展方向。1992年召开的党的十四大提出了我国经济体制改革的目标是建立有中国特色的社会主义市场经济体制，并提出了建立和完善社会主义市场经济理论，培育市场体系和运行机制，通过市场实现资源优化配置，逐步完成由计划经济体制向社会主义市场经济体制过渡的任务。建立社会主义市场经济体制的改革必然导致国家行政管理制度的改革和调整，必然导致行业管理制度和勘察设计单位按现代企业制度的目标进行改革和调整。因此，国家经济体制的转变，行政管理制度的调整，以及建立现代企业制度的宏观政策环境的改变，向勘察设计行业和单位提

原建设部勘察设计司司长吴奕良同志和原人事部职称司司长王雷保同志和副司长刘宝英同志合影

出了改革和发展要求，要求其必须作出相应的调整。如何改革和调整已经成为当时行业领导者、管理者面临必须思考和解决的问题了。

2. 随着国家由计划经济体制向社会主义市场经济体制改革的不断深入，原来勘察设计任务由国家统一计划调配和勘察设计单位作为事业单位，内部实行行政管理的组织结构和生产方式在发生改变。勘察设计市场在逐步建立，勘察设计任务需要勘察设计单位通过市场竞争取得，勘察设计单位需要转变成为面向市场，自主经营，自我管理，自负盈亏的现代化和社会化企业。政府的管理方式也需要由原来的行政直接管理转变成通过市场进行宏观调控的间接管理的方式。因此，如何建立适应社会主义市场经济体制要求的勘察设计行业管理制度、勘察设计市场准入制度、勘察设计企业诚信制度、工程设计质量保障体系，规范市场秩序和企业行为也成了当时勘察设计行业和企业管理者必须思考和解决的问题了。

3. 随着国家改革开放的不断深入，我国加入世界贸易组织工作在不断深化和发展，我国市场体系融入国际市场体系的速度在加快。作为在WTO谈判中开放比较彻底的服务贸易业的勘察设计行业和企业受到的影响和冲击比较突出，改革

的压力也比较大。在工程建设市场方面，随着国内的建设规模不断扩大和勘察设计市场的逐步开放，国外设计企业和设计人员进入我国勘察设计市场开展业务的数量越来越多，尤其是建筑设计领域。面对如此多的外来人员，如何评价其技术能力，如何保证工程设计水平和质量，如何对其进行有效的管理已经成为行业管理者必须解决的问题了。同时我国确立了实施"走出去"的长期发展战略，鼓励和培养我国的工程设计企业和设计人员走出"国门"。因此，如何按照国际标准和要求建立工程技术人才评价体系和市场管理体系，实现我国的勘察设计行业管理制度与国际管理惯例接轨的发展需要也成为行业管理者当时必须下决心解决的问题了。

4. 随着国家经济的快速发展和城乡建设规模不断地扩大，我国已经发展形成了世界上瞩目的工程建设的大市场。在发展速度快，时间紧，任务重，技术人员数量和能力储备不足的情况下，出现了设计队伍人员混杂，设计水平和能力参差不齐，市场行为不规范，处罚法律依据不足，市场管理比较混乱的情况。同时由于工程设计法律责任不明确，不落实，导致工程设计水平不高，工程设计质量低劣的问题屡有发生，严重地影响

了国家工程建设的水平和质量。随着社会对工程质量安全的关注度逐步加强，国家对勘察设计市场法制化的管理和对合格设计人才的标准和责任提出了新的要求，要求勘察设计市场必须依法管理，要求工程设计人员不光要具有良好的教育背景、扎实的专业理论，同时还要具有丰富的工程设计经验、市场服务能力和良好的职业道德。这些要求影响到了勘察设计市场法律建设和专业人才教育体制与技术人员评价体系的改革与调整。法律法规建设要按市场管理要求进行完善和调整，专业教育体系、培养目标、教学内容和受教育者综合解决工程设计问题的能力和经验，要按执业能力要求进行调整，人才能力评价体系要按执业资格进行调整。因此，如何使我国勘察设计市场管理有法可依，如何按照国际标准要求，选拔达到专业教育标准要求，职业实践经验要求，并通过设计能力全面测试的（考试）设计人员进入勘察设计市场从事工程设计工作，同时给予具有排他性的图纸签字和工程实施的权力，并承担相应的法律责任也已经成为行业管理者在勘察设计市场法制化建设、教育体制和人事职称制度改革方面需要认真解决的重要问题了。

综上所述，国家经济体制改革与调整，行政管理制度的转变，以及建立现代企业制度的宏观政策环境要求；勘察设计管理制度和市场准入制度的改变和调整要求；勘察设计行业融入国际市场，管理方式和管理制度与国际管理惯例接轨的发展需要；以及勘察设计市场法律法规体系建设，建筑学教育培养目标和工程设计人员评价体系的调整等新的需求成为当时勘察设计行业改革与发展面临的主要新问题，也是行业和企业管理者寻找新思路和新的管理模式的主要出发点。其目标就是要积极探索和建立符合国际标准，融入国际市场，满足工程建设需要，同时还具有中国特色

的新的行业管理制度和人才选拔评价体系。在这一特定的历史发展阶段，执业资格和注册建筑师制度开始逐步进入了行业领导和管理者的视野。

二、我国建立注册建筑师制度的必要性，迫切性和可行性，实行这一制度具有的现实意义和长远的战略意义

历史发展阶段要求勘察设计行业进行改革和调整，那么如何选择改革的切入点呢？当时在勘察设计行业改革中为什么要建立执业资格注册制度？在执业资格注册制度总体框架中为什么首先选择在建筑设计领域推行注册建筑师制度？这项制度的实施对我国勘察设计行业发展具有什么样的现实意义和长远的战略意义？这些都是当时行业领导者和管理者在思考中遇到的具体问题。回顾这段历史，当时考虑的主要因素有以下几方面：

1. 建筑工程设计领域是勘察设计行业壁垒最小、市场发展最快的领域。20世纪90年代初期，随着改革开放力度在逐步加大，国内外建筑设计企业和设计人员进入这一市场的人员越来越多，最集中。在快速发展和人员水平能力参差不齐的情况下，如何保证工程设计质量和水平，保障公众利益和人民生命财产安全问题反映最强烈，已经提到了政府行业管理者面前，需要思考和解决。在勘察设计行业管理上迫切需要建立一整套符合市场经济体制的工程设计人员水平和能力的评价标准与体系，以及市场准入管理制度和办法。这是选择首先在工程设计领域建立执业资格注册制度所考虑的主要因素。

2. 20世纪90年代初期，国家进入城市建设高速发展的启动期，投资规模和数量在急剧增加，尤其是民用和公共建筑市场领域发展需求最大。当时，由于工程设计人员在数量和设计水平方面

跟不上市场快速发展的需要，因此设计水平和设计质量安全的问题逐步显现，工程质量事故不断发生。建筑专业是龙头专业，专业界限清楚，在工程设计中统领和协调相关专业。因此，如何抓住龙头，实现以点带面，规范建筑教育标准，职业实践标准，建立起符合市场经济体制的勘察设计质量管理办法，明确法律责任，并且责任到人，从源头上解决工程设计质量问题也是考虑建立执业资格注册制度并首选建立注册建筑师制度所考虑的主要因素之一。

3. 20世纪90年代初期，由于国家改革开放的政策力度不断加大和步伐逐步加快，属于服务业的勘察设计行业受到国外同业企业和人员的冲击最大，尤其是民用和公共建筑领域。同时，国外实行市场经济体制的国家实行注册建筑师制度已有数百年的历史，经验比较丰富，运行体制比较规范，是当时建筑设计领域国际设计机构组织模式的通行惯例，我国若建立注册建筑师制度，比较容易融入国际体系。因此，按照积极加入国际组织，参与国际行业法律法规和标准制定，维护国家行业和技术人员利益，合理保护市场和促进民族企业发展的战略要求，在比较能够融入国际管理体系，并且能够对已进入我国勘察设计市场的外国设计企业和人员实现有效评价和管理也是国家行业管理者当时考虑首先建立注册建筑师制度主要因素之一。

正是考虑到上述主要原因，当时建设部、人事部领导和行业管理部门经过充分的调研，科学的分析和判断，果断地决定在我国勘察设计行业管理体制改革中，建立个人执业资格注册制度。在个人执业资格注册制度总体框架中，首先推出建立注册建筑师制度。回顾历史，当时建立和实行注册建筑师制度的必要性和意义主要体现在以下四方面。

1. 实施注册建筑师制度对推动勘察设计管理体制改革有巨大的促进作用

随着改革的不断深入，勘察设计市场体系的逐步完善，特别是勘察设计单位深化体制改革，产权多元化和私营建筑设计事务所的出现，规范市场主体行为，维护市场正常秩序就显得尤为重要了。这对勘察设计行业管理提出了更高要求，不但要管好企业，也要管好个人。当时我国工程设计市场准入管理主要是管单位，单位资格分甲、乙、丙、丁四个级别，主要是依据单位拥有的各级技术人员数量来确定其级别。这种办法虽然从总体上管住了单位资格，但对设计人员的个人技术水平和执业资格缺乏定量评定。设计人员在工程设计中权利、义务和法律责任也不明确，不利于发挥设计人员积极性和保证工程质量。实施注册建筑师制度后把单位资格管理和个人资格管理结合起来，由注册建筑师负责设计单位中某些关键岗位，将有利于提高设计质量和水平。同时，通过法律法规对注册建筑师的权利、义务和法律责任做出明确规定，增强了注册建筑师的使命感和责任感。通过建立注册建筑师制度这一改革措施，将使我国建筑设计管理工作逐步适应市场经济的要求，走上规范化、法制化的轨道。

2. 实施注册建筑师制度有利于对外开放和开拓国际市场

建筑师、工程师的工作涉及重大的技术和经济责任，影响到国家财产、公众利益和人民生命安全，因此对建筑师、工程师实行严格规范的注册制度是国际惯例。如果我国不实行注册制度，我国的建筑师水平再高，也无法进入国际市场承揽设计任务。同时，国外在华投资的大多数项目，被国外建筑师承接，我们也没有管理的资格，国内的甲级设计院再高层次的设计人员只能当配角。这不仅不符合国际上的对等原则和惯

全国注册建筑师管理委员会代表团访问美国全国注册建筑师考试委员会（NCARB）时合影

例，也严重挫伤了设计人员的积极性和创造性，影响了我国建筑设计行业发展。为使我国建筑设计行业尽快适应改革开放和与国际设计市场接轨的需要，必须实行注册制度并在各个环节上尽可能地向国际惯例靠拢，使我国能顺应世界经济一体化的趋势。在不少国家加紧磋商国与国之间相互承认执业标准或注册资格的时候，我国必须加快融入国际体系的步伐，在国际标准制定中取得发言权和主动权，这将为我国工程设计走向世界创造必要条件。

3. 实施注册建筑师制度有利于提高设计队伍和人员的素质

在决定实行建筑师注册制度的时候，我国设计队伍的整体素质与社会和市场发展要求还不相适应。当时执行的工程技术人员能力评价办法主要是职称考评制度，职称评定中难以避免论资排辈，职称与岗位脱节等问题的发生。职称评定侧重于专业技术、理论水准，与执业资格评定尚属两种体系。实行执业资格注册制度，一个人从接受教育阶段开始，就要达到国家规定的教育标准，毕业后，再接受全过程的职业实践训练，然后通过国家统一考试才能取得执业注册资格。同时注册资格是动态的，获得注册资格并不是终身制，随着建筑科学技术的发展，设计人员取得资格后，还要参加继续教育，不断更新知识，提高业务水平，接受定期复核。这将有利于激励工程技术人员，从接受大学教育开始就不懈努力，为成为一名合格的注册建筑师而奋斗一生。因此，设计队伍和人员的整体素质将会有显著的提高。

4. 实施注册建筑师制度有利于促进工程设计质量和水平的提高

注册建筑师制度规定了建筑师的权利、义务和法律责任，强调了只有取得注册资格的设计人员才能以注册建筑师的名称从事建筑设计业务活动。同时界定一级、二级注册建筑师不同的执业范围，从而加强了设计者个人的责任，也有利于

15

全国注册建筑师管理委员会代表团与加拿大注册建筑师管理委员会代表会谈

维护设计市场的正常秩序。注册建筑师制度还规定，注册建筑师从事建筑设计业务必须受聘于具有法人资格的设计单位，由设计单位分派任务，设计单位出具设计图纸必须有负责该项目的注册建筑师签字。如果因质量造成了经济损失，不仅由设计单位赔偿，而且设计单位有权对相关的注册建筑师追偿连带责任，这就使设计质量和经济责任不但同企业法人联系起来，同时与注册建筑师也联系起来，必将有效提高设计质量和水平。

三、注册建筑师制度的建立对行业改革和体制变化带来的深刻影响和促进作用

注册建筑师制度是勘察设计行业管理制度系统改革中的一部分，它的建立就像催化剂一样引发和推动了相关领域的一系列改革和调整。我国注册建筑师制度是由专业教育标准，职业实践标准和资格考试标准等三个方面构成的。这三个标准涉及和关系到了我国建筑学专业教育、建筑师法律建设、工程技术人员职称制度、勘察设计行业和市场管理制度、勘察设计企业产权制度、国家对外服务贸易政策等多领域改革和发展问题。那么注册建筑师制度的建立与实施，怎样推动和促进了这些领域的改革与发展呢？带来哪些首创和值得记忆的重大改变呢？回顾历史，对行业发展产生重要影响和改变，具有首创意义的事情主要有以下几方面。

1. 我国第一个专业学位诞生。为推动我国注册建筑师制度的实施，1992年经国家教委和国务院学位办批准，清华大学、同济大学、天津大学和东南大学四所第一批通过建筑学专业评估的院校向首批专业学位毕业生颁发了中华人民共和国第一个专业学位——建筑学学士学位。这在新中国高等教育史上是具有里程碑意义的重要事件，从此我国开启了专业学位制度。注册建筑师制度的建立必须从建筑学教育标准抓起，所谓的教育标准就是以市场需求为导向，按照国际上对注册建筑师教育的标准要求对我国高等院校的建筑学专业进行教育综合评估，检查是否达到了规定的建筑学专业教育内容和水准，只有经过评估的院校，毕业生才能被授予专业学位。在建立注册建筑师制度以前，我国建筑学专业毕业生获得的是工学士学位，与国际学位惯例有较大的差距。为建立注册建筑师制度，当时国家教委、国务院学位办受理了原建设部对建立建筑学专业学位的申请，并进行了认真的考察和研究，经国务院学位委员会批准，设立了我国第一个专业学位。我国第一次全国注册建筑师考试时间定在1995年进行，也主要是考虑到了第一批获得专业学位的毕业生需要满足三年的职业实践标准要求，才具备参加注册建筑师考试资格的规定而确定的。

2. 在建筑工程设计领域人事职称制度改革中首次引入了个人执业资格。建立和实行注册建筑师制度推动了当时国家人事管理制度的改革，尤

其是深化了工程技术人员职称管理制度的改革。实现了对工程技术人员能力的评价由"职称"逐步向"执业资格"过渡，由"学术水平评价"逐步向"执业能力评价"过渡。时任国家人事部职称司王雷保司长对注册建筑师制度作评价时说："人事制度改革的方向是建立与社会主义市场经济相配套的人事管理体制，即建立'三个制度和三个体系'"。其中一个体系叫人才市场体系，人才市场包括一个非常重要的内容，就是科学评价和合理使用各类专业技术人才。建立执业资格制度和推行专业技术资格制度都是完善科学评价体系的一个非常重要的手段。建立注册建筑师制度是深化人事制度改革的一部分，同时也是深化职称改革的一个发展方向，即对关系到人民生命财产安全的职业实行准入控制，建立专业技术人员执业资格制度。

3. 建立了我国第一部也是唯一针对工程技术人员资格的法律规定。1995年中华人民共和国国务院84号令颁布了"中华人民共和国注册建筑师条例"，条例的颁布确立了我国注册建筑师制度的法律地位。这是第一部也是至今为止国家唯一对工程建设领域个人执业资格的立法。这部法规对深化勘察设计行业改革，确立我国注册建筑师的法律地位和在国内外提升我国注册建筑师的影响力具有划时代的意义。从此，注册建筑师的权力、责任和义务有了法律依据和保护，对注册建筑师的执业管理和处罚有了法律的根据和条款，使我国对勘察设计行业的管理逐步进入到了法律化和规范化的轨道。

4. 勘察设计市场准入标准中首次引入个人执业资格要求，成为重要评价因素，标准发生了质的改变。在计划经济体制下，勘察设计机构是事业单位，主要任务是完成国家下达的指令性投资建设计划。勘察设计没有市场，因此也没有市场准入制度和准入标准。改革开放以后，勘察设计行业属于服务业，被推向了市场，勘察设计机构由事业单位转变成了企业，主要按市场业主需求提供服务，因此就出现了勘察设计市场准入制度和资质标准。1992年原建设部勘察设计司出台了"勘察设计单位资质标准汇编"。资质审查的着眼点基本上是确定在对设计单位整体综合能力的评价上，包括对单位人员总数、技术人员职称构成和数量、工程设计专业配套情况、完成工程设计质量和业绩、有无获奖、企业注册资本金、设备和工作场所等各方面是否达到规定的标准要求的评价上，评价的方法是专家组审查和行政审批。在实行注册建筑师和其他相应执业资格制度以后，市场准入标准首次将对技术人员职称的构成和数量的要求逐步转移到对执业注册人员的构成和数量的要求上来了。从此，执业注册人员的数量和执业资格专业配套情况成为企业取得市场准入资质的核心和关键因素。

5. 推动了民营经济设计机构的发展，首家个体建筑师事务所诞生。可以说没有注册建筑师制度的建立，就不可能在我国出现民营建筑师设计事务所。取得注册建筑师资格是申请开办民营建筑师事务所的基本条件和必要条件。按照国际注册建筑师执业组织结构形式惯例，我国在实行注册建筑师制度以后，首先在深圳、广州和上海等地开展了资深知名注册建筑师申请开办民营建筑师设计事务所的试点，这是新中国成立以来，在勘察设计行业首次允许以个体经济形式开办的设计机构。由莫伯治、佘畯南、陈世民、左肖思等资深知名建筑师创办的民营建筑师事务所相继诞生，为我国勘察设计企业组织结构增添了新的组织形式。通过试点取得了必要的经验，推广到全国，经过几年的发展，目前在全国各地已经有200多家民营建筑师事务所活跃在勘察设计市场，为

吴奕良同志、王雷保同志、刘宝英同志和修璐同志在全国注册建筑师工作会议上

业主提供有专业特色的设计咨询服务。

6. 我国注册建筑师首次进入相应的国际组织，并得到国际组织认可。我国注册建筑师制度的建立，有力地推动了注册建筑师的国际交流与合作，吸引了各国注册建筑师机构和国际建筑师组织的关注，打开了各国和地区间资格互认的大门。在第一次全国注册建筑师考试举行期间，美国、英国、日本、韩国、新加坡、中国香港等国家和地区纷纷派出观摩团来中国大陆视察考试和评价考试标准及水平，我国的注册建筑师考试得到了观摩团广泛的好评和认可。以吴奕良为团长的全国注册建筑师管理委员会代表团先后访问了美国全国注册建筑师考试委员会(NCARB)、日本建筑师联合会(JFABEA)、大韩民国建筑师协会(KIRA)、香港建筑师协会(HKIA)等组织机构，广泛地开展了合作交流。在与各国建筑师机构的共同努力下，全国注册建筑师管理委员会先后与美国NCARB签署了"中美建筑师项目双边合作协议"，与日本和韩国建立了"中日韩三国建筑师组织交流会"工作机制，各国每年轮流主持召开研讨会进行合作交流。我国参加了APEC经济体建筑师项目国际合作组织，成为发起国参与亚太地区建筑师合作组织的标准制定工作，为中国建筑师走出国门，参与国际竞争提供了有利的帮助。落实中央政府CEPA协议精神，实现了内地与香港建筑师资格互认，推动了内地建筑繁荣创作。全

国注册建筑师管理委员会副主任张钦楠与美国建筑师学会（AIA）代表一道被推荐为国际建筑师协会职业实践标准起草小组联合主席，负责起草国际注册建筑师执业标准，充分地体现了我国注册建筑师在国际上的影响力。

7. 我国注册建筑师制度充分考虑了我国国情，体现了中国特色，创造性地实行了"一、二级两级注册建筑师制度"、"老人老办法"和"市场准入双控制"。在我国建立注册建筑师制度是一项复杂的系统工程，当时既要考虑要高起点、高标准，建立能与国际惯例接轨的注册建筑师制度，同时又要考虑如何与现行的管理体制实现平稳过渡。既要坚持与国际发达国家标准接轨，又要符合中国国情，满足日益发展的建设需要。既要严格考试标准，又要制定"老人老办法"，解决好现有人员过渡问题，使实施方案在全国范围内具有可行性和操作性，并尽量减轻对当时设计队伍的冲击，使其振动减小到最低限度，真正做到各方都比较满意。否则，制度再好也不容易实现。当时中国的国情是什么呢？概括起来主要有以下几点：一是经济建设发展速度快，国家建设任务量大，这在世界上是少有的，同时区域发展与城乡发展不平衡，国家急需建筑设计人才。二是我国是一个发展中国家，建筑学教育水平与发达国家相比差距较大，按国际高标准要求建立注册建筑师制度，符合标准要求的设计人员并不

多。三是为推动我国工程建设事业发展，在国际上取得我国建筑师的话语权和对话资格，我国建立注册制度必须坚持高标准，与世界上最先进的管理制度接轨。面对如此矛盾的局面，在解决这些矛盾的时候，我们坚持了实事求是，中国特色。在不降低标准情况下，满足了建设需要，并实现了新老制度的平稳过渡。具体办法就是创造性的实行了"一、二级两级注册建筑师制度"、"老人老办法"和"市场准入双控制"。一、二级两级注册建筑师制度：一级注册建筑师标准与国际接轨，为国际合作和资格认可做准备，满足国家大中型工程建设项目和实施走出去发展战略需要。二级注册建筑师坚持国内标准，满足国内建设发展需要，尤其是中小型和乡镇工程建设需要。一级注册建筑师和二级注册建筑师法律效应是一样的，都是通过考试取得资格，只是考试标准不一样，执行业务内容、规模和复杂程度不一样。老人老办法就是对建立制度之前长期从事工程设计的人员根据自身情况采取实事求是的态度，本着坚持标准，缺啥补啥的原则，分别通过特许、考核认定（培训后测试），减免部分考试科目的办法使其取得注册建筑师资格。既实现了平稳过渡，稳定了队伍，又保证了质量，节约了社会成本，取得了很好的成果。市场准入双控就是在市场准入制度改革过渡阶段，勘察设计市场准入控制中既要考虑企业资质又要考虑个人资格，将个人资格作为企业资质条件的重要考察内容，在执业过程中企业和注册人员都要负相应的法律责任，都要在设计文件上签字，图纸才具有实施的法律效益。这主要考虑到注册建筑师是我国勘察设计行业建立的第一个执业资格，在体制转型过程中，适应注册建筑师完全独立执业的勘察设计市场环境和条件的完善需要一个过程，需要时间，为了保证平稳过渡，不能立即取消企业资质。

四、注册建筑师制度建立和实施过程中具有重要历史意义的时间节点和事情

1. 1987年注册建筑师制度务虚起步的时间点，标志着我国已开始思考和着手研究在我国建立注册建筑师制度。20世纪80年代末期，随着国家改革开放力度的不断加大，为适应改革开放的需要，建立注册建筑师制度的想法已经逐步形成并得到管理部门和业内人士的认可。有关机构和管理部门开始收集国内外有关资料，着重调查了解美国、英国，东南亚等国家的注册建筑师制度。原城乡建设环境保护部设计局局长张钦楠同志连续发表了多篇关于注册建筑师制度的文章，介绍世界实行市场经济体制的国家，尤其是发达国家注册建筑师管理体制和国际未来发展趋势。在时任建设部常务副部长叶如棠同志的领导下，原建设部勘察设计司、教育司、人事司、法规司等相关部门领导组织力量对在我国建立注册建筑师制度的必要性与可行性进行了论证，对涉及的人事职称制度改革、建筑学专业教育评估、注册建筑师法律建设，以及勘察设计行业管理体制改革等前期需要准备的问题进行了大量的调研，完成并提交了研究报告，为在我国建立注册建筑师制度做出了扎实的基础工作。

2. 1991年注册建筑师制度工作方案和组织落实进入实施的时间点，标志着我国已经具体就建立注册建筑师制度启动了各项先期工作。1991年建设部拟定了我国建立注册建筑师制度工作指导原则、总体工作框架和推进时间表。1991年年初建设部召开了注册建筑师工作筹备会议，成立了建设部注册建筑师、注册工程师工作领导小组。由叶如棠常务副部长(正部级)任组长，部总工程师许溶烈和部设计司司长吴奕良同志任副组长，各有关司局领导任领导小组成员，领导小组办公室设

中日韩注册建筑师组织合作交流第一次会议代表合影

在设计司。领导小组拟订了1991～1995年的工作计划，同时，就有关建筑学教育评估，注册建筑师立法和建立执业资格等问题向国家教委、国务院学位办、人事部、国务院法制办公室等相关部门进行了汇报和开展工作协调，此项工作得到了国家有关部委和部门的大力支持。1991年召开了全国有关部委和部门参加的高级研讨会，包括建设部、人事部、外经贸部、国务院法制办、国家教委、国务院学位办的领导和工作部门代表参加了会议。建设部侯捷部长作了建立注册建筑师制度的主题讲话，人事部张汉夫副部长作了通过建立注册建筑师制度深化人事制度改革的讲话，各有关部委的领导也作了相关的发言。会上大家取得了共识，一致认为在我国深化经济体制改革中，建立注册建筑师制度对推动经济体制改革和勘察设计行业管理制度改革是必要的也是可行的，并确定了我国建立注册建筑师体制的基本原则。明确了我国建立注册建筑师制度虽然起步较晚，但要高起点、高标准，制定的标准既要考虑与国际上发达国家标准接轨，同时在实施过程和政策制定中又要考虑中国实际情况，满足市场需要和区域发展不平衡等实际情况，要具有中国特色，确定在我国实行一、二级两级注册建筑师制度。

3. 1992年建筑学教育评估取得丰硕成果的时间点，标志着我国第一批符合注册建筑师教育标准要求的毕业生已经诞生。经过国家教委和国务院学位办批准，1992年国家完成了对清华大学、同济大学、天津大学和东南大学建筑学的专业评估工作。评估工作邀请了美国、英国、澳大利亚、中国香港等国家和地区相关组织和代表参加，获得一致好评和认可。我国第一批符合注册建筑师教育标准要求的具有建筑学专业学位的学生毕业。1994年又完成了对哈尔滨建筑大学、重庆建筑大学、西安建筑科技大学和华南理工大学等第二批大学建筑学专业评估。至此，1991年拟定的我国注册建筑师制度整体工作框架中关于对"老八校"进行教育评估的任务全面完成，为全面开展注册建筑师考试工作奠定了必要的基础。

4. 1994年我国实施注册建筑师制度的两部文件发布时间点，标志着在法律上我国正式开始实施注册建筑师制度。1994年建设部、人事部联合颁布"关于建立注册建筑师制度及有关工作的通知"文件，正式决定在我国实施注册建筑师制度，并按国务院批准的建设部和人事部"三定"方案，明确了注册建筑师制度由建设部和人事部共同组织实施。建设部负责注册和注册管理工作，负责注册建筑师考试大纲、命题及评分标准拟定工作，负责考前培训，协助实施考务及评分工作。人事部负责考试工作，负责考试大纲、试题及合格标准的审定并组织实施考务工作。文件同时明确了成立全国注册建筑师管理委员会，具体负责有关注册建筑师的管理工作。之后，经中央机构编制办公室批准，建设部成立了执业资格注册中心，作为全国注册建筑师管理委员会秘书处具体负责注册建筑师的日常管理工作。

5. 1994年注册建筑师特许办法出台时间点，标志着在开始实施注册建筑师考试制度之前，着手解决老工程技术人员平稳合理过渡工作的开始。实践证明，单单建立好的制度还不够，还必须有好的实施办法，才能保证好的制度顺利实施和健康发展。回忆历史，当时如何解决好两种制度平稳过渡，解决好原有设计人员注册资格问题已经成为了建立注册建筑师制度过程中必须解决好的关键问题，关系到了注册建筑师制度能否顺利实施。经过行业管理部门认真调查研究，广泛征求地方管理部门，设计企业和设计人员意见，并借鉴国际发达国家以往经验，1994年，建设部、人事部联合颁发了《关于印发注册建筑师特许办法的通知》，之后两部相继又颁布了《关于对一级注册建筑师资格考核认定工作的通知》，这两个文件的出台，标志着"老人老办法"的政策出台。所谓的老人老办法就是对建立注册建筑师制度之前，长期从事工程设计的人员，根据自身学历、职称、工作经历和取得业绩的不同情况采取实事求是的态度，本着坚持标准，缺啥补啥的原则，分别通过特许、考核认定（培训后测试）、减免部分考试科目的办法使其取得注册建筑师资格。这样既实现了两种制度平稳过渡，又保证了质量，节约了社会成本，并为注册建筑师考题设计专家和主观作图题评分专家的选拔提供了资源支持，保证了注册建筑师制度的顺利实施，取得了很好的成果。通过特许，全国有315名资深知名建筑师取得了一级注册建筑师资格。通过考核认定，全国有约6000名具有丰富设计经验和能力的建筑师取得了一级注册建筑师资格，有约20000名工程设计人员取得了二级注册建筑师资格。并为有较大数量具有一定设计经历和经验的建筑师减免了部分考试科目。

6. 1994年一级注册建筑师试点考试时间点，标志着我国注册建筑师考试制度启动。为摸索全国一级注册建筑师考试标准，试题设计、报名组织、评分标准与实施考务工作所需经验，为注册建筑师考试大纲制定和全国考试、评分工作全面推开做好了必要的准备。1994年全国一级注册建筑师试点考试在辽宁省举行。试点工作受到建设部、人事部和辽宁省政府高度重视，也引起了国内外业界机构和执业人员的极大关注。参加全部科目考试的考生需要参加4天32h的考试，参加部分科目考试的考生需要参加2天的考试，其中必考的建筑设计与表达考试时间长达12h，达到了当时国际上最高的标准。在全国注册建筑师管理委员会和辽宁省建设厅的共同努力下，试点考试取得圆满成功。试点考试主要检验和摸索两方面的情况，一是检验考试大纲和考题设计内容的科学性、合理性与适用性，二是摸索考前培训、考试组织和作图题评分组织实施经验，这两方面都是

原辽宁省建设厅厅长赵俊林同志与美国全国注册建筑师考试委员会执行主席Mr.Balen
在试点考试期间合影

开创性工作，需要积累必要经验，以指导全国注册建筑师考试。全国注册建筑师管理委员会在特许注册建筑师队伍中选拔了40多名资深建筑师组成考题设计专家组，负责9个科目的选择题和作图题出题。专家组成员因能够被选拔成为全国注册建筑师考题设计专家组成员而感到自豪，并把他作为自身价值和行业认可度的体现。专家们把出题工作作为无上光荣的任务，因此表现出了意想不到的积极性和高度的责任感，在半年的时间里出色地完成了考题设计任务。人事部和辽宁省人事厅对考生报名、考点落实、考题保密运送和保管、组织实施考试及成绩登记录入等工作进行了认真准备和落实，保证了试点考试考务工作的规范有序进行，考场组织和秩序受到国内外机构和人员的好评。辽宁省建设厅举全厅之力在赵俊林副厅长和伊玉成处长的领导下，在勘察设计单位进行了广泛的动员，认真组织考生进行考前培训，使试点考试成绩取得了良好的预期效果。通过试点考试，极大地调动了全国准备参加注册建筑师考试的建筑设计人员的积极性，使他们受到了极大的鼓舞，自信心得到了增强。

7. 1995年全国第一次注册建筑师考试举行的时间点，标志着我国注册建筑师考试制度在全国全面推开。1995年全国注册建筑师管理委员会正式颁布了《全国一级注册建筑师考试大纲》，

大纲明确了考试性质、考试科目、科目内容以及考试时间。考试性质是资格考试，是从事建筑设计过程中，能够保证工程设计质量与安全，建筑设计人员必须掌握的专业理论、设计经验和技术能力的最低标准要求。同时，经全国注册建筑师管理委员会批准，成立了以张钦楠、石学海、董孝伦三位专家为组长和副组长的一级注册建筑师考题设计专家组。专家组由从全国骨干设计院挑选的40余名特许一级注册建筑师组成，同时全国六七个甲级骨干设计院派专家参加了作图题考题设计工作。在总结辽宁省试点考试经验的基础上，经过考题设计、初审、终审三个阶段，专家组利用半年的时间共出考题选择题2500余道，其中包括设计前期、场地设计（知识）、建筑结构、环境控制与设备、建筑设计（知识）、建筑经济/施工/业务管理、建筑材料与构造等七部分，以及建筑设计与表达和场地设计作图题各3套。1995年11月11日至14日全国第一次一级注册建筑师考试在全国省会和直辖市31个考点举行。北京、上海、广州、深圳、西安和重庆等城市设置了对外开放考场，供世界各国注册建筑师组织机构和建筑师参观。全国共有约9100名具备考试资格的人员参加了考试。原建设部部长侯捷，原人事部副部长徐颂陶，原建设部常务副部长叶如棠，北京市原常务副市长张百发参加了在北京

举行的开考仪式，并同英国、日本、中国香港、韩国、新加坡等国家和地区观摩团一同视察了考场。吴奕良司长在深圳陪同美国观摩团视察了考场。中央电视台、新华社、中央人民广播电台、北京电视台、北京日报、建设报等百余家中央和地方新闻机构进行了详细报道，在全国产生了重大影响。通过全国建设系统、人事部门和广大建筑师共同努力，为期四天的考试取得了圆满成功，受到国内外有关机构和部门，以及业内同行的一致好评，并给以高度评价，为国争了光，为我国建筑师添了彩，为今后建筑师国际合作和资格互让奠定了坚实的基础。主观作图题由建筑专家人工评分(评图)，工作程序复杂，标准难掌控，组织管理工作难度非常大，犹如组织一场战役。全国评分专家组由400多名由各省、自治区、直辖市推荐的资深建筑师组成，分别集中在江苏、吉林、河北、甘肃、四川、广东、湖北等7个评分点同时进行评分。全国注册建筑师管理委员会派出了以张钦楠、石学海、袁培煌、孙国城、谷葆初、张皆正及陈梦驹等建筑师为组长的七个专家评分小组，领导各地评分工作。各评分点工作人员高度重视，辛劳工作，每天工作十几个小时，总量大约评试卷（图纸）3.5万次，经过一个星期的努力工作，高质量地完成了人工评分工作。

8. 1995年中华人民共和国国务院84号令颁布，《中华人民共和国注册建筑师条例》出台，是我国注册建筑师制度确立法律地位的时间点，标志着我国对注册建筑师的管理从此纳入到了法治化的轨道。随后，建设部又颁布了部长令《中华人民共和国注册建筑师条例实施细则》，进一步细化和明确了注册建筑师名称，执业范围，在执业过程中的权利、义务与责任，以及对违反规定的处罚规定。从此，我国注册建筑师制度有了法律基础，对注册建筑师的管理彻底从行政管理过

渡到了法治化的管理轨道上。

9. 1995年注册建筑师制度国际合作全面展开的时间点，标志着我国注册建筑师考试制度已经进入国际视野，得到国际业界的认可。在全面开展一级注册建筑师考试和考核认定工作的同时，我国加强了与国际间的合作工作力度，使国际上充分了解中国注册建筑师考试和认证制度，为我国注册建筑师走出国门，走向世界，与发达国家建筑师考试和执业管理制度惯例接轨做了大量工作，并取得了良好的效果。比较有代表性的国际合作与发展事例包括，1995年全国一级注册建筑师考试期间邀请和接待了美国、英国、日本、韩国、新加坡、中国香港等国家和地区代表团来华观摩考试，并与各代表团就相互合作问题举行了会谈。1995年以吴奕良同志为团长的全国注册建筑师管理委员会代表团访问了美国全国注册建筑师考试委员会(NCARB)，双方就进一步在注册建筑师考试工作中相互合作和签订协议内容进行了充分的讨论。 全国注册建筑师管理委员会组织安排辽宁省注册建筑师管理委员会访问了美国内华达州注册建筑师管理委员会，加强了省与州之间的合作。1995年11月全国注册建筑师管理委员会主任吴奕良与美国全国注册建筑师考试委员会主席Willims先生和执行常务副主席Balen先生签署了中美双边合作协议，双方同意在1998年前互认注册建筑师考试资格。1996年中国与韩国、日本建筑师组织进行了互访，三方一致认为加强东亚三国建筑师合作与交流非常重要，同意建立三国建筑师合作交流会议机制，三国轮流每年举行一次工作会议。由于我国注册建筑师制度的国际影响，全国注册建筑师管理委员会副主任张钦楠同志被国际建协选定为注册建筑师职业标准起草小组联合组长，与美国一道共同负责组织有关国家专家起草制定国际注册建筑师执业标准，并获

得通过，至今我国一直有代表参加该组织活动。2002年，受亚太经济合作组织（APEC）建筑师项目合作组织邀请，全国注册建筑师管理委员会派人参加了该组织工作会议，并作为发起经济体之一参加了该组织意在推动建筑师资格互认和促进建筑师流动的活动，参与了法规制定，维护了我国注册建筑师利益，增强了我国建筑师在亚太地区的影响力。2004年，按内地与香港紧密经济合作协议（CIPA）要求，内地与香港开展了注册建筑师资格互认工作，经过5年的努力，内地有347名建筑师取得了香港建筑师资格，香港有412名建筑师取得了内地一级注册建筑师资格。2009年按大陆与台湾地区经济合作协议（ACFA）要求，37名台湾资深知名建筑师取得了大陆一级注册建筑师资格，并允许在大陆执业。

五、在我国注册建筑师制度建立和实施过程中作出突出贡献的领导和专家介绍

可以说，我国注册建筑师制度的建立与有关部委和行业领导的正确领导与决定，行业管理者和技术专家的不懈努力与奉献，以及建筑设计企业和建筑设计人员的大力支持与积极参与是分不开的。回顾历史，参与此项工作并作出突出贡献的领导和专家有很多，他们作出的奉献值得我们尊重，他们作出的贡献值得我们深深地记忆，主要代表人物如下。

叶如棠

时任建设部常务副部长(正部级)

中国建筑学会理事长

清华大学建筑学专业毕业

我国注册建筑师制度总体设计者和制度实施过程中最高领导者。前期调研阶段，叶如棠同志领导建设部有关机构和部门深入探讨研究我国建立注册建筑师制度的必要性和可行性，与国务院有关部委和机构协调沟通，取得了他们的理解、支持与配合。在工作启动阶段，叶如棠同志提出了建立注册建筑师制度工作总体思路、基本原则、工作框架，制定了注册制度正式启动前5年的总进度及分年度阶段目标。成立了跨部门的工作领导小组并亲自担任组长，强化工作力度，狠抓具体落实。他带领勘察设计司开展了勘察设计行业改革和企业改制工作，制定了相应的方针政策。保证了注册建筑师执业制度的确立，并使之与原有的企业资质管理办法相融合。他带领部教育司协调国家教委和国务院学位办，参照国际上的成功经验，确定建筑学专业的特殊学制，并建立了建筑学专业教育评估制度和建筑学专业学位，他带领部人事司协调国家人事部，开展了工程设计行业技术人员职称制度的改革，创立了注册建筑师执业资格考试制度，他带领部法规司协调国务院法制办，完成了注册建筑师制度立法，

颁布了《中华人民共和国注册建筑师条例》和《中华人民共和国注册建筑师条例实施细则》，为我国注册建筑师制度奠定了坚实的法律基础。他积极推动在建筑师执业制度方面的国际合作，使中国的建筑师执业制度设计立足于国际先进的起始点上，并根据中国国情确定一、二级注册并存的格局。所有这些都在国际上产生了广泛影响。在制度实施过程中，叶如棠同志带领部勘察设计司和中国建筑学会、部执业资格注册中心完成了注册建筑师考试大纲和相关归定，以及"老人老办法"等两种管理制度平稳过渡办法的制定。由于目标明确、布署得当、上下内外各方协力，保证了建筑师注册制度完全按预定目标得以实施。叶如棠同志是中国勘察设计行业改革和实施执业注册制度过程中行业最高领导者和决策者，对制度的建立和发展作出了突出和巨大的贡献。

吴奕良

原国家计委委员，基本建设局副局长，设计局局长

时任建设部勘察设计司司长

全国注册建筑师管理委员会第一任主任

在我国经济体制由计划经济向社会主义市场经济转变的改革中，吴奕良同志直接领导了勘察设计行业改革和勘察设计单位改制工作，开创性地制定了有关方针政策和实施办法，并组织实施，

取得了可喜的成绩，为行业和企业发展提供了可靠的政策和环境保障，行业凝聚力和影响力非常高。在领导组织建立和实施注册建筑师考试、注册和执业制度中，吴奕良同志领导制定了有关方针政策和基本原则，在坚持与国际上发达国家管理制度接轨，高标准和高起点定位我国注册建筑师制度标准的同时，充分考虑我国经济发展和勘察设计行业实际情况，建立了具有中国特色的一、二级两级注册建筑师制度。为保证注册建筑师制度顺利发展，实现由执业注册制度逐步替代行政资质管理制度的平稳过渡，吴奕良同志领导制定和实施了特许和老人老办法，最大限度地保证了广大设计人员利益和执业人员质量，同时提出了过渡期间的有效实施办法，为顺利推动注册建筑师制度提供了可靠的政策保障和健康发展。在全国全面推广注册建筑师注册考试之前，为了积累必要的经验，稳步有效地推动注册建筑师考题设计、作图题评分和全国考试组织工作，吴奕良同志协调人事部和辽宁省政府有关部门，直接组织领导了一级注册建筑师辽宁试点考试工作，在有关部门和行业组织及广大建筑设计人员的大力支持下，试点考试取得了圆满成功，为全国注册建筑师考试成功举行提供了可靠的保证。与此同时，开展了与港台地区注册建筑师的互认协商工作。在国际合作与交流工作中吴奕良同志发起建立了中日韩三国注册建筑师合作交流项目，有力地推动了东亚地区建筑师的相互了解与合作，并多次带团访美，接待美国注册建筑师代表团，签署合作交流和考试资格互认协议，推动了中国和美国建筑师之间的合作与交流。荣获了美国全国注册建筑师管理委员会的特殊贡献奖。吴奕良同志是中国勘察设计行业改革和推动执业注册制度最重要的直接领导者和组织实施者，在制度建设中作出了重要的和突出的贡献。

张钦楠

原城乡建设环境保护部设计局局长

时任中国建筑学会秘书长

全国注册建筑师管理委员会副主任

早期美国麻省理工学院(MIT)建筑系毕业。张钦楠同志是我国注册建筑师制度管理理论专家，早在20世纪80年代就关注在我国建立注册建筑师制度研究，发表多篇关于注册建筑师制度的管理理论文章，组织翻译相关外文资料，介绍国外注册建筑师制度发展情况和考试试题等资料，对美国等国家注册建筑师制度有深入的研究。张钦楠同志是我国建立注册建筑师制度最早的倡导者，在任期间曾做过大量必要性和可行性研究，向有关机构和部领导提议在勘察设计行业改革中建立注册建筑师制度。张钦楠同志利用其深厚的理论功底，强大的语言优势和丰富的管理经验，在我国注册建筑师制度定位问题上发挥了巨大的推动作用。我国确立的高起点、高标准定位使我国注册建筑师制度实现了与美国注册建筑师制度标准接轨，占据了国际注册制度的制高点，为注册建筑师国际交流与合作赢得了有利的地位，在国际间注册建筑师资格互认上取得了主动权。张钦楠同志建筑专业理论深厚，根据我国注册建筑师设定的目标，在充分研究和消化吸收美国注册建筑师考试试题基础上，结合我国实际情况，领导

全国注册建筑师考题设计专家组完成了辽宁省注册建筑师试点考试试题和全国一级注册建筑师考试试题设计工作，同时建立了长期的考题设计和作图题评分机制，考题质量受到国内外专家学者和考生的一致好评。张钦楠同志是我国注册建筑师制度国际合作交流的使者，他谦虚的个人品质和勤奋的工作作风，丰富的专业理论和极强的工作能力，严谨的工作态度和高效的工作成绩对国际建筑师组织了解中国的注册建筑师制度和树立中国注册建筑师的国际地位起到了积极的促进作用，受到国际友人的好评和国际注册建筑师机构的认可。1996年受国际建协组织邀请，张钦楠同志与美国注册建筑师管理机构代表一起担任联合主席，起草国际注册建筑师执业标准。标准制定对推动注册建筑师全球化的合作与交流，对加强中国在注册建筑师国际组织中的话语权起到了重要的推动作用。张钦楠同志是我国推动注册建筑师制度最早的倡导者和技术政策制定的领导者，是开创我国注册建筑师组织国际交流与合作的先驱和重要领导者之一，对于这一制度的建立作出了重要的和突出的贡献。

王雷保，原人事部职称司司长；
刘宝英，原人事部职称司副司长。

全国注册建筑师管理委员会副主任。王雷保和刘宝英同志是国家人事职称制度改革的倡导者，积极推动者和组织实施领导者，尤其是在工程建设领域推动工程设计人员能力评价体系建设和科学技术人员职称体系改革方面有深入的研究和重要的建树。为了适应我国经济体制改革与发展需要，在工程建设领域人才评价体系改革方面，引入了执业资格注册制度，评价方法由考评制过渡到了考试制。在工程技术人员职称改革方面，引入了执业人员签字制度，实现了职称和执业资格相分离，明确了只有取得执业资格并注册的工程设计人员才有在勘察设计市场执业和在设计图纸上签字的权力。另外，王雷保和刘宝英同志领导人事部有关部门在制定注册建筑师考试大纲，考题设计和评分标准审定，以及指导协调

各省、自治区、直辖市人事管理部门在组织实施注册建筑师考试组织方面做了大量的工作，保证了试题质量、试题安全和全国统一考试的顺利进行。通过注册建筑师制度的实施，也树立了在推动行业改革发展和建立执业资格制度的过程中，建设部和人事部有关领导和部门相互理解，相互支持，认真配合，不计部门利益，精诚协作的典范。王雷保和刘宝英同志对执业资格超前的意识和大胆的改革思路，为建立和推动注册建筑师制度顺利实施作出了重要贡献。

秦兰仪，原建设部教育司司长，建设部注册建筑师工作领导小组成员。

按照建设部建立注册建筑师制度的整体工作部署，秦兰仪同志领导建设部教育司，国内知名建筑院校和专家学者开展了建筑学专业教育评估的必要性和可行性研究，成立了全国建筑学专业教育评估委员会，制定了我国建筑学教育评估工作思路、总体工作框架及具体实施方案，建立了我国建筑学教育评估制度。在秦兰仪同志领导下，经国家教委和国务院学位办批准设立了我国第一个专业学位——建筑学，为建立与国际接轨的注册建筑师制度在专业教育标准要求方面奠定了坚实和必不可少的基础。秦兰仪同志领导我国建筑学专业教育评估委员会与国际发达国家建筑学教育评估组织开展了长期合作交流，使国际上有关国家和建筑师组织不断地了解我国的建筑学教育标准和水平，通过几代人的不懈努力，使我国的建筑学教育评估得到国际上的认可。2008年在澳大利亚堪培拉会议上，我国与英国、美国、加拿大、韩国、墨西哥和英联邦等国家建筑师协会组织签署了《建筑学专业教育评估实质性对等互认协议》，实现了建筑学教育的国际互认。

窦以德

原建设部勘察设计司副司长

中国建筑学会秘书长

清华大学建筑学专业毕业，建筑学硕士

在任期间分管建筑设计行业与企业改革发展与技术进步工作。在建立注册建筑师制度的调研和实施过程中，尤其是在建筑学专业教育评估标准，考试大纲和考题设计，以及老人老办法等政策制定与实施过程中，窦以德同志利用其深厚的专业理论知识和丰富的行业管理经验，协助有关领导同志，协调全国建筑设计单位和国内知名资深专家，组织领导勘察设计司有关处室和同志开展了大量辛勤的国内外调研工作，提出了大量切实可行的工作方案，做出了大量细致和有成效的工作，为注册建筑师制度的顺利实施作出了重要贡献。

董孝伦

全国注册建筑师管理委员会

考题设计专家组副组长

石学海，全国注册建筑师管理委员会委员，考题设计专家组组长。

石学海、董孝伦同志配合全国注册建筑师管理委员会副主任张钦楠同志收集和研究了国际上发达国家注册建筑师考试大纲和考题，并结合我国注册建筑师制度设定目标和有关建筑学教育、职业实践、设计标准和规范，以及建筑设计涉及的相关知识情况，起草了我国一级注册建筑师考试大纲。大纲规定，考试内容分九部分，分别为场地设计（知识）、建筑结构、环境控制与设备、建筑设计（知识）、建筑经济/施工/业务管理、建筑材料与构造、建筑设计与表达(作图)和场地设计（作图）。根据批准的考试大纲完成了辽宁省一级注册建筑师考试考题设计，并组织有关专家，

参照美国注册建筑师考试题目，编印了全国注册建筑师考试复习参考资料。在充分总结辽宁试点考试经验的基础上，石学海，董孝伦同志领导考题设计专家组完成了第一次全国一级注册建筑师考题设计，并组织完成作图题评分标准制定和评分工作。之后，石学海、董孝伦同志多年领导专家组为注册建筑师考试出题，并建立了考题设计工作机制，保证了考题设计质量和新老专家交接和更新。他们卓有成效的工作为注册建筑师制度顺利实施提供了知识和专业技术保障，作出了重要贡献。

赵俊林
原辽宁省建设厅厅长

伊玉成
原辽宁省建设厅设计处处长

1994年，在全国注册建筑师管理委员会的领导下，辽宁省建设厅和人事厅接受挑战，共同承担了全国一级注册建筑师试点考试工作，为全国一级注册建筑师考试积累了宝贵且非常必要的经验。赵俊林和伊玉成同志协调辽宁省有关部门和建筑设计企业，具体组织和领导了试点考试工作，考前辽宁省建设厅高度重视，举全厅之力做了大量细致有效的准备工作。针对全国注册建筑师管理委员会对试点考试提出的要求，辽宁省建设厅对试点考试全过程进行了周密策划和部署，在全行业和设计单位认真组织动员，组织有关专家对考生进行了考前专业培训，协调人事厅认真组织开展了考生报名和资格审查工作，联系沈阳

建筑大学等高校承办专业考试考点和组织教学人员进行监考，协调外事部门做好外国建筑师考察团接待工作，以及组织接待了来自全国各地的300多名建筑专家，开展了近10天的作图题人工评分工作，使试点考试取得了圆满成功。辽宁试点考试对外国注册建筑师机构全面开放，在赵俊林和伊玉成同志的组织领导下，外事接待工作取得了圆满成功，受到外国有关机构和建筑师的广泛好评，为我国赢得了荣誉，为我国注册建筑师后来国际交往奠定了良好的基础。赵俊林和伊玉成同志具体领导的辽宁省一级注册建筑师试点考试取得的成绩为我国注册建筑师制度的顺利实施作出了重要的贡献。

张钟声
原建设部勘察设计司建筑设计处处长

赵春山
原建设部人事司专业技术人才处处长

齐继禄
原建设部教育司高等教育处处长

修璐
原建设部勘察设计司
注册办主任

郭家汉
原建设部法规司法规处副处长

郭保宁
原建设部勘察设计司建筑设计
处副处长

这些同志作为原建设部相关各司局主管处处长工作在第一线，具体负责有关勘察设计行业改革，注册建筑师制度思路与总体工作框架设计，注册建筑师制度法律法规建设，工程技术人员职称制度改革，建筑学专业教育评估和专业学位建设，注册建筑师特许和考核认定政策制定，以及组织实施注册建筑师试点考试和全国考试等工作。这些同志是注册建筑师制度建立和实施过程中各方面工作的直接参与者和第一线组织领导者，为注册建筑师制度建立与健康发展作出了重要贡献。

陈爱华、章俊福、李文涛等同志在原建设部勘察设计司注册办公室负责日常管理及考题设计专家组和评分专家组组织管理，以及特许和考核认定等方面工作，是注册建筑师制度实施过程中的项目负责人，他们认真负责的精神和有成效的工作成果为注册建筑师制度的建立和健康发展作出了很大的贡献。

吴奕良、林选才、王素卿、陈重和吴慧娟等同志在不同时期曾分别担任全国注册建筑师管理委员会主任。这些同志在不同阶段领导全国注册建筑师管理委员会开展了卓有成效的工作，对长期以来推动注册建筑师制度的健康发展起到了重要的领导作用。

在全国一、二级注册建筑师考题设计和评分工作中专家们严谨的工作态度值得我们学习，作出的辉煌的成绩值得我们肯定，作出的突出贡献值得我们记忆，正是他们无私的奉献精神保证了我国注册建筑师考题设计的质量和水平，保证了注册建筑师考试的顺利进行和健康发展。由于人数太多很难统计全，回忆起来，作出最重要贡献的有代表性的老专家有：

袁培煌：原中南建筑设计院总建筑师
孙国成：原新疆维吾尔自治区建筑设计院总建筑师
费　麟：原机械部设计研究总院总建筑师
谷保初：原航天部建筑设计研究院总建筑师
陈梦驹：原上海市华东建筑设计院总建筑师
傅义通：原北京市建筑设计研究院总建筑师
张皆正：原上海市建筑设计研究院总建筑师
李拱辰：原河北省建筑设计院总建筑师
张光壁：原马建国际建筑设计顾问有限公司总建筑师
张国才：原辽宁省建筑设计研究院总建筑师
教锦章：原中建西北建筑设计院总建筑师

参考文献：

［1］叶如棠副部长关于注册建筑师工作的有关讲话。
［2］吴奕良同志在全国注册工程师注册和管理工作会议上的讲话。
［3］王雷保同志在全国注册建筑师工作会议上的讲话。
［4］原建设部和建设部勘察设计司等有关司局发布的文件。

香港建筑师的管理制度

林光祺、沈埃廸、戚务诚
香港建筑师学会

前言

在香港，"建筑师"是一个受法律保护的专用名衔，并非任何人都可以称呼自己为建筑师；必须按有关程序申请加入香港建筑师学会成为会员及经注册后方可被称为建筑师。任何在香港以外的国家或地区注册的"建筑师来港后只能以建筑师（该地区）"称呼其名衔，例如：美国纽约建筑师称为建筑师（纽约）。

- 建筑师注册管理局(ARB)／香港建筑师学会(HKIA)专业测评体系是一个途径，供考生通过其成为香港建筑师学会正式会员，以及根据香港特别行政区政府《建筑师注册条例》的要求成为注册建筑师。建筑师注册管理局已将本专业测评及管理工作委托予香港建筑师学会，具体则由香港建筑师学会教育事务部下属专业评审委员会负责实施。
- 专业测评的科目由香港建筑师学会根据其行业目标确定，考试科目在后面详列。
- 专业测评的科目内容，香港建筑师学会根据香港的特定环境，特别要求考生对建筑执业实务上所须用到的基本常识要熟悉。

建筑专业测评考试

- 不同教育及专业背景的考生也可参加测评，通过后成为香港建筑师学会的会员及注册建筑师。
- 完成大学全日制五年或相当时间建筑本科的毕业生（就读学校为香港建筑师学会认可的学校）。
- 完成其他高等院校全日制五年或相当时间建筑学课程的毕业生（必须为国家承认或认可，但尚未得到香港建筑师学会认可的院校）。
- 非本地建筑专业人士。

建筑师注册管理局
认证或认可学校的毕业生

获取经

- 香港建筑师学会 (HKIA)。

成为香港注册建筑师途径

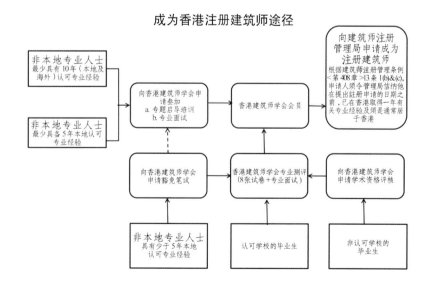

- 中国全国高等学校建筑学专业教育评估委员会 (NBAA)。
- 英联邦建筑师协会 (CAA)。
- 美国国家建筑师认证委员 (NAAB)。

认可学校颁发的建筑本科专业学位的毕业生，均有资格参加专业测评。

专业测评试卷

试卷 考试科目

1. 建筑工程法规
2. 建筑合约、专业事务、专业操守、协议条款和收费
3. 建筑结构
4. 建筑设备及环境管理
5. 建筑材料及技术
6. 场地设计
7. 建筑设计、施工详图及文件
8. 个案研究
9. 专业面试

考生在参加专业面试之前，必须在 5 次连续测评内通过（或豁免）所有8门笔试科目。

专业测评的报考资格

- 必须完成五年或相当时间的全日制建筑学专业课程（课程得到香港建筑师学会认证或认可）学习。
- 最少24个月的认可实习经验（如果在同一建筑师事务所连续工作的时间少于5个月，则该实习经验将不获认可）。

认可实践经验

建筑师事务所实习经验（甲类）

- 考生必须在取得五年专业学位后具有不少于12个月的本地建筑师事务所经验。
- 此类实习经验必须在一名香港建筑师学会 会员或资深会员的直接监督下从本地建筑工程项目中获取。

完成三年非专业学位后的实习经验 (Year-out)（乙类）

- 在取得第一个非专业的建筑学位后的实习经验可接受为相等的实习经验，并全部计入，但累计不得超过12个月。

```
甲类 – 建筑师事务所实习经验（12个月）+
乙类 – 完成非专业学位后的实习经验（Year-out）（12个月）
```
或
```
甲类 – 建筑师事务所实习经验（12个月）+
丙类 – 相关行业的经验（12个月）
```
或
```
甲类 – 建筑师事务所实习经验（24个月）
```

- 实习经验须在一名香港建筑师学会会员或资深会员的直接监督下从本地建筑师事务所工作实习中获取。
- 实习经验也可从本地相关行业中获取，但必须是在一名香港建筑师学会会员或资深会员的直接监督下获取。专业评审委员会可视乎情况酌权决定是否接纳此类实习经验。从非本地相关行业中获取的实习经验将不视为相等实习经验。

相关行业的经验（丙类）

- 在一名香港建筑师学会会员或资深会员直接监督下，从相关行业获取的经验可全部计入，但累计不得超过12个月。
- 从相关行业获取的经验由专业评审委员会视乎情况酌情决定是否接纳，专业评审委员会拥有最终的解释权和决定权。
- 24个月的认可实践经验之搭配。

考生的办公室监督人

- 每位考生报名参加专业测评前，必须最少提早一年指定一名办公室监督人（须待香港建筑师学会批准）。
- 该办公室监督人必须为香港建筑师学会正式会员，负责直接监督、指导考

生的培训，使考生在实习培训期间进行的活动的知识面、质量及深度能够符合专业测评的要求。

- 该办公室监督人必须将考生在其监督期间所获取的所有实习培训，在专业经验记录册上予以证明。

考生的办公室导师

- 每位考生报名参加专业测评前，必须最少提早一年指定一名导师（须待香港建筑师学会批准）。
- 该导师必须为注册建筑师、香港政府认可人士（建筑师）及已成为香港建筑师学会会员或资深会员的建筑师，且于成为会员后必须具有最少8年的资历经验。该导师及考生不得任职于同一家建筑师事务所。（注："认可人士"(Authorized Person) 是经由香港政府屋宇署注册，根据《建筑物条例》的规定，拥有资格执行有关法定职务的人士）
- 考生必须最少每季度向其导师咨询一次意见，并向香港建筑师学会呈递其导师意见表格。

香港注册建筑师的权利

（1）《建筑师注册管理条例》第408章 适用于任何从事建筑物的设计、建造或设备装置并自称为建筑师的人。

（2）《建筑师注册管理条例》第408章30条，注册建筑师可:

- 称为"建筑师"或"注册建筑师"，或在姓名后加上英文缩写"R.A."。
- 用建筑师的称谓在香港建筑专业内执业。

《建筑师注册管理条例》第408章规定，除下述规定的情况外，任何人(包括合伙或公司)均不得使用"建筑师"或"注册建筑师"的称谓或英文缩写"R.A.":

- 他自称是属于某建筑界别的建筑师，而该界别与建筑物的设计、建造或设备装置无关。
- 他在提述自己是在香港以外地方成立的建筑师团体或专业学会的成员的情况下自称为建筑师，而所用的称谓并不暗示他有权用建筑师的称谓在香港建筑专业行业内执业。
- 在该人经营建筑专业的每个地点，该业务均在一名注册建筑师的督导下进行，该建筑师并无同时以相近身份为其他人办事。
- 该人进行多界别业务，但其所有关于建筑的业务由一名注册建筑师全职执掌及管理，该建筑师并无同时以相近身份为其他人办事。

监管楼宇及建筑工程的机构

- 屋宇署负责执行《建筑物条例》。
- 确保私人楼宇及建筑工程均符合安全、卫生和环境方面的法定标准。

业主须委任专业人士

- 认可人士。
- 作为有关建筑工程的统筹人。
- 注册结构工程师
  ——负责建筑工程的结构部分。
- 注册岩土工程师
  ——负责建筑工程的岩土部分。

审批设计图纸

- 设计图纸须由认可人士和注册结构工程师负责并呈交给屋宇署审批。

由屋宇署集中统筹处理建筑图则的报审

消防处　　　　　地政总署
规划署　　　　　运输署
　　　　　　　　环境保护署
食物及环境卫生署　社会福利署
路政署
　　　　　　　　教育局
渠务署
土力工程处　　其他　　劳工处

认可人士、注册结构工程师及注册岩土工程师的主要职责
《建筑物条例》第4(9)条

- 监督：按照监工计划书监督建筑工程或街道工程的进行。
- 通知：如执行批准图则内所显示的任何工程会导致违反规则，则须通知建筑事务监督。
- 遵从：全面遵从此条例的所有规定。

认可人士、注册结构工程师及注册岩土工程师名册
（截至2012年9月30日）

认可人士名册包含：

- 建筑师 1151人
- 工程师 140人 ｝合计共1471人。
- 测量师 180人

- 注册结构工程师名册（共411人）。
- 注册岩土工程师名册（共85人）。

下述地方备存所有认可人士及注册结构工程师及注册岩土工程师的姓名：

- 每年在政府宪报刊登。
- 屋宇署网址：www.bd.gov.hk。
- 屋宇署办事处：九龙弥敦道750号始创中心。

列入名册的资格规定
《建筑物(管理)规例》第3(1)-(3)条

认可人士：

- 根据《建筑师注册条例》注册的建

筑师。
- 根据《测量师注册条例》注册的专业测量师。
- 根据《工程师注册条例》注册的专业工程师《土木或结构》。

注册结构工程师：

- 根据《工程师注册条例》注册的专业工程师（土木或结构）。

注册岩土工程师：

- 根据《工程师注册条例》注册的专业工程师（岩土）。

列入名册的资格
《建筑物(管理)规例》第3(6)条

- 规定每名申请人须在其申请日期前3年内，有连续1年的期间在香港具备适当的实际工作经验。

申请列入名册
《建筑物(管理)规例》第3(4)条

- 须向注册事务委员会出示文件证据。
- 出席注册事务委员会的专业面试。

如何申请

须提交作申请用的文件：

- 指明表格 BA1。
- 文件证据以证明申请人现时已在建筑师注册管理局/工程师注册管理局/测量师注册管理局注册。
- 以规定的格式简要地列出申请人的教育程度及实际经验（附有雇主的证明书）。
- 表格BA1所列的学历及专业资格证书的副本。
- 证明的申请费用（港币4150元）由2005年2月25日起生效。
- 指明表格及申请指引可于屋宇署网站（www.bd.gov.hk）下载。

认可人士注册事务委员会的组成

· 建筑师注册管理局的认可人士4名。
· 工程师注册管理局的认可人士2名。
· 测量师注册管理局的认可人士1名。
· 1名屋宇署助理署长。
· 由屋宇署从其认为适合的团体委任的成员1名。

结构工程师注册事务委员会的组成

· 工程师注册管理局的注册结构工程师3名。
· 建筑师注册管理局的认可人士1名。
· 测量师注册管理局的认可人士1名。
· 1名屋宇署助理署长。
· 由屋宇署从其认为适合的团体委任的成员1名。

岩土工程师注册事务委员会的组成

· 工程师注册管理局的注册岩土工程师3名。
· 建筑师注册管理局的认可人士1名。
· 测量师注册管理局的认可人士1名。
· 工程师注册管理局的注册结构工程师1名。
· 屋宇署代表。
· 由屋宇署从其认为适合的团体委任的成员1名。

专业面试的范围

· 《建筑物条例》、规管机制的目的。
· 认可人士、注册结构工程师、注册岩土工程师及建筑事务监督的法定作用、职能及职责。
· 对香港情况有足够的基本认识。

参加专业面试应认识的相关的法制刊物及指引

· 与建筑业相关的法例，范围包括:
· 建筑及规划。
· 土地及续约事宜。
· 特别建筑项目的监管。
· 环境污染管制。
· 消防/楼宇装备设施。
· 守则。
· 作业备考。
· 设计手册。

面试后

· 自面试日期起三个月内通知结果。
· 委员会可接纳或押后处理或拒绝申请三个可能性。
· 对于押后处理后再进行的面试，委员会将会接纳或拒绝申请两个可能性。
· 成功的申请人在征缴列名费（港币335元）及有效期为五年的留名费（港币1200元）后，他们的名字将被刊登在政府宪报及登记在注册册上。
· 注册证明书。

成为认可人士的途径

以下学会的会员:
· 香港建筑师学会，
· 香港工程师学会（土木或结构分部）或，
· 香港测量师学会的正式会员，
　已受雇或开业，从事建筑工程（包括公共或私人楼宇）。

在香港工作一年后，可申请成为相关的
· 注册工程师，
· 注册专业工程师（土木或结构），
· 注册专业测量师，

再向屋宇署申请成为认可人士，便可执行认可人士的法定工作。

注册专业工程师（结构）与注册结构工程师的分别

· 注册专业工程师（结构）一般须为香港工程师学会会员并已向工程注册管理局申请登记。
· "注册结构工程师"为一法定名称，须根据《建筑物条例》向屋宇署申请，经面试成功始可取得。
· 只有"注册结构工程师"始可向屋宇署提交建筑工程的结构图则，申请审批。

认可人士

· 法定名称及指定职责。
· 主要负责统筹建筑工程项目。
· 包括设计及监督工程。
· 类似于内地的"设计单元"及"监理单位"的双重角色。
· 须个人负起全部法律责任。

建筑师未来的角色

林光祺

香港建筑师学会

香港建筑师注册管理局

建筑师的每天的工作总是在技术、环境、创意、文化和艺术的领域中度过。到底建筑设计应该是科技和理性的思考，还是个人的创意和艺术的发挥？更重要的是，未来建筑师的角色应该是怎么样？

建筑师过去的功能

中国古代的建筑由大木匠负责设计和建造。外国也是由营造匠负起设计和施工的责任。近代分工趋于精细，基本上由设计者和施工者，分别负起为甲方（业主）进行设计和施工的工作。近一个世纪，建筑设计者的角色也细分为建筑师、工程师等很多不同的专业。建筑师主要负责建筑的造型、外观、平面布局等设计，而工程师则负责建筑结构、屋宇设备等建筑技术的配合设计。不过在不同的地区，建筑师的工作也有所不同。在中国，近大半个世纪以来是建筑师（及工程师）负责建筑工程的设计工作，包括方案、技术的配合设计和详细施工图设计。在外国的系统，很多时候建筑师的工作也包括协调市政配套、报批、招投标和施工的合约和工地管理。

今天建筑师的工作

近年在世界各地流行"设计连施工"的合约安排，主要是为了将设计和施工的责任合并起来，让甲方找一家公司负责，从而希望可以减少合约的纷争及加强造价的控制。建筑师的传统角色——向甲方负责便可能改变为向施工单位负责。当然有少数情况，设计者负责签约，把施工的事情也包括在"设计连施工"的合约内。也有些地方，甲方委托"项目经理"代表甲方管理工程的设计和施工的工作。项目经理本人可能是建筑师，亦可能是其他的专业人士。此外，在过去的几十年，建筑师工作不断再分类，将传统建筑师要做的工作也交了给其他的专业，譬如结构、屋宇设备、园林景观、室内装修，甚至文物保护、立面设计、建材选择等工作。

世界在改变，建筑行业也在改变

全球化的大趋势，加上科技的进步，建筑师的设计工作也在改变。

以往世界不同地域的建筑设计基本上是由当地的建筑师设计，现在跨地域提供建筑设计服务已经变得很容易和很普遍。计算机辅助的绘图方式特别是立体三维的绘图方式也为建筑师的设计工作带来很大的改变。

城市化的发展和近年对环保绿色的建筑的重视，也为建筑师的设计带来不同的思考和取舍。

此外、建筑的规模和复杂性也在提升。以上种种也改变了建筑师的工作和角色。

建筑除了设计工作的改变，近年更要和市民接触。一座房子的建成，不单影响甲方或使用者，也影响周边的居民，甚至对社会整体也会带来一些影响。所以建筑师现在更要懂得和市民沟通。

未来建筑的工程会如何实施

不管工程项目由设计至签约和负责管理，建筑的设计工作总是要由建筑师来负责统筹。至于施工管理则要视乎整项建筑工程的安排。建筑工程将来会愈来愈依靠计算机的运用。近年有些地方的工程项目，在设计时由控制三维绘图的人来协调不同专业的设计管理。有些工程、施工也靠计算机来掌控整个项目工程的进度、工人和材料的安排等。有些时候，工程也会采用"边设计、边施工"的安排。 不同的工程更可能采用不同的合约安排。

中国建筑师的未来角色

综合以上的变化和需要，未来的建筑师要具备多方面的才能及扮演多方面角色。

建筑师要掌握基本的设计能力，对美学和优美的建筑空间有艺术眼光和判断。

建筑师要对世界自然资源有所珍惜，要能够在建筑设计过程中发挥环境和谐的决定。

建筑师要能够了解建筑的财务分析，要能够协助甲方考虑项目发展和财务考虑的相互配合。

建筑师要对建筑技术充分掌握，甚而对建筑技术和材料的改良创新负起重大的责任。

建筑师要懂管理。工程项目的扩大、设计团队的增加、建筑在进度的控制及施工的合同管理都在要求建筑师要懂得管理，包括对项目的管理和设计相关人士的管理。

建筑师要能够和市民沟通，和媒体接触。日后，建筑师和社区的往来会不断提升。

建筑师更要作为建筑设计团队的统筹及项目发展的推动者，建筑师更要综合地在社会政策及科研中起一定的作用。建筑师要成为社会工作者。

建筑师要成为文化和艺术的促进者。建筑要反映社会时代的变迁，更要反映人民对环境的期望。

建筑师在未来会"又专又广"。传统上建筑师的训练是可以设计不同的建筑，并在每一环节能够胜任。但随着工程的复杂性的提高，建筑师将无可避免出现"专科"。 在过去，建筑师将每一项需要更专业的工作分出去成为另一专业，这个情况将会改变。建筑师将会出现项目管理、规划、城市空间、工程施工策划和管理，建筑立面及外墙设计、建筑财务等分工。

建筑师对社会发展的责任

建筑师任重道远。人民生活需要有安全舒适的环境。建筑师对生活的环境负有不可推卸的责任。不管是居住的环境、工作的环境和日常生活——购物、娱乐、交通、医疗、学习等的环境，建筑师都要负起设计的责任。

建筑师既负有重大的责任，更应有高尚的操守和愿景。建筑师未来的角色充满挑战、充满希望、充满使命。

钟华楠

1931年生于香港，1941年日本侵占香港后逃难回故乡新会，后回港，1954年赴英，1959年毕业于伦敦大学Bartlett建筑学院，在伦敦工作三年后回港，1964年在港开业至今。

改革开放后十多年，常到国内各大学及学会讲课（当时称为"座谈会"），并带引其他建筑师，包括外籍的，结伴同往讲学，除了了解国内建筑教育情况外，同时也走访了大江南北的名胜古迹，更结识了不少朋友，至今尚有来往。钟华楠回顾一生，认为这段时间是最愉快和最有意思的岁月。

在香港设计有前炉峰塔、乐富邨屋、联合道公园、港湾道公园、城大第一、二期、宝福山等。

展览：

"中国园林摄影展"，香港大学冯平山博物馆，1980年；

"中国园林摄影展"，美国旧金山中华文化展览馆，1983年；

"园林意象"，与林悦恒书法家、陈德曦画家三人展于香港城市大学城大艺廊，1999年。

著作：

《中国园林艺术》（1982年香港大学出版社英文版）；

《亭的继承》（1989年香港商务印书馆中文版）；

《香港当代建筑》（1989年香港三联书店英文版）；

《"抄"与"超"》（1991年中国建筑工业出版社中文版）；

《城市化危机》（2008年香港商务印书馆中文版）等。

历任建筑师学会之有关职务：
香港建筑师学会新闻公关；
中国建筑学会海外名誉理事；
香港建筑师学会理事；
香港建筑师注册局委员；
香港建筑师学会副会长；
香港建筑师学会会长；
亚洲建筑师协会（C区）执行主席；
英联邦建筑师协会（亚洲区）副主席。

专业学府之职务：
香港大学建筑系兼职讲师；
香港大学建筑系毕业生校外考试主任；
上海同济大学建筑系顾问教授；
广州华工大学建筑系顾问教授；
香港建筑师学会委任代表确认"香港中文大学五年制建筑系课程"；
香港大学建筑系名誉教授。
筹备及创办北京大学建筑学研究中心。
2000年秋季，中心正式开学，现任北大该中心之名誉主任，北大客座教授。

各公共职能机构之职务：
香港复康用具资源中心名誉委员及顾问；
山西太原市城市规划发展顾问；
深圳世界建筑评论社顾问；
香港中华文化促进中心名誉顾问；
香港古物咨询委员会委员；
香港科技协进会委员；
香港科技大学国际建筑设计比赛评选委员；

香港建造业训练局委员；
广东省政治协商(港澳地区)委员；
上海浦东金贸大厦国际建筑设计比赛评选委员；
上海歌剧院国际建筑设计比赛评选委员；
香港城市规划上诉委员会委员；
随财政司探访东南亚推广建筑业；
代表香港建筑师学会参加在雅加达举行的第七届亚洲建筑师会协会会议；
在巴塞罗那举行的第十六届世界建筑师协会会议上任香港主讲者；
在爱丁堡的"香港——明天的城市"会议及展览上任专题介绍；
深圳市市中心国际设计比赛评审委员；
香港特别行政区第一届推选委员会委员；
南京江苏大剧院设计方案评审委员会组长；
在东京举行的第八届亚洲建筑师会协会会议任香港建筑师学会主讲者；
在北京举行的国际建协第20届世界建筑师大会上演讲；
深圳市城市规划委员会顾问。

游于艺 限于命

钟华楠

郊游

1954年，我在英国S城读建筑学第一年，在一个周末约了几位同学，踏自行车往郊外一游。离城约半小时后，来到一个小村庄，在一个幽静小教堂的坟场，树荫下茵茵绿草，我建议在此小休，大家没有异议，于是便趟下来。春风随来，鸟语香花，特别宜人，我凝望着蓝天白云，不知神游到哪里了! 突然，一下钟声巨响，才从梦中醒来。举头一看，是教堂的一座小钟楼，原来我们趟下来已大半小时，再看那黑底的钟面，上面还有两行金字：

TIME FLIES （时日飞逝）
MAN DIES （人也过世）

钟声如警钟，使我从大梦初醒，再加上两行警世金句："你来英国是求学，不是来享受春日春风! 时间飞逝，瞬眼你也会快离开这个世界!" 我顿时觉得求学迫切，时日无多!

百拉徒

在第一年第一个学期，班主任导师请了我和一位非同系的希腊学生吃晚饭，我踏入老师家时，他已在唱歌，并自弹'吉他'(guitar) 伴奏。老师

介绍后，他便对我说："刚才我唱的是希腊民歌，弹的是希腊吉他。你有没有带中国乐器来?请你唱一首中国民歌给我听。" 我已忘记他的名字，就称他为"百拉徒"吧。

我只懂得吹口琴和吹箫，在香港岭南中学初中一年班寄宿，在晚上寄宿生上床睡觉和早上起床时，我负责吹童军号角。初中三升往广州岭南大学高中一的暑期班，被选入银乐队，分配了一支银喇叭(trumpet)，可带回自己的房间练习，我如获至宝，非常珍惜这件乐器，可是我离校前交回了校方。我没有带任何乐器来英国，就算带了来，也只懂得吹什么欧西流行曲，欧西古典小夜曲;至于中国民歌完全不懂，只能红着脸道歉说我不懂。我脑海中马上浮现出一幕一幕的岭南歌，赞颂主耶稣的诗歌，红灰健儿歌，南大一家亲，一千岭南人，后来才知道全是美国大学的校际运动会歌曲，配上中文词句;后转校到华仁英文书院，什么歌也没有得唱，只有背诵祈祷经文，如《我们的天父》、《圣玛利亚》等，只有入了教，洗了礼，成为天主教教徒的学生，才特许在爱尔兰神父带领下，往教堂唱圣诗。在英国往后的岁月还要继续受罪，因为逢在什么国际晚会，各国学生踊跃高兴地高唱他们的民歌，唯独香港学生，噤若寒蝉。你不能不赞叹英国殖民地教育的成功和恶毒，因为民歌会唤起人民的民族性、爱国情绪，给予一同歌唱者一种民族身份

的相互认同和兴奋心情，所有这些情绪都可能阻碍殖民地所需的驯服管治，所以全港学校课程一律不准教。我当时立愿以后有机会要学民歌。但这个意愿要等到1968年我协助创办"创建学院"后，才学到了《读书郎》、《康定情歌》；1972年从师生自编油印的《创建歌选》，学到《在那遥远的地方》和《凤阳歌》。不多，但已争取到和拥有自尊，也可以说，中国人懂得唱中国歌的自豪！

当时百拉徒以胜利者的心情继续自弹自唱，因我无能，只能继续忍受他的希腊民歌。终于老师太太骄傲地宣布：

"Come on, you boys. Dinner is ready."（孩子们，来用晚餐吧。）

在席间百拉徒很快便再向我挑战，他说古希腊有铜铸人像、陶器，哲学家有苏格拉底、柏拉图，他们主张这样，弘扬那样，这般那般影响后世。说得眉飞色舞，口沫横飞。你们中国古代有哪些文物，古哲学家，他们主张什么，如何影响后世？我依稀记得孔子、老子这两个名字，但不知道他们主张什么。更不知道如何影响后世。既然不知道他们的哲学主张是什么，连名字也不敢说出来。脸红透至耳根，厚着面皮说我不知道。他正要再挖苦我时，老师及时打救我说：好了，先用些汤吧。他太太也帮忙说她煮的肉酱意大利粉不错，请尝尝。主人也替我难为情，百拉徒却得意忘形，继续炫耀古希腊如何辉煌，希腊万岁！我哪儿还有心情吃喝，胡乱吃点便算了。

无地自容，真是奇耻大辱，只能怪自己！晚上睡得不好，好不容易才等到天亮，马上打听，哪里有中国书店；等到周末，乘火车到伦敦，再乘地铁往罗素街，在大英博物馆对面的"柯烈书店"，买了几本哲学书便迫不及待回S城，发现看不懂（全是古文，那个年代所有古籍文言还没有白话注释）！这一惊，非同小可，S小城里没有中国学者，我以后怎样自学呢？好容易才等到下一个周末，再来到柯烈书店，告诉那位懂得说普通话并懂得打中文纵横打字机的英国人售货员，名叫Charles，我看不懂上周末买的书。他便介绍我看英文译本，和以英文解释的中国哲学书、历史

书。自此，我每个星期六便来到柯烈书店，请教于Charles有关中国知识的中、英文书籍。原来他埋头打的是从中国新到的书籍书单，分寄给英国读者，我也给他通讯详情，以后也收到新到的书籍名单；Charles还介绍我到大英博物馆看世界古文物。自此，我的周六活动便加上到大英博物馆，浏览世界文物，包括丰富的希腊和中国文物。

光阴似箭，日月如梭，不觉已到第一"学年"的最后一个月，快要考试了。班主任导师邀我和百拉徒吃晚饭，请我早到一些。我如期早到，老师和我谈有关中国的一些历史话题。不久，百拉徒到了，老师对他说，他和我正在讲解一些历史问题，请他把吉他放在墙角下，我不知道老师是否故意，因为放下吉他百拉徒便不能唱希腊民歌，他也不能挑战我唱中国民歌了，我如释重负，逃过"大难"。不一会儿，饭厅传来老师太太的声音：

"Come on boys, dinner is ready!"（孩子们，晚餐已准备好了。）

坐下来，老师便说他刚才和我谈的历史问题，是有关古文字的，他很想知道一些中国文字的知识。我便从殷商的甲骨文说起，从约于3300年前甲骨文文字和语言一直发展到现在，仍在演变和沿用，世界上没有一种语言和文字像中国这样古老和仍然有生命地活着。甲骨文还蜕变及刻铸在商代的古铜器上，称为铭文。但巨型和图案精美的古铜器皿在3800年前的商代已存在了，比甲骨文还早。

老师举起酒杯说：我们为中国文化干杯！他然后说：除了中国文明，还有埃及、巴比伦和印度。你如何比较它们？

百拉徒很没趣，话题到现在希腊文化还没有份儿。

我说：如跟世界史上的其他三个古文化比较，中国文明与文化不算最古，但如文字和语言一样，中国很多古文明和古文化仍然存活着和应用着，如玉器、陶瓷、铜器、铜像、篆刻、书法和哲学等。限于时间，我只说说哲学吧。

在个别哲学家还没有出现前，约于3000年

前，《易经》已流行于民间，到目前，可以说3000年来，家家户户直接或间接(如香港人用的"通胜")，每天仍应用它。不但如此，西方学者亦很重视这本书，奥地利心理学家C. J. Yung称为人类的第一部重要书籍。西方最早翻译这本书的是德国学者，跟着是英国。孔子和老子都是约在2500年前出现的诸子百家中在中国以外比较著名的哲学家。其实，还有孟子、庄子、孙子、韩非子、荀子等，也是很重要的哲学家。很简单地说，这些哲学家分为三大派系：第一派系以孔子为首，后世称为儒家，研究如何从自己个人修身，然后料理家庭，以至治国，然后与其他国家和平共处；第二派系以老子为首，后世称为道家，提出了另一种以自然现象如金、木、水、火、土等，作人性、社会和国家的比喻，为个人修养的基础，以大自然化、宇宙观概念为怀柔处世及治国之道；第三派系以韩非子代表，后世称为法家，只求目的，不择手段，以强硬、铁腕、计谋治国，是现实、务实派。这三种哲学或学说影响后世远大，历代很多皇帝和国家都以儒的形象对外，其实真面目是以法于内治国。儒、道思想，更远播邻邦。我不知道如何和希腊比较，中国地理面积和人口，比希腊不知大多少倍？如果加上邻邦包括东南亚、朝鲜和日本，地理面积和人口，又不知比欧洲大多少倍?中国还有一个特点，那就是任何宗教，在国内不能盛行或持久，甚至可以说没有宗教。自从佛教传入中国后，它被同化或融化，成为儒、释、道三大信仰之一。历朝皇帝多选择佛(释)或孔(儒)为国教，但行之不久。民间更把这三大信仰混合、混淆，再加入历史英雄人物，甚至小说中的人物的神化，大江南北的庙和观崇拜各自供奉的神，真是混乱得满天神佛。但特点就是至今还没有国教，还是以人的哲学为主要信仰。

老师认为中国文化很了不起，尤其是不像英国和很多欧洲国家的政、教同治国政，导致国家和教会莫须有的混乱、矛盾和冲突。他高兴地说："我提议为中国文化干杯!"

百拉徒不能发一语，只有驯服地听。老师偶尔加一两句，他听得津津有味，露出满意和胜利的笑容，好像觉得：首先，这个中国学生被屈辱后，知耻发奋读书，对此感觉满意；其次，终于有中国文化把自豪、自傲的希腊文化压倒，感觉胜利!老师太太觉得，煮这两顿饭也是值得的。

我自己暗暗多谢老师安排给我洗辱、雪耻的机会，更重要的是感谢百拉徒给我一种发奋自学的激情，这种激情，加上那小教堂的警钟和警句的催促，时间无多的迫切感，使得我如今80多岁，还每天阅读，时刻学习，从未间断；1985年后我还是对这位老师和百拉徒，"两位恩人"，念念不忘。

游于艺

近年有两位很有诚意，年过半百，将近花甲的好朋友，一男一女。女的对艺术很有兴趣和颇富天分，两三年前学书法，不久，继学水墨画，不久，又学篆刻，不久，学油画，前后不过是两三年，最多四年，便精通各艺。朋友约她吃饭，她常言她要上课，要学这个，学那个，终日不停，没有空闲时间。男的很好学，这个月想了解这个，下个月便想知道那个，忙个没了。可以说，上至天文，下至地理，从文学到历史，从欧美到亚非拉文化都要懂。有时我懂得答案，但很多时候我也不懂。我后来说，追求学问，不要太着急，天下这么多事物，穷尽我们一生也学不了，学海无涯，为勤是岸。但我知道，这些话不能回答或开解他的问题。因为他不是学生，也不需要考试。

近来我继续思考这个问题，对懒惰的人，你可以用多种方法劝学。对过于急切并不断好学之人，是相当困难的，因为这类人实在不多。后来记起"游于艺"这三个字。起初，我还以为是以"游戏"的心情学艺，便对学者不会有压力，起码，多年来我对自己是这样解释的。但是，现在我要向比我年轻的朋友解说了，必须小心查究，不能自欺欺人，花了若干时间才找到，是出自《论语》的《述而篇》第七：

志于道，据于德，依于仁，游于艺。

我这本《论语》是由杨伯峻译注的:

译文: 孔子说:"目标在'道',根据在'德',依靠在'仁',而游憩于礼、乐、射、御(驭)、书、数六艺之中。"

注释: "游于艺"——《礼记学记》曾说:"个兴其艺,个能乐学。故君子之个学也,藏焉,脩焉,息焉,游焉。夫然,故安其学而亲其师,乐其友而信其道,是以虽离师辅而不反也。"可以阐明这里的"游于艺"。

译文中有"游憩"二字,我却用"游戏",只猜对了"憩""戏"同音!但戏不是憩,当然,健康的游戏中必须有休息,动中以静来调节,所以憩比戏较好。

而且,"游"已含"耍"在内。

注释只着重解释"游于艺",而"游于艺"最重要的意义是"不兴其艺,不能乐学",我认为最重要的是解释这个"兴"字。叶嘉莹著的《好诗共欣赏》中对"兴"字有很详细的解释,我现在仅择其要于后:

"'兴',意思是在人的内心有一种兴起,有一种感动……在《论语》中孔子就曾经说'诗可以兴',就是说诗可以给人一种兴发和感动。"

"不兴其艺,不能乐学",根据叶嘉莹的解释,我们可以解作:如果你对所学的艺,不兴起,不感动,你就不能乐于所学,不能对所学的感觉到有乐趣。用我自己的经验来解释:如果我对任何东西,包括艺术、学问、诗词、茶、酒、书法、篆刻、昆曲、京剧、阅读、写作等,不能产生激情,不感觉兴奋,我便不会喜欢、爱好这东西。但我对这些东西常常兴发激情,似曾相识,好像与生俱来便喜爱。

反过来说:如果你对任何东西,不能产生激情,不要勉强去追求它,最终你不会快乐的。

大约在25年前,我被香港大学建筑系委任为名誉教授,职责之一是评论分组学生的设计作业。当天是第4年某组、某学生A,介绍了他的习作,讲解完毕后,我说:在我没有评论前,我先问你,你喜爱你所做的工作吗?读者对不起,香港大学当年师生问答、讲课是用英语的(相信现今仍是),英语即是: Did you enjoy what you did? No, Sir.(老师,我个喜欢我所做的)。我说:我暂个评论。第二位。

第二位学生B,讲解了他的作业后,我说我暂不置评,先来问你: Did you enjoy what you did? No, Sir.

我对我组的学生说:我感觉不大舒服,我要回家去。

其实我没有回家,我回到我的事务所,立即写了一封"致第四年同学的公开信",抄送本系教授,然后寄出。信的内容主要说:

如果你第四年也不喜爱你自己做的设计工作、习作,你可能选错了科目。当初,可能你顺父母之意,可能你听当时舆论,说三师"搵钱"(入息)最多,即是医师、律师和规划师(建筑师)。但选读这三种不同科目,学生需要有个人兴趣、个性、才能、领悟等的能力与取向,不能靠一时的顺从、冲劲或偏好作选科依据。学系老师对考生的面试(aptitude test)收取与否,也会出错。第一、二年你可能对设计知识认识不够,不能说你喜爱或讨厌建筑设计。第三年你要应付中期试,第五年你要考毕业试,呈交毕业设计和论文,心情紧张。所以,在第四年你对设计应有足够学术知识,又无须应试,你应该爱好和可以喜爱你的工作,享受这一年的时光。如果你不喜爱,认为设计工作是一件苦事,你可能选科错了。如果不幸选科错了,就算老师、校方给你毕业合格证,你也会一生吃苦,干你不喜欢干的职业,以至令你度日如年!如果你不幸是这种学生,现在趁你还年轻,可以勇敢面对,转系转科,也不会太迟。

大约过了两三个星期,系主任电约我一同午膳,我如期赴席。我和黎教授常常午膳,谈谈建筑系的事情,这次他一进来便放下一份文件在桌上,我一看便认出是我写给第四年同学的公开信,我立

刻致歉说:对不起,我没有得你的同意,便直接给同学写信,这是我的疏忽。他伸出右手,我自然地,条件反应地和他握手,他用英语说:恭喜你,多谢你,因为你这封信,你拯救了九位同学的学术命运,他们已先后离开了建筑系,成功转到别的学科去了。

那个年头,我还没有认识"游于艺","不兴其艺,不能乐学"。全班约40人,几乎去了四分之一!

限于命

中国古文学中,往往读到一些对光阴片刻即逝的伤感诗句。

陶渊明《还旧居》有:
(《陶渊明诗选》,徐巍生选注)
"流幻百年中,寒暑日相推;
常恐大化尽,气力不及衰。"
三联,1982年。

最深印象的莫如李白的《将进酒》两句:
(《李白诗选》,马里千选注)
"高堂明镜悲白发,
朝如青丝暮如雪。"
三联,1982年。

李商隐的《锦瑟》:
(《李商隐诗选》,陈永正选注)
"锦瑟无端五十弦,
一弦一柱思华年。"
三联,1980年。

苏东坡和《子由渑池怀旧》:
"人生到处知何似,应似飞鸿踏雪泥"
(《苏东坡诗选注》,吴鹭山、夏承焘、萧湄 合编)

"泥上偶然留指爪,鸿飞那复计东面。"
百花文艺出版社,1982年。

韦庄《菩萨蛮》五首之三:
(《唐五代名家词选讲》,叶嘉莹 著)
"如今却忆江南好,当时年少春衫薄。
骑马倚斜桥,满楼红袖招。
翠屏金屈曲,醉入花丛宿。
此度见花枝,白头誓不归。"
北京大学出版社,2007年。

如果我们寻找更远古和更近代的文人,或我们认识的朋友,相信每一个人,都有各种对光阴易逝的叹惜和感想。对好学者来说,世界又有这么多好东西他们想研究、想学,但又没有足够的时间。这是一个永远不能解决的矛盾。

我今年已80岁,我只觉得所学的如九牛一毛。如果造物主对我这个好学者,额外仁慈,赐我再享80年,我可能多享受一些衣食,多学一点智慧,但你认为我会多学很多东西吗?对我来说,不外是如九牛二毛而已!再多给我80年,即共240岁,我也学不尽我想学的东西!

如果我这样想,我会感觉到很沮丧、很失望和消极。这个矛盾如何解决?

解决的方法是没有的,但我认为有两种态度,可以令你比较欢怀:

一是:认识"游于艺";
二是:了解"限于命"。

认识"游于艺"

对追求的学问必须有"兴"或激情,"不兴其艺,不能乐学"。

如果能够乐其所学及学其所乐,每天的学习都是一种享乐,一种享受,便不会着急,不会有压力,更不会滥学。我有一次享受美酒后,心情畅快,觉得非写字不可,不久,顿觉纸、笔、墨、砚、腕、志、神合一,随心所欲,挥洒自如,非常惬意,进入忘我境界,写得好不好,学

成学不成，已不成问题，已不是我所求，已是进入无求的情绪。

尽了"游于艺"的情怀后，学其所乐、乐其所学后，有了一次"忘我"、"无求"的境界后，我很自然地浮现着一些消极的情绪，那游于艺、乐学、忘我、无我，又算得了什么呢？很自然地低吟了两句明代杨慎《临江仙》中的诗句：是非成败转头空，青山依旧在，几度夕阳红。科举时代的探花、榜眼、状元等功名以至今日著名大学的学士、硕士、博士等衔头、名誉带来的荣禄，从个人看，或放之于个人身上，可以说"是非成败转头空"。当遇上天灾人祸，天灾如地震、海啸、火灾、旱灾、水灾、虫灾、流行性病毒等，导致死亡、伤残无数。人祸如战争；1900年的八国联军入北京杀人抢掠，火烧圆明园；日本侵略中国，在南京大屠杀30万人；近世人为大饥荒(1959~1962年)饿死3755.8万人及"文化大革命"等时期，对个人的生死，视如粪土。季羡林可能说过："士可杀，也可辱"。如果他认为他的生存对某个人、或某些人、或民族，还有责任，他便会忍辱求存。君不见：春秋时，越王勾践，败于吴国，卧薪尝胆，忍辱以谋复国吗？近有秋瑾(1875~1907年)，民主革命之士，起义失败被清政府逮捕不屈，视死如归，成为可歌可泣的烈士，死时只有32岁。所以，"士可杀，不可辱"以及"士既可杀，亦可辱"，皆是有其个别的客观和主观条件及意义的。当然，其中不乏虚有其名的士。历史上亦有不少对个人的生命，轻于鸿毛；对国家民族的存亡，有重于泰山，如文天祥《正气歌》所载的人物和轶事。

了解 "限于命"

中国自古以来，因为不知多少洒热血、抛头颅的爱国之士，才能保着家园国土，不致国亡、族灭。他们不怕牺牲，他们不怕限于命，我们今天才有幸享天年。我们必须了解到，这一个关键性的限于命。所有享有天命的人，实在是长寿之人了，不能再埋怨限于命。

中国自古以来不知有多少有识之士，成千上万的学者，才能够一代传一代，代代相传，才能够累积到现在如此丰富的知识和智慧，才能够成为世界唯——个民族，仍然沿用着3000年前的语言和文字，仍然阅读着、利用着3000年前的《易经》。仍然对儒、释、道有所学习和创意。

正如我们的万里长城，初建比秦代早，直到明代还在建。

我们的知识长城，初建比秦代早得多，直到现在还在建。

了解了 "限于命"

是的，每个人的生命有限，当我们这样想的时候，是对自己的或个人的生命短暂的了解，人生不外是一百几十年便完结了，无论是贫或富，成或败，一律要离世，无一幸免，没有例外。

但从一个民族来说，如果每个人尽己所能，尽了游于艺的所能，便会一代传一代地积蓄起来，不同的文明与文化知识，使用口传、行为或以文字记下，这个民族便会不限于命，因为世世代代相传，直至数千年后，仍然存在，如我们的中华民族一样。

结语

所以，我们学艺不需要着急，只需把所学以口传、行为或以文字进行下来，便帮助了我们这个民族的文明和文化的传递和延续，不会因个人限于命而终止。

我们如果有成就，是建筑于前人的成就上；如果我们的后代有成就，是建筑在我们的成就上，代代相传。

明白这个道理，有了这个概念，便会很从容地乐学，便会很自然地乐命了；因为你知道，不只是你一个人在学艺，也不只是你一个人在活着，更不只是你一个人限于命。

严迅奇

严迅奇自幼在香港受教育，并于1976年以优异生毕业于香港大学建筑系。毕业后，他于马海建筑工程师事务所实习了两年，于1979年自己创立严迅奇建筑师事务所。并于1982年与李柏荣及许文博成立许李严建筑师事务所，执业至今。

1983年，他参赛的巴黎巴士底歌剧院国际竞赛方案，获得一等奖。自此他的作品在香港及海外经常获奖，包括1994年及2003年的亚洲建筑师协会金奖。2006年及2011年的芝加哥Athenaeum Awards、2007年的Kenneth F. Brown Award，以及在国际竞赛中标的2004年广东省博物馆、2007年的添马舰香港政府总部。严迅奇多次获邀担任海内外各种论坛和学术会议的主讲嘉宾。其中多项作品获国际期刊介绍，如：C3、SD、SPACE、AR、Zoo、ROOT、Domus、Frames、Art in America、Architectural Review 等。在过去的20年里，曾四次在威尼斯双年展展出。

除了建筑设计外，严迅奇还担任多项公职，现为香港大学建筑系咨询委员会成员、香港大学专业进修学院客席教授及康乐及文化事务署博物馆专家顾问。2003 年他首本作品集《The City in Architecture》出版，2004年出版《Being Chinese in Architecture》。而新的作品集《Presence》已于2012年8月出版。

项目：广东省博物馆
地点：中国广州市珠江新城
设计时间：2004年
完成时间：2010年
用地面积：41000m²
建筑面积：67000m²
建筑师：许李严建筑师事务所
业主：广东省博物馆

项目简介：

广东省博物馆新馆是广州市珠江新城中心文化艺术广场的四大文化标志建筑之一。许李严建筑师事务所从九家参与国际设计征集竞赛的国际级建筑事务所中脱颖而出，获得第一名，并随即于2004年正式展开博物馆的设计工作。整个博物馆共有6万m²，包括临展馆、历史馆、自然馆及艺术馆，并设置科研中心，办公及访客设施。整个项目于2010年中建成并正式对外开放。

博物馆的设计构思沿自中国精雕细琢、装载珍品的传统宝盒，仿如漆盒、雕花象牙球、玉碗及铜鼎等容器，盛载着各种各样的珍藏瑰宝。除展品外，广东省博物馆新馆本身就是一件引人入胜的艺术品，就如古时的精美容器，盛载着南中国地区多年来累积的历史遗迹、传统智慧及文化。这是一座渗透着文化象征意义的艺术建筑，可望带给各方访客一份细味展品的特殊回忆。

在空间组织方面，概念取材于传统而精巧的象牙球工艺技术；层次多，复杂细致且优雅，展示出层次鲜明的隔断空间及变化多样的通透感，从内至外，带领着访客层层而进，将展厅、功能分布和设备配置组成一个有机整体。层层相扣的建筑空间，为公众回廊、展厅和后勤区提供了视

Photo by Almond Chu

觉上和实质上的联系与分离，在保持宝盒完整性之外，亦为每个展区提供独自运作的灵活性。与此同时，休息小厅错落地布置在展厅周围，空间形态变化多端，光线充沛，可看到室外景观之余，亦给予访客舒缓劳累的休息平台。小厅亲切小巧的休息环境，刻意地与宏大的展厅互相对比。以富有中国传统空间的意念为出发点，利用现代的科技、物料及技术，表现出中国人博大精深的层次空间思维及传统智慧，缔造出博物馆应有的空间神秘感，以现代建筑演绎中国传统特色。

在博物馆的外立面处理方面，整体设计与象牙球概念的思路亦同出一辙，外形仿如一件精雕细琢的宝盒，运用铝合金板、玻璃、花岗石等，塑造出富现代几何色彩的立体方正设计；一扇扇不同图案的窗户，散落在东西南北四个方向的表面，展现出一份独特而趣味无穷的特质。此外，为配合周边城市的环境及空间过渡，馆外的绿化及地形设计构思犹如盛载宝物下的一段丝绸，表面起伏有致，由博物馆向外延伸，与中轴线文化艺术广场设计概念相配合，演变成城市中的一个表演舞台。

Photo by Almond Chu

Photo by Marcel Lam

Photo by Almond Chu

项目：香港特区政府总部
地点：香港金钟添马舰
设计时间：2007年
完成时间：2011年
用地面积：42218m²
总建筑面积：131574m²
设计概要：
政府总部26层
行政长官办公室3层
立法会综合大楼10层
建筑师：许李严建筑师事务所
业主：香港特别行政区政府，金门–协兴联营

项目简介：

　　本项目为香港全新的政府总部，当中包括政府总部大楼、行政长官办公室、立法会综合大楼及市政公园，彼此互相连接。项目的设计环绕四个主题：开放（门常开）、欢愉（地常绿）、持续（天复蓝）、共处（民永系）。设计策略是将市内分散的绿化空间连接起来，由香港公园及夏悫花园，以至将来的海滨长廊。立法会综合大楼和行政长官办公室分别竖立在两旁，与政府总部大楼的东座及西座并排，分立在市政公园两侧，眺望广阔的维港。

Courtesy of Rocco Design Architects

Photo by Marcel Lam

Photo by Lam Pok Yin, Jeffrey

Photo by Lam Pok Yin, Jeffrey

Photo by Lam Pok Yin, Jeffrey

Courtesy of Rocco Design Architects

注册建筑师
REGISTERED ARCHITECT

孟建民

全国建筑设计大师
深圳勘察设计行业协会会长
深圳市建筑设计研究总院有限公司总建筑师
中国建筑学会常务理事
全国高等学校建筑学专业教育评估委员会委员
全国注册建筑师考试委员会专家
华南理工大学等高校客座教授
深圳市专业技术资格评审委员会委员
中国大陆与香港建筑师资格互认考官

1982年毕业于南京工学院（现东南大学），获建筑学学士学位
1985年毕业于南京工学院，获建筑学硕士学位
1990年毕业于东南大学，获工学博士学位

代表作品：昆明云天化集团总部（获2009年中国建筑学会建筑创作大奖，2008年第五届中国建筑学会优秀创作奖）、合肥政务中心办公楼（获2008年全国优秀工程勘察设计奖银奖，同时获得全国工程勘察设计行业优秀工程设计一等奖）、深圳基督教堂（获2003年建设部优秀设计三等奖）、张家港市第一人民医院（获2009年度全国优秀工程勘察设计行业奖建筑工程类三等奖）、深圳市滨海医院（获2012年度"十一五"全国优秀医院建设项目规划设计类优秀项目奖）、深港西部通道口岸旅检大楼及单体建筑（获2009年度广东省优秀工程勘察设计一等奖）、合肥渡江战役纪念馆（获广东省优秀创作奖）、2010年上海世博会中国馆（获广东省优秀建筑佳作奖）等。

在建筑创作中，孟建民坚持"研究性创作实践"。总编出版的《失重》收集了近几年的一些研究性作品，并在书中对"空间与形式"、"创意与设计"、"个性与风格"这些建筑学基本的问题重新进行诠释。同时，在医疗建筑领域提出的"全方位的人性关怀"及"现代化的医疗城"理念，出版的《新医疗建筑的创作与实践》收录了近些年的代表作品。

环境、空间、文化、效益

陈世民

1954年毕业于重庆建筑工程学院,继1994年获中国建筑设计大师称号后,先后成为香港建筑师学会会员、澳大利亚皇家建筑师学会一级会员、英国皇家建筑师学会会员,1987～2001年曾担任深圳市城市规划委员会顾问委员,现任中国建筑学会理事、中国勘察设计协会民营分会常务副会长、全国工商联房地产商会副会长、全国房地产设计联盟首届CEO。曾被评为"首届精瑞住宅科学技术奖住宅产业领军人物"、"2004年全国十大建设科技人物"、"2007年国际住宅协会颁发的绿色建筑杰出推动人物",并荣获"CIHAF 2007中国设计行业终身成就奖"、2009年中国勘察设计协会颁发的"全国十佳现代管理企业家"大奖。

陈世民先生至今执业已58年,不仅始终坚持在第一线从事设计,而且活跃在改革开放的前沿,在设计理论及设计实践和经营管理方面都有所成就。

陈世民先生先后参与及主持设计项目260多项,获得奖项70多个,包括国家科技进步奖二等奖、国家银质奖、国家精瑞住宅科学技术奖金奖、全国民营设计企业优秀工程设计"华彩奖"金奖、中华建筑金石奖。其代表作品有:深圳南海酒店、深圳火车站、深圳赛格广场、深圳发展银行大厦、深圳麒麟山庄、武汉东湖宾馆、蒙特利尔枫华苑酒店、中央党校综合教学楼、中国建筑文化中心、TCL工业研究院大厦、广州汇美大厦、深圳诺德中心、天津营口道地铁广场、重庆珊瑚水岸、东莞森林湖、长春中信城、南澳世纪海景花园等。

陈世民先生通过多年设计实践总结出"环境、空间、文化、效益"的综合设计理念,提出"环境论",主张开发"第五代生态文化型住宅"。先后出版个人专著:《时代·空间》、《CHEN SHIMIN》、《立意·空间》及《写·忆·空间》,发行于国内外并深受好评。

陈世民先生以深圳为基地,以香港为窗口,成功地参与组建了三家设计企业:香港华森建筑与设计顾问公司、香港华艺设计顾问有限公司、深圳市陈世民建筑师事务所,成为中国建筑设计体制改革不同时期的产物。陈世民先生既是一位能从事建筑设计的大师,又是一位能负责经营管理的企业家。

通过多年实践，陈世民大师将"环境"、"空间"、"文化"与"效益"四要素作为设计构思的出发点亦是评价自身设计成果的标准。这一理念其实是对适用、经济、美观的新演绎，因为环境与空间是当今适用的主要内容，文化将提升美观的评价标准，效益则将经济的含义扩大为适用的、社会的、经济的综合效益观，而不单是经济的节省。

环境

当今的时代是环境的时代，创新环境，寻求人与自然共生、人与自然和谐发展、人与社会资源的有效共享是环境的主题。

建筑依据环境而生，环境因新建筑出现而得到改善与创新。

建筑师需要具有扩大的、综合的环境观，这是时代的需要。

通过综合地分析项目所在地域的自然的、地理的、经济的、人文的、交通的、建筑的以及施工的各种环境因素，积极利用其中有利的成分为人们创造良好、舒适的工作与生活环境，妥善使用良好的环境资源应成为建筑创作的目的。

空间

空间，是构成建筑的核心。

建筑布局其实是空间布局，建筑形体乃是建筑空间组合的结果。

把建筑创作思维从两维转化为三维，把单纯的平面设计转化为空间的序列组合，为的是一方面有效地发挥建筑的使用功能，使人感到行为有效，适合所求；一方面整体地发挥建筑空间的感染力，使人感到舒适、亲切；此外，则是为了有效地使用各种资源。空间组合有效，资源才能利用有效。

寻求新的空间组合是建筑创新的基础。

文化

文化，在建筑中体现的是工程科技与造型艺术的结合。

单纯讲建筑"美观"、"风格"亦尚概括不了建筑应有的文化特质。

人们对建筑美观与否的评价是以自身的文化

背景和对某种文化的追求为基础的，根本难于众说一致，但是都需要有一种建筑的文化观。这就是：建筑文化是社会的主要组成部分，具有强烈的时代性与民族性，并与一个地区的历史、文化、技术传统根连在一起。经济走向现代化、国际一体化，建筑文化更应走向地域化与民族化。

在通过引进外国建筑文化来丰富本国建筑文化的同时，发掘自身传统文化加以改进对丰富建筑文化同样重要，在当今社会同样值得提倡。因此，在实现现代化的过程中，建筑文化不是全盘西化、欧化，而是需要"洋为中用"，加以集优化。

效益

效益，是一切建筑创作体现的最终结果。

真正的现代建筑是能体现我们时代的精神——效率与效益的建筑。

效益应包括经济效益、社会效益、使用效益等几个层面，偏重于任何一面都是不行的，需要有综合的效益观。

具备商品特征的建筑无疑首先要讲求开发成本与经济回报的效益关系，但是同时亦不可忽视投入与产出的相互效应关系。

建筑师往往需要在消费者注重的使用效益、管理部门注重的社会效益以及投资者注重的经济效益之间寻求平衡与对接点，从而实现自己的创作理想。

环境、空间、文化、效益四项要素相互关联，不可分割，是建筑的功能与艺术、技术与经济互为结合的关系。效益需要通过环境、空间与文化要素来具体发挥作用，而环境、空间、文化亦唯有经过效益方能反映出结果。

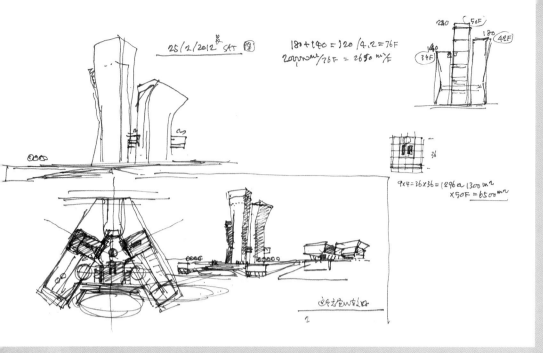

重庆经开区企业服务中心
总建筑面积：660920 m²
设计时间：2012年

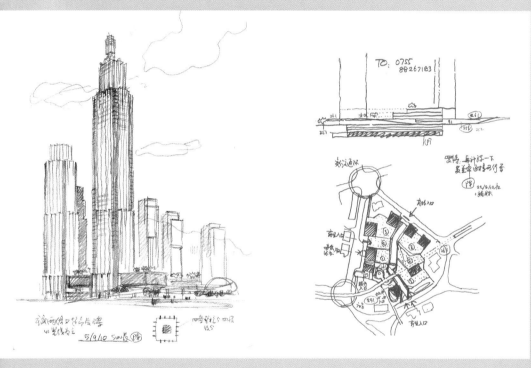

重庆两路口综合体
总建筑面积：625000 m²
设计时间：2010年

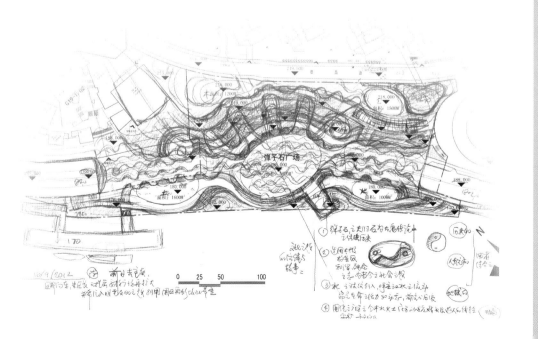

重庆大禹广场
总建筑面积：23700 m²
设计时间：2012年

珠海歌剧院
总建筑面积：45796 m²
设计时间：2008年

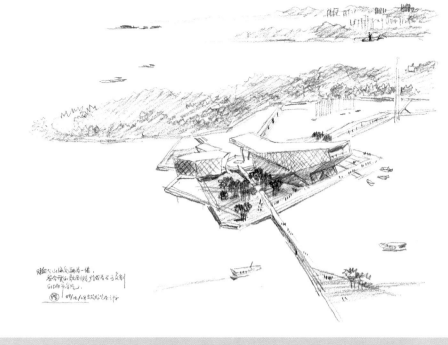

深圳皇岗村改造
总建筑面积：2000000m²
设计时间：2009年

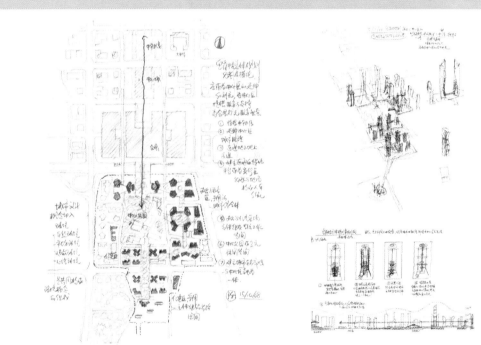

广州汇美大厦
总建筑面积：73593 m²
设计时间：2004~2005年

在有约束的条件下寻求建筑的解决之道

陶郅

职务：华南理工大学建筑设计研究院副院长、副总建筑师、陶郅工作室主持人、国家一级注册建筑师、教授

受教育经历：

1978～1985年，华南理工大学建筑学系建筑学专业，获学士、硕士学位；

1998～1998年，首批入选中法政府学术交流计划"50位中国建筑师在法国"项目人员之一，赴法国巴黎机场公司工程部进修。

陶郅1985年硕士生毕业后留本校，在华南理工大学建筑设计研究院从事建筑设计创作和研究工作逾30年。先后创作设计了一批规模较大和技术难度较高的工程项目。其主要获奖作品有：珠海机场航站楼（获国家优秀设计金奖）、乐山大佛博物馆（获国家优秀设计金奖）、福州大学图书馆（获国家优秀设计银奖），以及一大批省部级优秀设计奖项。其涉及的领域包括交通建筑、会展建筑、政府办公建筑、高层写字楼建筑、教育建筑、博物馆、图书馆、音乐厅建筑等以及大学校园规划、景观规划、室内设计。作为主要设计人和主持人完成的有较大影响的项目有：广州国际会展中心（与境外设计公司合作设计）、长沙滨江文化园（含图书馆、博物馆、音乐厅）、厦门国际旅游度假中心（含五星级酒店、会议展览中心、游轮客运码头站房及高层公寓写字楼）、中国移动海南总部大厦，这些超大型工程项目，充分展示其组织实施大型复杂工程项目的能力。近十年来参与设计了大量高校新校园总体规划与教育建筑设计工作，已实施完成的项目有以郑州大学、南京工程学院、中国传媒大学南广学院、福州大学、福建工程学院、合肥工大合肥校区和宣城校区等为代表的近20所大学新校园规划。同时，完成了数十项校园建筑设计，尤其在大学图书馆设计方面有较深的造诣，在教育界和建筑界产生了广泛的影响。陶郅建筑师的设计作品注重建筑的表现力和场所感。善于从建筑场地的自然条件和地域文化背景中获得创作灵感，在设计中强调人与自然的协调关系、建筑和城市的协调关系。注重传统文化和地域文化在设计中的表达；乐于接受新的设计思想，尝试新的设计手法；在群体建筑空间的规划与设计上有其独特的视野和手法。

主要获奖作品

1. 珠海机场旅客航站楼、航管楼	获2000年全国优秀工程设计（金奖）
2. 乐山大佛博物馆	获2008年全国优秀工程勘察设计（金奖）
	获新中国成立60周年建筑创作大奖
3. 广州国际会议展览中心	获2004年国家优质工程（银质奖）
（合作单位：日本佐藤综合计画)	获2005年全国十大建设科技成就奖
	获第五届詹天佑土木工程大奖
	获新中国成立60周年建筑创作大奖
4. 郑州大学新校区理科系群	获2003年教育部优秀勘察设计(一等奖)
5. 南京工程学院总体规划	获2011年教育部优秀规划设计(一等奖)
6. 福州大学图书馆	获2008年全国勘察设计（银奖）
	获新中国成立60周年建筑创作奖
7. 南京工程学院图书信息中心	获2010年教育部优秀建筑设计（二等奖）
	获第八届中国国际室内设计双年展(铜奖)
8. 合肥学院图书馆	获2011年教育部优秀建筑设计（二等奖）
9. 长沙滨江文化园两馆一厅 (博物馆、图书馆、音乐厅)	分别获第八届中国国际室内设计双年展银奖、优秀奖、荣誉奖
10. 其他个人荣誉奖项	2004年亚洲建筑推动奖（国际建筑师协会颁）
	2006年羊城十大设计师（空间类）
	第四届中国环艺设计学年奖（建筑景观类）最佳指导教师奖

乐山大佛博物馆（金奖）

福州大学图书馆

南京工程学院图书信息中心

陶郅自述

1973年高中毕业入乐器厂从事小提琴制作5年。小提琴制作既不属大木作（中国木构建筑工匠），又不属小木作（家具陈设木工），或许可算作精细木工一类。总之与建筑不沾边。1977年恢复高考第一批入读华南理工大学学习建筑学，本科毕业跟龙庆忠老先生学习建筑历史，恰逢20世纪80年代改革浪潮兴起，自以为研究历史不如创造历史有趣，毕业后遂入华南理工大学建筑设计研究院开始画图建房子生涯达三十余年，至今不悔。创造历史不敢说，混入历史进程是肯定的。

翻开近现代建筑历史看，大凡面目清晰的建筑师必定有其独特的可清晰辨认的建筑语言，如果只有独特的建筑主张充其量算是个理论家。因此，从某种意义来说建筑师的个性化语言是建筑师的第一要件。功能派建筑师在大多数情况下不屑于谈"语言"，更喜欢谈理念，似乎理念可以自然产生好的建筑，我颇为怀疑。我经常看到许多好的"理念"被不成熟的"语言"给糟蹋掉了。因而私下常想建筑学专业和不专业的分水岭首先就是"技艺"。有建筑师自诩为"业余"，其实不过是对体制内的调侃，技艺是早已解决得非常好了。"语言"的成熟当然需要坚守，而坚守在当今则变成是一种小众的游戏。可成就往往孕育在小众的游戏中。最终或将成为大众趋之若鹜的标杆。历史似乎从来只沉淀这一部分……然而这是否是建筑学的全部？当然不是！不过由于它是建筑学显性的一面而备受学子们和历史学家关注罢了。建筑学还有更为广阔的世界，也就是说"建筑语言"有狭义（显性）和广义（隐性）的区别，狭义侧重语言的"形"，广义侧重语言的"意"。毋庸置疑语言的形意在多数场合下是相伴而生的。有意思的是：显性语言其"形"即其"意"。隐性语言则常常无迹可寻，但或许是

可感知的。

我一向关注个案中隐性语言的表达，如：空间的路径;空间情境的控制；空间语义的模糊性、趣味性等，同时也关注建筑地域文化的表达，边缘艺术向建筑的渗透和融合。作为一个有责任的建筑师为用户提供增值的功能也应该是其首先要考虑的。我喜欢在有约束的条件下寻求建筑的解决之道。只有有约束、有挑战才能刺激灵感；只有约束才能够在一系列"关系"中寻求逻辑线索。通常一个解决得满意的个案往往在于其逻辑

关系的"正确"，这个逻辑关系的建立足以说服自己，个案在这种逻辑架构下是成立的、是有理由的。我常常面对过于宽松的条件而束手无策，相信大多数建筑师都有这样的经验。有些案子怎么做似乎都行但都找不出说服自己的理由。因此，在一系列复杂条件下建立一套和谐的逻辑关系和在宽松的条件下善于找出或设定出案中的约束条件都是一个建筑帅专业素质需要培养的。我的信条是一个好的建筑"逻辑上的正确"比"形式上的伟大"更让我心安理得。

福州大学图书馆

乐山大佛博物馆

福州大学图书馆

主要作品介绍

乐山大佛博物馆

　　乐山大佛博物馆的建筑构思源于当地的汉代崖墓，建筑形体通过崖墓的正负形体转换演化而来。建筑的形体构筑突破传统模式，发展"山体还原"和"山体契合"的生态原则，各个建筑体块如同自然山石垒叠一般。同时，利用原有山体作为建筑的一侧墙体，另一侧围以展厅，上覆玻璃光篷，构成了博物馆中最重要的公共空间——岩壁展厅。沙岩壁因水的渗透滋养了苔藓植物而使其呈现出室外空间的特质，从而模糊了内外空间的界限。为了控制岩壁与建筑之间光棚的进光量而采用的打散的张拉膜遮阳加强了岩壁展厅的光影效果。

福州大学图书馆

　　福州大学图书馆位于校园核心区，方案采用了三向的大台阶分别迎向三个主要人流方向，形成内聚式开放空间的构思。建筑内部采用对角线的切割，外形设计则采用完整的方形轮廓使其更契合标志性建筑物的秩序感，动人的细部和简洁的整体造型形成对比，形成丰富的立面效果。

南京工程学院图书信息中心

南京工程学院图书信息中心

　　南京工程学院图书信息中心位于整个校园礼仪性入口与功能性入口轴线的交汇点上，地位十分突出。建筑如一堆随意堆放的书籍，层层叠叠，从任何角度看上去都有强烈的形体变化和虚实对比，很好地满足了校园总体规划各轴线空间的要求。局部为仿木遮阳窗格，源于江南古建筑中的窗格，形成了双层的表皮系统，构成精美的表皮肌理，使建筑呈现出既有传统文化意味又有时代感的整体建筑形象。

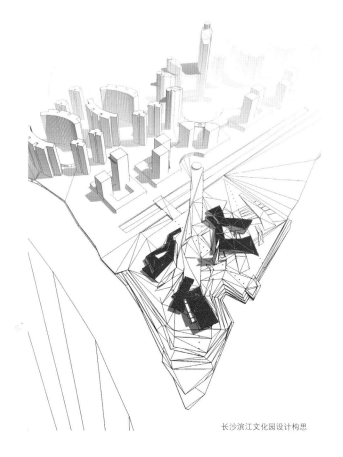

长沙滨江文化园

在这个方案里，建筑的地域性和文化性最主要是靠建筑的整体体形进行隐性体现的，湖南是一个崇山峻岭、滩河峻激的地方，"顽石"和"沙洲"成为了形体创作的构思源泉。本方案的在基地上对于地域的回应，就是强化所在基地的特色形态，把建筑作为大地景观的元素，与周围和谐共生，充分交融，从而重塑新河三角洲的大地肌理与地表形态。

长沙滨江文化园设计构思

长沙滨江文化园夜景效果图

长沙滨江文化园日景鸟瞰图

我选择了『建筑』这个新鲜又古老、伟大而平凡的专业

梁鸿文

1934年12月出生于广东南海，1959年毕业于清华大学建筑系（六年制），在校师从著名建筑学家梁思成先生和吴良镛院士，毕业后留清华大学建筑系任教，历任教研组副主任、主任等职，后在中央美术学院进修，20世纪80年代到美国密歇根大学建筑系、艺术学院进修及讲学。1987年到深圳大学建筑系任教，历任教授、副总建筑师等职。现任清华大学联合研究生导师、深圳大学教授、中国美术家协会会员等职。1995年创办清华大学建筑设计研究院深圳分院（后更名为深圳市清华苑建筑设计有限公司），任常务副院长兼总建筑师。现任深圳市清华苑建筑设计有限公司董事、顾问总建筑师。

个人自述

选择了"建筑"这个新鲜又古老、伟大而平凡的专业，离不开继承和创造，需要谦虚和自信，承认自己的不足和缺陷会助人勤奋好学，而自信是解决难题和创新的基本条件。

重视学习与了解多种经过长久实践形成的流派和理论，欣赏借鉴名作；它们是那么美和合乎逻辑，独一无二。但古今中外每个成功作品都只能造就于当时当地的条件、决策人的意向、设计者对客观的理解和解决问题的方法、修养与水平。如果追赶时髦和抄袭模仿就如东施效颦，使建筑失去自我和灵性。

无论是总体规划或个体设计，要做到顺应自然、追求和谐的整体关系，夸张和卖弄只会害己害群。设计有如做人处事，朴实真诚的品格最为高贵。左邻右里、自然因素、装饰因素都是在设计中要同时考虑的，就如人的品质、修养、风度和衣着一样是个不可分的统一体，建筑师不要放弃做环境装饰艺术设计的机会，它会给作品带来个性、趣味和幽默感。

深圳大学演会中心

用地面积：10000m^2
建筑面积：5000m^2
项目地点：深圳市南山区
建设单位：深圳大学
建成时间：1988年
获奖情况：1989年获深圳市勘察设计工程设计　等奖
1991年获广东省优秀设计二等奖
1991年城乡建设系统部级优秀设计二等奖
1993年度中国建筑学会建筑创作奖

该中心位于深圳大学入口广场东侧，是一座有1650~2000个座位的集会及演出建筑，平面采用自由灵活、不对称、半开敞的布局，空间在水平、垂直方向均流动穿插，观众厅顺自然地势找坡，侧墙按声学及视线效果设置，结构体系由粗石墙、钢筋混凝土柱和网架顶棚组成，高低参错、曲直变化的墙体所围合的空间在八根素面钢筋混凝土支承的56m x 64m的顶棚下自由进出。室内装饰图案、壁画、雕塑与功能技术、建筑设计相结合。运用空间、线形、光色、材质、绿化与水体等因素创造了一个有独特性格的环境场所。

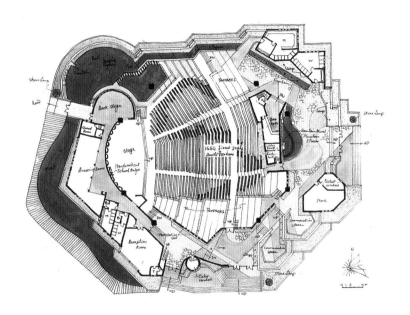

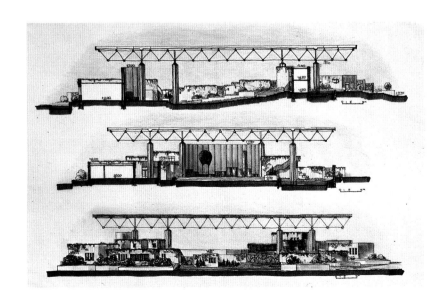

深圳市高级中学

用地面积：46600m^2
建筑面积：48400m^2
项目地点：深圳市福田区
建设单位：深圳市高级中学
建成时间：1997年
获奖情况：1998年度全国优秀教育建筑设计二等奖

总体布局以教学为核心，科研、行政、文体活动、生活后勤围绕教学区设置，按功能、动静分区，联系便捷。利用地形将疏密错落、虚实穿插的半开放空间与教学空间灵巧组合，人车严格分流。现代与传统的建筑风格相结合，功能意义与空间形状各异的广场、庭、廊、台阶、绿化、水体、喷泉、雕塑、壁画、钟塔等元素结合，使校园富有文化气息。技术措施做到防噪声、防西晒、自然采光足、穿堂风通畅、泳池贮备消防用水、收集雨水灌溉、利用太阳能供热、节能环保系统由电脑控制，实现了可持续发展原则。

创
新
绿
色
『
共
享
』
设
计

叶 青

叶青，1967年10月出生，1993年毕业于浙江大学建筑学专业，获硕士学位，深圳市建筑科学研究院有限公司董事长，教授级高工、国家一级注册建筑师。2009年荣获"第二届全球华人青年建筑师奖"（全球共9位华人获奖）和"中国当代优秀青年建筑师"荣誉称号，担任国际建筑师协会可再生能源委员会中国代表、中国建筑学会建筑师分会绿色建筑专业委员会副主任委员兼秘书长、中国城市科学研究会生态城市研究专业委员会委员兼秘书长等社会职务。

带领团队在全国率先开展建筑节能、绿色建筑研究，跻身全国一流建科院行列。探索适合中国国情的绿色建筑实现之道，创新地提出"共享设计"理论，其具体成果——建科人楼是低成本、本土化、可普及、经济适宜性绿色建筑的典范，获得2011年全国绿色建筑创新奖一等奖、2011年度全国优秀工程勘察设计行业奖建筑工程一等奖，并结集出版以该项目论述"共享"理念的《共享设计》、《共享建造》、《共享运营》丛书。

一、设计理念

绿色建筑不仅仅是一种技术观，更是一种平衡、共享、创新的价值观。

（一）共享设计

其核心内涵有两点：

1. 建筑设计是个共享参与权的过程，要体现权利和资源的共享，关系人共同参与设计；

2. 建筑本身是一个共享平台，不仅提供健康舒适、资源高效利用的构筑物，实现多方共赢，还要引导社会行为和人文。核心是立足本土，以低耗为突破口，用精宜之道、系统推行。

（二）平衡规划

基于碳氧平衡、生态足迹和生态补偿技术，平衡自然环境与城市建设，既有建筑与规划目标之间的关系，在空间、产业、资源间取得平衡，推行诊断、规划、实施、运营、评估五大步骤，相互关联，循环上升。

二、代表作品

在多个重点、难点工程并在其中起到核心作用，总建筑面积300多万平方米，获部、省、市等优秀设计奖40余项，将科研成果运用到建筑设计实践中，创造了巨大的社会价值。

（一）办公

建科大楼，总建筑面积1.82万平方米，2009年3月建成并投入使用，2011年全国绿色建筑创新奖一等奖；2011年度全国优秀工程勘察设计行业奖建筑工程一等奖。

合作者：张炜、袁小宜、沈驰、马远幸、彭世瑾、郭士良、周俊杰、蹇婕、龚小龙、王欣、鄢涛、陈泽广、黄建强、刘俊跃

建科大楼西立面

深圳市体育新城安置小区

（二）住宅

深圳市体育新城安置小区，总建筑面积41.3万平方米，其中住宅25.6万平方米，配套设施6.6万平方米。2006年国家财政部、建设部第一批可再生能源示范项目，2008年获华人住宅与住区高科技住宅设计奖，2012年获深圳市住宅产业化示范项目。

合作者：朱烜祯、湛鹤、汪四新、彭世瑾、王莉芸、吕志军、刘勇、王湘昀、杨万恒、周俊杰、罗春燕、孙延超、冯能武、梁恺光

注册建筑师
REGISTERED ARCHITECT

建筑美好，设计生活

宋源

1966年3月17日出生，汉族，籍贯江苏，1988年8月毕业于东南大学建筑学专业，曾任中国建筑设计研究院第四设计所主任建筑师、副总建筑师。1997年9月担任华森建筑与工程设计顾问有限公司副总经理、总建筑师。2002年1月任公司总经理、董事，同年4月担任公司副董事长。

主要代表作品有：北京汉威大厦、天津泰达学院、北京科教会展中心、深圳百仕达小区中心组团、深圳鸿瑞花园、广东南海文化中心、深圳南山书城、南山区第二小学、南京市新城大厦、深圳京基100等等。

曾荣获由中国建筑学会、香港建筑师协会和亚洲文化基金会授予的"优秀青年建筑师"殊荣（全国仅三名）、中国建筑学会"青年建筑师奖"、"中央国家机关优秀青年"、建筑系统全国劳动模范等称号。

华森建筑与工程设计顾问有限公司总经理、总建筑师宋源认为，建筑是创造一个美好世界的活动。建筑师的任务基本上在于两个方面：第一，是了解服务对象的要求和意见，用专业的技能表达在设计之中，从而提高房屋使用者的生活质量；第二，应当兼顾社会和大众的利益，创造出高质量、富于民主精神的公共空间，维护和发展城市的文化。

在宋源的创作实践中，深圳大学文科教学楼项目可圈可点。该项目为深圳大学多个学院的一万余名学生提供学习场所，大量人流的组织是设计中的难点和关键。从总体到局部，从前广场、内广场、内庭院、楼梯，到走廊的设计均为特定的人流提供了合适的空间。建筑的布局来源于理性的分析，入口平台形成与外界的分隔，同时亦是整个建筑的交通枢纽，联系各幢教学楼以及行政楼。平台以硬地铺装为主，内植少量乔木，适宜较大人流量的露天演说、集会等活动场所。项目以白色为主色调，间以红色面砖，色调淡雅清新，建筑形象简洁而宁静，不追求花哨外表，用朴实、含蓄的形象去体现高等学府的人文气息。景观庭院以保留的原有天然石为主题，成为文科楼内最有特色的景观。该项目荣获深圳市第十二届优秀工程设计一等奖、2007年广东省优秀工程设计一等奖和2009年全国优秀勘察设计二等奖。

在宋源看来，建筑不完全是一种个人的创作和偏好，反而更多地制约于其他个体和公众的物质要求和精神需求，也恰恰是在这一点上，才体现了建筑师工作的目

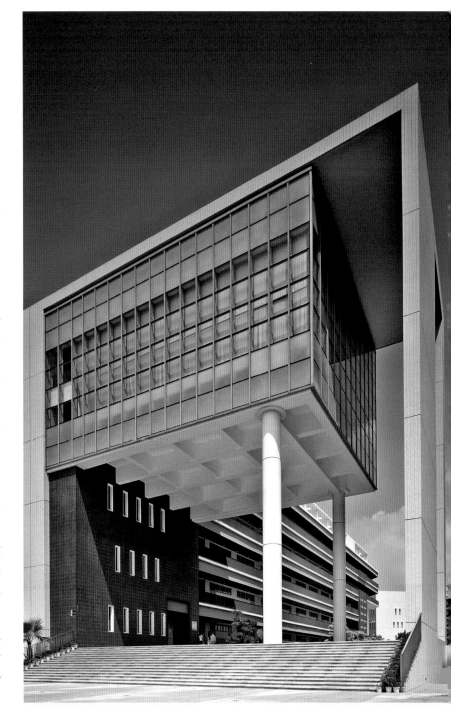

的和智慧的价值。

在深圳京基100项目设计中，宋源作为项目审核审定人，带领华森设计团队，打造了441.8m的深圳新高度，创造了建筑史上的一个奇迹。众所周知，超高层建筑技术先进，设计复杂，深圳京基100的设计难度相当高。宋源带领华森设计团队进行了大量专项分析与研究，对设计细节和深度的分析与测算达到国际一流水准。采用了国际最流行的新技术，设计中更是填补了多项国内空白。先进的技术和完善的设计确保了深圳第一高

楼的安全性、舒适性和经济性。在建筑设计中还采用了新型节能环保材料，使得这座建筑高效节能，绿色环保。

宋源相信，一个好的建筑作品是增值的，它不仅反映了设计者付出劳动的价值，开发建造者的价值和使用者的价值，而且也可以提升社区、环境和社会的价值。建筑师要努力追求一种文化性的设计，以这种对文化附加值的追求来适应城市变迁和建筑革新的挑战，保留一份历史、文化和社会的责任和职业使命。

创意是不断追求设计
真相的过程

马旭生

1964年出生，1986年毕业于华南理工大学，现任中国电子工程设计院总建筑师、深圳奥意建筑工程设计有限公司总建筑师，中国建筑师学会人居环境委员会委员、广东省优秀勘察设计评选专家库专家、深圳市勘察设计协会建筑专业委员会副主任委员、深圳市建筑师学会理事、《建筑与文化》杂志社编委、副主编、深圳市建筑师学会和注册建筑师协会首届（2012年）优秀总建筑师。

从业二十多年，主要代表作品有：江阴空中华西村、东莞市青少年活动中心、无锡蠡湖1号、深圳总部物流广场、深圳福朋喜来登酒店、深圳擎天华庭、吴江震泽中学暨吴江体育场、合肥财富中心、深圳富城科技大厦、江苏张家港"丽景

华都"等项目。作品曾多次获工业与信息化部优秀勘察设计奖、深圳市优秀工程勘察设计、东莞市优秀建筑设计方案、中国建筑学会"人居环境"金奖、联合国人居环境金奖、广东省注册建筑师协会优秀建筑创作奖等奖项。

创意是不断追求设计真相的过程

设计是一个寻找、发现、解决问题的进程，也是一个创造机遇、服务项目的进程。其宗旨在于寻找并发现、实现特定项目的价值最大化。

设计的灵魂是创意。好创意的诞生不是"创造与众不同"或"武断形式堆砌"所成就的，也

不全是灵感的突发，而是科学分析、不断探索和寻找真相的结果。好创意必然有理性的、功能的支撑，有专业的认可、业主的共识，有城市的需求和时代的呼唤。好创意应该是尊重环境，尊重历史文化，尊重人的生活感受，尊重城市的逻辑结构和尺度。

设计创意的进程，是建筑师不断追求设计真相，发现价值、挖掘价值、放大价值的过程。它要求建筑师具备理性分析、沟通互动和持续学习的素质和能力。

建筑师要善于聆听使用者的需求，了解市场，分析城市，研究项目状态特征。紧抓"关键点"寻求"平衡点"。随时把握设计的核心利益。

建筑是一个复杂的系统工程，设计进程也是多方沟通互动的进程：建筑师与业主的互动，建筑师和各专业的沟通，建筑师与施工方、材料商的交流等。在沟通中加深了解，在交流中开阔视野，在互动中促发灵感。沟通互动是催生好创意的前提和途径。

社会的多元要求建筑的多元。建筑师的知识是有限的，面对千变万化的市场和日新月异的技术挑战，建筑师唯有持续学习、不断积累、勤于思考、勇于探索，才能使好创意有了基础、源泉。

谷再平

建筑既是技术也是艺术，
建筑应该有灵魂

通常人们把建筑比喻为凝固的音乐,建筑学是人文、技术与艺术融合在一起的综合性学科,是指导建筑师进行创作的学问。建筑设计的精髓在于创新,它要运用新技术、新材料等工程技术手段,让人感到身体舒适,心理愉悦,既要满足物质功能,又要满足精神功能。

建筑改变了城市空间形态,建筑始终围绕着人与环境和谐的理念在创作,这也引起了我们在建筑设计时的思考、创新和不断的追求。

建筑既是技术,也是艺术,建筑是应该有灵魂的。世界上许多著名的城市都有自己的标志性建筑,只要说出一个城市的标志性建筑,人们自然会联想到这个城市。悉尼歌剧院、巴黎埃菲尔铁塔等建筑之所以成为一个城市的标志,是它不仅在建筑设计上独特,更多的还有人文历史与周围环境的协调共生等因素蕴涵其中,同时也有民众认同度的原因。

建筑师的工作远远超过了一般人所知道的单纯的设计,不仅满足建筑功能、符合规范要求和满足甲方的需求和期望,建筑师还是一个社会责任感很强的职业,他们需要不断地创新,同时也应尊重历史、尊重本土文化,他们所关注的问题,往往既具专业视点,又具社会焦点。建筑师也是一个艰辛的职业,但当自己的设计得到业内或社会认同的时候,又油然而生自豪感和继续创作的欲望。建筑师的工作也是苦中有乐、催人奋进的工作,世上成功的经典建筑影响深远,是建筑师学习的楷模,追求的目标。

从事设计工作二十余年,主持设计了京基金融中心、金地梅陇镇花园、坂田·上品雅园、深圳振业城一期、阳光带海滨城·锦缎之滨等项目,多项工程获得部、省、市级优秀工程设计一、二、三等奖。随着建筑行业的发展,本人也由设计居多的住宅项目转为公建项目,包括了超高层办公、酒店及商业综合体,参与设计了广州珠江新城F2-2之一地块项目,是将近200m的超高层办公酒店,并且主持设计了目前为深圳第一高楼的京基金融中心。

京基金融中心是集甲级写字楼、白金五星级酒店、大型商业、公寓、住宅于一体的大型综合

建筑群，总建筑面积约为60万m²，其中的A座京基100高441.8m，大厦将超大玻璃穹顶、联体双曲线雨棚与大厦玻璃幕墙进行一体化设计，瀑布式的流线造型，喻示了金融中心的繁盛与兴旺，成为深圳市的标志性建筑之一。

京基金融中心大厦容纳了数量庞大的办公人员及旅客，人员集中，垂直的疏散距离长，疏散到地面或其他安全场所的时间也会长，超高层建筑的楼梯间、电梯井、设备管井等竖向管井多，火灾时易产生烟囱效应，火势容易蔓延，建筑内部一旦发生火灾，想要凭借外部的消防手段来扑灭将比较困难。本项目有多项技术超出了规范的要求，通过消防性能化分析模拟，采取了一些加强措施，保证了项目的消防安全。建筑消防设计成功与否，将直接影响整个工程的投资成本和安全使用，因此消防设计也成为建筑设计的关键。遵循"预防为主，防消结合"的消防方针，尽量提高建筑的自防自救能力，采取可靠的防火措施，做到安全适用、技术先进、经济合理。

京基金融中心大厦采用了三重结构体系抵抗水平荷载,它们由钢筋混凝土核心筒（内含型钢）、巨型钢斜支撑框架及构成核心筒和巨型钢管混凝土柱之间相互作用的伸臂桁架及腰桁架组成。核心筒采用现浇钢筋混凝土，其内设置内型钢，增加核心筒的延性和刚度，从而增加整体结构的刚度；巨型斜支撑设置于大楼东西两侧的垂直立面上，采用交叉形式；5个腰桁架沿塔楼高度均匀分布，整合避难及设备层，增加了外框架的抗扭性能，从而减低扭转效应在地震作用下的影响；3区伸臂桁架在核心筒内贯通，优化结构效能。

京基金融中心大厦体形巨大，功能复杂，容纳人员众多，且主塔楼平面小，层数多，核心筒布置的合理与否直接关系到建筑的品质及使用率。在解决好至关重要的建筑结构和消防安全性的同时，也应解决好建筑内部的垂直交通及电梯配置（包括电梯台数、载客量、速度以及排列布置），以有效地提高超高层建筑的运行效率和使用效率。京基金融中心大厦办公楼楼层划分为办公低区及办公高区两个区域，每个区域又分别由4组电梯组成，其中两组为6台电梯，另外两组为4台电梯。低区的办公大堂设于负一层及一层，乘客可乘坐位于核心筒西侧的6台双轿厢高速电梯由低区的办公大堂至39层及40层的高区办公大堂，然后可转换乘坐高区电梯。高区的4组电梯与低区的4组电梯共用核心筒电梯井道，节省了核心筒的空间。

超高层建筑技术先进，设计复杂。京基100的设计难度高，为此我们要付出更多的努力，采用新技术及科学理论依据把好的创新方案付诸实施，确保建造出安全、舒适、经济的高标准建筑。

华森公司的核心价值观是：建筑美好，设计生活。"建筑美好"是华森的工作理想，通过努力学习、工作和创新，以优秀的专业服务，改善城市空间环境，提升社会价值和文化品质。"设计生活"是华森的行为哲学，始终从顾客需求出发，以人为本，为客户及社会创造更高价值。

欲穷千里目，更上一层楼。建筑师肩负着社会的责任，应不断地进取，为城市的建设不遗余力地添砖加瓦，少留遗憾，多出精品，以慰平生，以馈社会。愿生活更美好，城市建筑更美好。

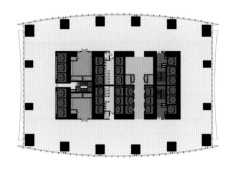

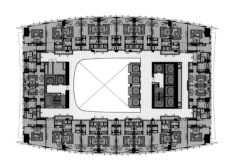

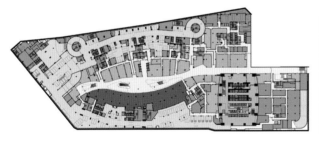

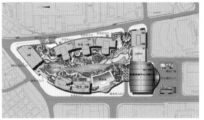

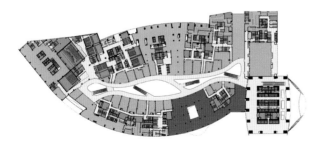

一层平面

站稳了做建筑

忽 然

1965年6月出生。1989年毕业于重庆建筑工程学院建筑系，获学士学位。1989年到1998年历任深圳市建筑设计院三院建筑师、所长；1998年至今任深圳中深建筑设计有限公司副总建筑师、总建筑师、董事的职务。

从业以来主要代表作品有：西藏国际会展中心，武汉新城国际博览中心，成都新世纪环球中心，成都世纪城天鹅湖花园，马尔代夫世界岛酒店群，昆明滇池国际会展中心，拉萨圣地天堂酒店，成都十陵体育中心,中国电子松山湖研发中心等。作品获得广东省优秀建筑创作奖、深圳市优秀建筑设计、中国建筑设计研究院优秀工程建筑方案设计等奖项。

马尔代夫世界岛酒店

设计理念

建筑师是责任和诚意的职业，是"攀登"的职业，是疲惫的职业，更是体验与自尊的职业；长期的专注和坚持源于钟爱；兴趣与独享是动力。

多年来，自己在生存与梦想之间以一种谨慎、诚意面对每一项设计任务；用匠人的心态在工作的每一个环节中不断寻求完美；体验中有遗憾，也充满美感。

"空间力量"

建筑师的力量在于设计作品呈现出一种空间力量。这种空间力量源于建筑作品植入环境和城市空间的积极意义，源于建筑空间在现实与超越之间的主张。审慎研究、把控建筑空间创作目标是建筑创作的核心，建筑创作的过程是质量空间的提升过程；用空间概念解析建筑创作中的多种可能性；将建筑技术与指标还原成功能空间的合理，并寻求空间的适度与创新，是建筑创作的乐趣。

"变"与"不变"

不同的建筑，有不同的功能、内涵和表象，此为建筑之"变"；全面、系统地解读"变"，在设计过程中：发现问题、分析问题、解决问题的方法是"不变"，这既是挑战，也是机遇；因此，不固定自己的设计方向，对不同类型的设计充满热情，是我的信念。

"大"与"小"

建筑规模、功能和技术上有"大"和"小"之分；对于小的建筑，以"大"的心态对待，通过复杂、多元的因素思考，寻求更开阔、更快乐的创意，此谓"小中见大"。

对于大的建筑，以"小"的心态对待，通过整合、分类、归纳，寻求规律的逻辑性及合理性，简化设计元素，此谓"大中见小"。

"界面"

建筑学是一门模糊的学科，很难用一个界面去覆盖。建筑设计中梳理设计元素的过程是打破界面的过程。打破了，多元才会出现，重构有了可能，创作的着力点更积极。建筑设计过程中打破学科与元素之间的界面划分，建筑作品更具张力和内涵。

建筑设计是建筑师梦想与现实、个性与共识之间的一种立场，体现出建筑师的责任和修养；建筑设计有别于纯艺术的创作，是命题"作文"；考虑"受众"、审慎"立场"是建筑师的诚意，更是建筑师的道德。

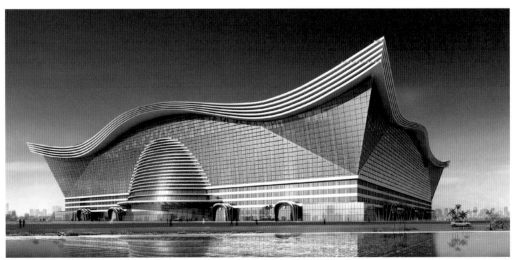

成都新世纪环球中心

中国电子松山湖研发中心

昆明滇池国际会展中心

成都世纪城天鹅湖花园

武汉新城国际博览中心

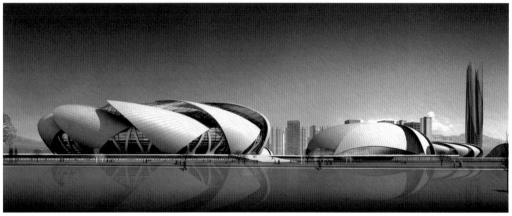

成都十陵体育中心

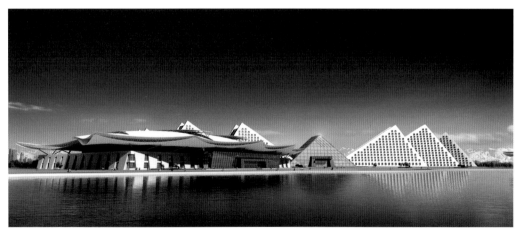

西藏会展中心

建
筑
追
梦

孙慧玲

筑博设计股份有限公司设计总监。

1982年重庆建筑工程学院建筑学本科毕业；1989年重庆建筑工程学院建筑理论研究生毕业；1997年考取中国一级注册建筑师；2007年考取香港建筑师协会会员资格；2011年5月~2013年5月聘任为Ta时代建筑理事会理事；2011年7月至今聘任为广东省优秀工程勘察设计奖评审专家库专家。

建筑追梦

"建筑"，涉足所有人间奇迹发生的地方，

她见证历史，见证现实，见证未来……

"建筑"，给予人类视觉的享受，

展现色彩斑斓，变化万千的世间景象；

"建筑"，拓宽人类的听域，

静止中美丽动听的音乐、歌声、语言在耳边播放。

"建筑"，是人类休养生息，生命繁衍的庇护所，

生存、发展绵延而久长。

"建筑"，是我的人生梦想，

带给我兴奋和快乐，也让我体会到了艰辛和甘苦；

"建筑"抒发人的情怀，"建筑"展示人的力量，

"建筑"寄托人的追求，"建筑"彰显人的信仰。

我设计了"建筑"，"建筑"更设计了我。

作品：

从事建筑设计的30年也是我追梦的30年。本书我选用的10个建筑方案作品，虽然不是什么"地标"、"橱窗"式建筑，更谈不上"豪华"和"经典"，但每个作品都是我基于环境（用地位置）、条件（经济投入）、困难（方方面面）、期待（客户业主）等因素，经过认真思考、努力工作去完成的。也是为普通人而设计的房子。她们中大多数都已经建成，正在为许多人使用，这就是鼓舞我继续设计工作的动力。

个项目就像一个剧本，演员要精读剧本，才可以创造出好的作品。建筑师也是要对项目有投入、有感觉、有劳动，最后才会有收获。因此，设计过程就是建筑师竭尽全力地让每一个空间、每一个细节都尽量满足当时、当地、当然的需求。超前的设想、全面的考虑会避免许多问题的出现，多为"他人"着想，多向"他人"学习，有了"技术"和"能力"，就有了为"他人"服务的本领。

建筑师在我看来就是一个普通劳动者。

感悟：

对"建筑"的认识除了来自学校和书本之外，更多的是在设计过程中的体验，在对方案的思考中获得的。建筑设计不是建筑师一厢情愿，就可以去做的事情。建筑设计是建筑师与众多的"他人"合作，共同努力才能完成的。其中包括了领导者、投资者、建造者、使用者、经营者等。建筑设计作品是由许多人参与的结果。其实建筑师很像演员，有时是主角，有时是配角，一

西安市华晶商务广场（建成）2001.03～2002.04

石家庄市新报业园区及传媒大厦（设计中）2012.08至今

追梦：

　　有"梦"就有坚持的理由。每完成一件设计，就是一个梦醒时分。每接受一项任务，就又开始了新的梦想。建筑师在外行人眼里总是在做设计这样一件事情，也许看起来是枯燥和乏味的。但我们自己却很清楚，时代在变化，需求在变化，设计更是需要不断创新来适应这些变化。于是，"他人"的需求造就了建筑师的梦想，然而现实工作又常常尴尬了建筑师，我们只能在建筑设计中求梦想，在现实生活中求生存。

　　感谢那些曾经和现在与我一起追求梦想的同仁们！

深圳市设计大厦（建成）1992.08～1993.10

兰州市报业大厦（建成）2003.12～2005.02

三亚总参接待中心（建成）2006.05～2007.10

深圳市深业、新岸线（建成）2003.02～2005.09

总平面图

东莞万科、高尔夫花园（建成）2003.10～2004.04

东莞万科、高尔夫花园（建成）2003.10～2004.04

深圳市光炬科技厂房（建成）1999.12～2000.07

深圳市档案文化大楼（建成）1989.08～1992.06

张家港市保税区滨江大厦（在建）2011.06～2012.06

任炳文

1962年1月出生。1983年毕业于哈尔滨建筑工程学院(现哈尔滨工业大学)。国家首届一级注册建筑师资格。毕业后进入中国建筑东北设计研究院有限公司至今，历任建筑师，高级建筑师，教授级高级建筑师。现任深圳分公司总经理，深圳市勘察设计行业协会常务理事，国务院津贴专家，深圳市建筑方案评审专家成员，香港建筑师学会会员。

刘 战

1962年1月出生。1983年毕业于哈尔滨建筑工程学院(现哈尔滨工业大学)。国家首届一级注册建筑师资格。1983年至1985年就职于哈尔滨工业大学土木系，任助教。1985年至2001年，就职于国家广播电影电视部设计院，任建筑师，高级建筑师，教授级高级建筑师，土建所副所长，院副总建筑师。2001年至今就职于中国建筑东北设计研究院有限公司，任总院总建筑师，深圳分公司副总经理，深圳市建筑方案评审专家成员，香港建筑师学会会员。

建筑理念

　　寻求建筑的本质，寻找其存在的意义是我们设计的出发点，良好的使用功能，对社会及环境的贡献，可持续发展性，令人愉悦的观感以及建筑的高完成度是我们追求的目标。

建筑实践

　　自毕业从事建筑设计实践以来，我们一直坚持探索建筑与人、自然、时间的关系，特别关注建筑对社会及环境贡献，追求建筑的高品质和完成度。我们的设计团队参加了大量的设计竞赛，先后完成了多项质量较高的实际工程，作品

深圳大运会国际广播电视新闻中心（MMC）外景

郑州新郑国际机场航站楼离港大厅

获得了国家优秀工程设计奖两项，中国建筑学会，全国优秀工程勘察设计行业（建设部）等省部级优秀工程设计奖数十项，其中郑州新郑国际机场航站楼改扩建工程获得新中国成立60周年建筑创作大奖。深圳大运会国际广播电视新闻中心项目获得第六届中国建筑学会建筑创作优秀奖。主要代表作品有：深圳宝安国际机场A号航站楼，深圳宝安国际机场B号航站楼改扩建工程，深圳会议展览中心，郑州新郑国际机场航站楼改扩建工程，郑州新郑国际机场2号航站楼及交通换乘中心工程（国际设计竞赛第一名），深圳机场信息指挥大厦，沈阳桃仙国际机场3号航站楼工程，深圳大运中心体育馆，深圳大运会国际广播电视新闻中心（MMC）等。

郑州新郑国际机场航站楼外景

团队精神，协同设计

马自强

工作经历

2005年至今，北京市建筑设计研究院深圳院总建筑师

1998～2005年，清华大学建筑设计研究院深圳分院

主要论文

1. 简——超高层建筑核心筒设计［J］.建筑创作，2009.

2. 从工程实践浅析建筑防水［J］.城市建设，2010.

获奖情况

1. 深圳市"港丽豪园"获深圳市第十一届优秀工程建筑设计三等奖；

2. 深圳市"深圳理想居"获深圳市第十一届优秀工程建筑设计三等奖；

3. 深圳市"新世界商务中心"获北京市第十四届优秀工程设计一等奖；

4. 深圳市"新世界商务中心"获2009年度全国优秀工程勘察设计行业奖建筑工程二等奖。

在学校，我们学会了建筑是采用不同材料建造的构筑物，是艺术与技术的结合体；建筑设计是创造给人活动的空间与建筑，同时让其满足人对视觉、感知和体验需求的工作。我们的建筑设计通常是虚拟课题，独自在图纸上单纯地完成我们的建筑设计，完整的平、立、剖面图，漂亮的效果图。

从业后，我们对建筑的追求目标没有变，但我们的建筑设计工作变得"复杂"起来。建筑设计的阶段变"多"了，周期变"长"了，全过程包括：前期调查、可行性研究和项目策划，方案、初步和施工图设计，以及施工服务直到建成投入使用；建筑设计的条件变"多"了，除了建筑所在的地理位置、气候条件、历史文脉、城市规划等客观条件，更多地需要考虑"人为"和经济的条件；参与建筑设计的人也变"多"了，成了一个团队的工作，除了建筑师之间的合作外，需要跟结构、机电设备工程师合作，还得协调其他设计方和施工方，以及服务我们的业主。

成为了职业建筑师、注册建筑师之后，我们对建筑设计的控制和管理也变得"重要"起来。我们需要充分发挥团队力量、整合资源、协调各种关系，进行协同设计，尊重项目团队中每个成

员的努力和付出，在项目既有的条件下通过建筑设计手段对整个项目进行控制，建造出最完善和完美的建筑。

从业十来年，有幸与不同的建筑设计项目团队合作，共同设计完成了多个不同类型的项目，其中以超高层办公和综合体为主。在此过程中我们共同获得了不少认可和赞许，同时也留下了一些遗憾和瑕疵，这都成为我们共同的财富和经验。

设计项目

项目名称：深圳"港丽豪园"
建设地点：深圳市福田中心区
建筑规模：5.5万m²，130m
建筑功能：2栋超高层高级住宅

项目名称：深圳"鸿业苑名豪居"
建设地点：深圳市罗湖区东门北路
建筑规模：12万m²，100m
建筑功能：4栋高层商住综合楼

项目名称：深圳"新世界商务中心"
建设地点：深圳市福田中心区
建筑规模：11万m²，220m
建筑功能：53层国际甲级商务办公楼

项目名称：深圳"荣超商务中心"
建设地点：深圳市福田中心区
建筑规模：14万m²，180m
建筑功能：39层办公和酒店综合体

项目名称：深圳"南山T106－0028项目"
建设地点：深圳市南山文化中心区
建筑规模：23万m²，290m
建筑功能：61层办公、酒店和公寓综合体

项目名称：成都"泰丰国际广场"
建设地点：成都市青羊区
建筑规模：9万m²，150m
建筑功能：37层甲级办公楼

项目名称：深圳"岗厦河园01－2项目"
建设地点：深圳市福田中心区
建筑规模：10万m²，200m
建筑功能：38层国际甲级办公楼

项目名称：深圳"文博大厦"
建设地点：深圳市福田中心区
建筑规模：11万m²，208m
建筑功能：45层国际甲级办公楼

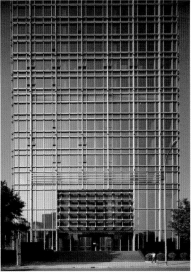

深圳住宅建筑形式与风格演变

艾志刚

深圳大学建筑与城市规划学院

摘要：本文对深圳住宅外部形态与风格30年来的发展历程进行回顾和总结，旨在发现住宅形式演变规律，寻找正确的发展方向。论文第一段简述深圳住宅的发展成就和关联因素，第二段总结不同时期深圳住宅的典型形式和流行风格，最后对深圳住宅风格演变的深层因素与发展方向进行了探讨与展望。

关键词：深圳住宅，建筑形式，风格演变

一、深圳住宅的发展概况

自1980年建立经济特区以来，深圳市从一个边陲小镇迅速发展成为拥有一千多万人口的现代化大都市，创造了世界城市发展史上的奇迹。30年来，深圳住宅设计从内到外不断推出新概念和新形态，从非常低的起点，迅速赶上发达国家先进水平。深圳住宅设计具有种类丰富、风格形式多样、环境外观浪漫、细节精细等特点。

品种齐全　深圳住宅在类型上涵盖了别墅、多层、小高层、高层甚至超高层等各种形态；在位置上涉及城市、郊区、滨水、山地等多变环境；在标准上包括从大众、精英到富豪等不同消费群体。

户型完善　深圳住宅平面设计从学习内地和香港经验开始，经过不断改进，在空间品质和观感质量等方面都有极大提高。户型精雕细刻，在交通、朝向、景观、通风各个方面尽善尽美。

高层高密度　深圳地少人多，除了少量别墅外，住宅更多的是向高层发展。1984年深圳建成100m高的罗湖友谊大厦和德兴大厦，1998年建成中国第一栋超高层住宅——深圳万科俊园（175m，容积率6.3）。此外，深圳超高层住宅还有：丽港豪苑（42层，168m，容积率3.9）、金域兰湾三期（48层，150m，容积率6.6）、幸福里（49层，164m，容积率7.7）。

环境温馨　深圳住宅设计非常重视住宅区环境质量的营造，如通过人车分流、园林绿化、内部会所、底层商业等手段，提供居民休闲、娱

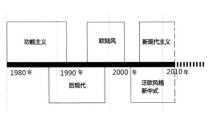

图1 住宅发展

图2 东湖丽苑

图3 湖滨新村

乐、交往、健身的空间场所，创造舒适安全的外部居住环境。

浪漫情调 深圳住宅形态丰富、风格多样，呈现浪漫主义的主调。这种浪漫主义不同于现代派的呆板节制，也不同古典主义的庄重繁琐。它是调动一切手段，如异域情调的营造、古今中外的混搭，力求打造浪漫的居住氛围和情调。浪漫主义盛行体现了深圳人乐观的生活情绪，个性的释放，也带有少许的张扬和炫富。

深圳住宅的蓬勃发展和深圳的特殊政策、市场经济、地理环境等因素密切相关。

政策因素 深圳作为第一批经济特区，肩负探索中国改革开放发展之路的重任。早期享受先行先试的特区政策。1988年深圳出台《深圳经济特区土地管理条例》和《深圳经济特区住房制度改革方案》，在全国率先开始住房商品化改革，奠定了深圳房地产市场的基础。

市场与经济因素 购房者的居住消费需求、喜好和欲望，是推动住宅发展的核心动力。深圳人口迅速扩张，住宅刚需大；深圳培育出众实力雄厚的房地产企业，住宅的开发经验丰富、经济实力雄厚。

地理因素 深圳地处中国南大门，交通便利，物资与信息汇集，气候适宜，市政基础条件良好，为住宅发展提供了良好的基础条件。毗邻香港，香港的住宅建设经验可以快速地传到深圳。

人才因素 深圳良好的政策和发展前景吸引了一大批优秀人才，包括开发、设计和管理人才。作为中国最早的设计之都，深圳国家注册建筑师多达1000多名。他们有来自内地、经验丰富的老建筑师，也有高校毕业生、留学归国的青年建筑师。

外来文化因素 在开放的现代社会，文化交流和相互影响必不可少。深圳住宅设计早期受中国香港影响很大，后来学习中国台湾、新加坡、欧美、澳大利亚等地经验。境外建筑师有以个人身份参加住宅设计的，也有直接在深圳成立设计公司的，如澳大利亚的柏涛、法国的欧博等。

深圳住宅30年的发展大致可以分为三个阶段：前十年是简约朴素的起步期，中十年是品质提升的探索期，后十年是舒适浪漫的享受期。

二、深圳住宅形式演化阶段与特点

（一）起步期（1980～1993年）——朴素现代+简单符号

深圳特区建设之初，各项建设基础非常薄弱，但改革创新的思想异常活跃。20世纪80年代也是中国现代思想"启蒙"和争论的年代。深圳

图4 德兴大厦　　　　图5 滨河新村　　　　　　图6 荔园大厦　　　　图7 莲花二村　　　　　　图8 金碧苑别墅

住宅沿袭内地建设经验，居住标准很低，套型很不成熟，外观朴素单调。尽管起点低，但建筑师们还是积极努力地寻求设计观念和手法的突破，如先后出现了以斜向布置突破行列式的呆板、架设二层连廊实现小区的人车分流、底层商铺开始商业与住宅的垂直分区等手段。

东湖丽苑（1981年）是深圳最早的准商品房（还没实行土地拍卖），设计以适用经济为原则，功能性很强，很少装饰。明显的标志是外凸的水平檐口和铁笼式的防盗栏。

湖滨新村（1983年）是深圳早期的商业住宅综合楼，一层作商铺，二层以上作住宅。立面窗户上下有装饰条，楼梯间设窗花。

滨河新村（1985年）为多层住宅区，首次在住宅区设置二层连廊，实现住宅区内部的人车分流。滨河新村在20世纪80年代末期广受好评，成为全国的样板小区。建筑师左肖思的设计理念是："不拘泥于苏联的标准，从经济和实用角度出发，不模仿，不跟风"。

碧波花园（1986年）采用大户型的蝶形平面，实现户户朝南。建筑采用浅凸窗，无水平檐口，立面更加现代简约。

罗湖区友谊大厦和德兴大厦（1984年）是深圳最早的高层住宅。由香港人投资和设计，采用香港流行的井字形平面，一梯八户，明厨明卫，立面

简洁。后来北京也建起了港式高层住宅，在学术界引起激烈讨论。以张开济为首的一批建筑界元老，在建筑学报上发文痛批高层住宅的种种弊端。

东晓花园（1988年）由8栋7层住宅组成，是深圳第一个土地公开招标的住宅区，可以说是中国第一栋真正意义上的商品住宅。

20世纪80年代后期，住宅外观开始出现符号化的装饰。如南山区荔园大厦（1989年）立面上采用后现代的"山花"装饰；莲花二村（1991年）带有斜坡式女儿墙；深圳最早的富人住宅区——银湖金碧苑别墅（1993年）采用简化双坡屋顶，粉红色墙面。

（二）探索期（1993～2004年）——后现代+欧陆风

随着市场经济的发展，20世纪90年代起深圳商品房建设进入高速发展时期。这时期住宅从经济适居型提升为舒适小康型。户型更加完善，如客厅扩大，卧室缩小；住区布置灵活多变，围合式增多，行列式减少；居住产品按市场需求出现了细分，如面向工薪阶层的普通住宅和面向富人的豪宅、别墅等。

20世纪90年代中期，深圳住宅外观形式逐渐从功能中脱离出来，出现较多的装饰。1997年前后，深圳涌现出一批"欧陆风"住宅，如东海花园、四季花城、水榭花都等。所谓"欧陆风"

益田村　　　　　图10 东海花园　　　　　　图11 万科俊园　　图12 梅林一村　　　　　　图13 四季花城

住宅多为古典三段式造型，粉墙绿玻加白色水平线脚、宝瓶栏杆、凸窗、拱券、山花、柱式等古典元素都有体现。"欧陆风"并非正统的欧洲风格，但观感上比从前的住宅显得有文化、上档次。欧陆风很快吹遍祖国的大江南北。

东海花园（1997年）是当年深圳豪宅的典范，"欧陆风"的典型代表。立面采用古典建筑的三段式划分，中心顶部突出。粉色外墙、白色条纹、外飘窗台、绿色与蓝色玻璃。东海花园一期与二期的立面稍有不同，一期相对简洁，立面采用较多的面砖，绿色玻璃。二期立面相对繁琐，使用了较多的涂料，蓝色玻璃，线脚更丰富，顶部增加了古典柱式装饰构件。东海花园对其后的深圳住宅产生了重大影响，随后，深圳住宅外观从简单走向繁琐，从单一走向多元化。

万科城市花园（1998年）采用简化的欧洲古典建筑造型和装饰，三段式构图，端部有尖塔，外墙用了多种建筑材料组合。

梅林一村（1998年，香港何显毅）是深圳住宅局建设的大型福利房，外观为简化新古典风格。梅林一村刷新了福利性住房的建设标准，成为深圳最成功的示范性住宅区之一。

20世纪90年代中期住宅区规划也出现新的理念和手法。如白沙岭采用斜线布局，整体呈"绽放的菊花"状，但这种过于形式主义的布局，无

论内部空间还是外观都并不成功。百仕达花园一期（1997年）首个装电梯住宅的多层住宅，创新的围合式社区，为后来的高档住宅提供了标杆。

（三）享受期（2004～2010年）——主题风情+风格化

经过20多年的发展，国民经济水平大为提升，深圳也从工业社会进入了消费社会。住房的市场需求不再局限于满足基本居住，而是上升到更高的精神层面。2000年后，深圳出现了高档化、生态化、郊区化、高层化等不同发展倾向。由于特区关内的住宅用地所剩无几，2005年后，深圳住宅开始向盐田区和关外拓展。

流行了几年的"欧陆风"住宅迅速失去市场，人们对更加原汁原味的"欧洲风格"，如西班牙、意大利、法国等风格表现出更强烈的兴趣。于是乎，卡斯塔纳、普罗旺斯、波托菲诺这些原本很陌生的欧洲小镇名称出现在中国各地的住宅名称之中。

万科四季花城（1999年，深圳大学建筑设计研究院等）选址在城市近郊，由于整体移植了欧洲小镇风貌，受到买家的热捧，并由此提升了周边区域的品质。深圳四季花城的巨大成功，让万科将四季花城类型推广到了全国多个城市。

华侨城波托菲诺纯水岸（2001年，澳大利亚柏涛设计咨询公司）移植意大利同名小镇的风貌

图14 水榭花都　　　　　　　图15 香蜜湖一号　　　　　　　图16 纯水岸　　　　　　　　　　图17 金海湾　　　　　　图18 曦城

加上人工湖自然景观。建筑布局错落有致，细节丰富，赏心悦目。项目一经推出就引爆市场，经久不衰，全国竞相模仿。

香蜜湖一号（2005年，澳大利亚柏涛设计咨询公司）位于深圳市中心区香蜜湖畔，占地93000m²，总建筑面积约13万m²，容积率仅为1.4。外观为新古典主义风格：坡屋顶、老虎窗、阁楼、简化的欧式线角、三段式立面构图，色彩典雅，古典但不繁复。

曦城（2006年，招商与华侨城联合打造，美国DDG设计事务所）为纯正的西班牙风格：圆滑的异形墙体，拱形窗，木窗，铁艺栏杆，陶瓦屋面，白黄质感涂料，手工建造感强烈。

除了各式"泛欧风格"，深圳住宅也有对中国古典建筑风格的再创造。最成功的是万科第五园（2005年，澳大利亚柏涛设计咨询公司），将古老的徽州民居与现代建筑手法相结合，在盛行异域风情的大环境下，让人耳目一新，提升了人们对中华传统文化的自信。

（四）理性回归——浪漫现代主义风格

由于房地产过热，房价飙升，国家出台了一系列宏观调控政策。如限制别墅、控制大户型、抑制房价、建设保障性住房等。在新古典盛行的大潮之下，深圳一些住宅设计重新走上简约、纯粹的现代主义之路。

金地金海湾（2000年，香港王董）外观简洁现代，波浪形立面线条具有强烈的海洋气息，开创了深圳海洋主题住宅的先河。

蔚蓝海岸二期（2002年，卓越地产，澳大利亚柏涛设计咨询公司）设计带有澳洲滨海特色的现代主义风格。建筑外形开放，色调清新明亮，顶部巨大的飘架独具特色。这种屋架后来也被广泛模仿。

中信红树湾（2003年，澳大利亚柏涛设计咨询公司）运用简洁的现代建筑语言，显示出清晰严谨的结构逻辑，具有韵律美感。

万科金域蓝湾（2003～2006年）位于红树林自然保护区的北侧，可以三面俯视海湾景色，共11栋高层，分三期开发，户型包括分复式、平层、连排别墅等。金域蓝湾立面采用大小框架，形成丰富的层次。

红树西岸（2006年，美国ARQ与深圳大学建筑设计研究院）建筑形式简洁大气，全玻璃幕墙外观给人现代科技感。

金地梅陇镇（2006年，德国WPS）为简洁的现代主义风格，个性时尚。讲究构图逻辑、秩序和韵律。

半岛城邦二期（2008年，雅科本）外观现代简约而不失变化。凸窗和阳台组合成一个面朝大

图19 万科第五园　　　　　图20 蔚蓝海岸二期　　　　　图21 中信红树湾　　　　　图22 金域蓝湾　　　图23 红树西岸

海的盒子，除了取景还兼具遮阳、遮雨功能。

卓越维港（2008年，EXTRA-ARCHITECTS）位于后海片区，为高层与别墅组合的高级住宅。住宅形态极为简约，用材十分讲究，达到高档办公楼的用材标准。

华润幸福里（2009年，美国RTKL）位于万象城南侧，由三栋49层的住宅组成，楼高164.4m，为深圳最高级住宅建筑之一。造型极具现代艺术气质，形体挺拔、色彩鲜明，幸福里打破了罗湖区没有豪宅的历史。

三、深圳住宅形式的建筑学思考

深圳住宅设计从内到外不断创新，长期引导国内住宅设计潮流。是谁或什么力量主导了深圳住宅风格的演变？当下流行的住宅形式和风格有什么合理性和弊端？未来住宅的外观设计应该向何方发展？

（一）推动深圳住宅风格演变的动因

深圳住宅设计出自众多建筑师之手，有国际级建筑大师操刀，更多出自本土建筑师之手。一个城市的住宅设计是由一个庞大建筑师群体的贡献，几代建筑师作出了不懈的努力。

在住宅外观形式和风格定位上，开发商（甲方）往往比建筑师有更多话语权、主导权。开发商可以选择建筑师，并要求建筑师反复修改直到满意为止。深圳一些大型地产商，如万科、金地等，甚至有自己的建筑师研发团队。

其实，建筑风格的流行和演变不是开发商的喜好，也不是建筑师的喜好，真正的推动力量是市场。当某种建筑样式受市场欢迎，住宅就会更畅销，反之，就可能滞销。商家当然不能做赔钱的生意，开发商多是要求建筑师按照最受市场欢迎的建筑形式或风格去设计。

由于住宅消费的人群不同，导致住宅产品和外观的多样化。住宅市场受政策、经济、文化的影响处在变化之中，住宅设计势必跟随市场变化随时作出方向性调整。

（二）深圳住宅流行风格反映出的问题

深圳住宅形态和风格的演变从一个侧面反映出目前社会上存在的一些问题。

（1）炫富心态：经济大发展造就了一批富人，这些人往往文化修养不高，有了钱后就要处处摆出一副有钱人的架势。经常看到"皇家气派"、"帝王享受"等字眼充斥房地产广告宣传之中，这类建筑多为虚假古典、矫揉造作，艺术格调低下。

（2）崇洋心态：欧陆风、泛欧风的流行反

图24 金地梅陇镇　　　图25 半岛城邦　　　　图26 卓越维港　　　　图27 幸福里

映购房者对中国传统文化缺乏认识和认同。中国几千年的文明，创造了辉煌的建筑文化，其艺术价值和再利用价值并不比西方建筑低。

（3）山寨文化：国内山寨风气盛行，小到电子产品大到建筑设计都不能幸免。山寨侵犯了原创的版权，贬低了设计师的价值。据报道，惠州某地"克隆"奥地利哈尔斯塔特（Hallstatt）村庄，竟然做得惟妙惟肖。这引起原地居民的极大不满，也遭到国内民众的猛烈批评。

（4）地域特色的消失：一些充满异域风情的住宅尽管看起来美轮美奂，但往往与环境文脉格格不入。各地的住宅外观相互模仿，造成传统文化的割裂、地域特色、城市记忆的丢失。

（三）深圳住宅形式设计方向探讨

尽管市场导向是住宅形式和风格演变的关键因素，但建筑师应该用理想信念和设计作品去引领市场向良性的方向发展。住宅设计要不断地提升内在品质和外部形象，而不是随波逐流，无所作为。

创新性：不跟风，不模仿，努力创造新住宅形象。

真实性：外观形式应该真实反映内部空间、结构体系和材料面貌，做到内外统一，表里一致。

居住性：跳出风格流派之争，立足当代，面向未来，营造轻松浪漫的居住区氛围。

地域性：住宅外观应反映当地的文化、地理、气候等特点。

经济性：提倡朴素的、低调的、环保的生活方式，建筑外观应该有利于工厂化生产、节约材料、快速建设。

可持续性：住宅外观符合绿色、节能理念。充分利用可再生能源和材料，采用被动式节能、风光发电一体化设计等。

总之，30年来深圳住宅发展取得辉煌成绩，住宅外观形式和风格丰富多彩，同时也还存在诸多不尽如人意之处。面向未来，建筑师们还需继续努力，把我国的住宅设计推向更高的水平和更新的阶段。

参考文献：

1. 刘舸. 深圳住宅文化特征分析与批评. 硕士论文. 深圳大学，2004

2. 孟建民. 深圳住宅十年质变. 住区，2007.4

3. 陈方. 深圳住宅创新性及其对全国住宅市场的影响. 住区，2009.5

4. 刘尔明. 对深圳市早期住区形态特征的片断认识. 住区，2009.5

5. 王伟. 深圳住宅立面设计三十年. 硕士论文. 深圳大学，2012

消防性能化设计对建筑设计的影响

黄河

北京市建筑设计研究院深圳院

一、建筑设计中的消防设计

笔者作为建筑师从事建筑设计10年有余。说起建筑师对消防设计的认识，主要还是从接触消防技术规范开始的。从刚开始一种填鸭式的被动接受，到应付注册考试时的死记硬背；从慢慢清晰条文文字内容，到理解条文制定的原理；从教条式地套用规范到或多或少发现规范的不足之处。我相信大部分建筑师都有同样或相似的感受。

消防技术规范在我国已经过数十年的发展，已日渐成熟。技术规范的范围几乎涵盖了所有的建筑类型。消防技术规范因其专业性强，适用面广，已成为了国内消防管理的主要方式和手段，有着不可替代的重要地位。消防技术规范在对建筑物进行分类的基础上，按有关防火安全的要求，对每项设计都详细规定了具体的参数和指标，例如建筑物的耐火等级、防火间距、防火分区、装修材料、安全疏散、防排烟设施、火灾自动报警装置、室内外消火栓系统、自动喷水灭火系统及其他灭火设施的设置等。建筑师根据所设计的建筑物的形式，结合自身的实践经验，从规范中直接选定与该建筑物相应的设计参数和指标，消防监督人员也是对照标准逐项进行审核。整个设计和监督过程类似于计算机编程中的对号入座，所以被形象地称为"指令性规范"。

"指令性规范"在我国消防界有着数十年的发展历史，它借鉴了世界各国的相关规定和理念，建立在大量实验分析和实际工作的基础上，是消防工作经验的集成，是火灾事故经验教训的总结，已相当完备和成熟。它直接给出了达到规范的安全水平，不需要使用者和查阅者有高深的专业知识，不需要复杂的分析计算，对设计和监督单位来说易于掌握，易于使用，其调整修改也较为容易。

二、现有消防设计规范对建筑设计的制约

相对于2003年开始的消防性能化设计而言，传统的消防设计规范被称为"指令性规范"。指令性规范的编制是建立在部分火灾案例的经验和局部小比例模拟实验基础上的。

从历史的角度而言，指令性规范的出现和发展有其相关的社会背景。当时人们掌握科学技术的水平尚无法透彻、系统地认识所处的客观社会，因此人类的技术行为难免呈现出多样性和不确定性。而为了保证工程最基本的安全度，有关的社会组织便通过一些成功的经验和理论描述，制定出了一些标准的文字条文去规范相应人员的技术行为，这就是指令性规范。

指令性规范对设计过程的各个方面作出具体

规定，然而对该设计方案所能达到的性能水准则不甚明了。对比于性能化设计，依照传统指令性规范进行的设计方法体现在：①没有确定的整体目标；②所使用的方法是固定的；③不需要再对设计的结果进行评估确认。

应该说，指令性规范为社会的发展和进步作出了十分巨大的贡献。但从社会进步的角度看，现行的指令性规范也存在着以下一些致命的弱点。

（一）由于历史的原因，现行规范之间和规范中有关条文之间常常出现互不沟通、相互矛盾的现象。即设计方法之间无法形成一个完整的闭环系统。

（二）无法给出一个统一、清晰的整体安全度水准。

现行的"指令性"防火设计规范常常要求业主在建筑耐火结构、防火分区、消防给水、火灾监控、防排烟等方面都作出较大投资，而未能将各单一的防火灭火措施的作用统一考虑，结果造成消防投资的片面和浪费。其实，不同的建设单位对建设项目有着自己的特殊要求，不同的工程项目也有不同的内部功能、使用要求和建设标准。如：两幢单层面积不超过1000m^2，高度分别为25m和49m的办公楼，它们在建设规模、标准、资金投入上区别将是非常大的。但根据《高层民用建筑设计防火规范》（GB50045-1995）（2005年版），这两幢建筑均属二类高层，规范对其内部防火要求几乎一样，这种一致的消防设计方案不可能是最符合各自要求的科学合理方案。从投资比例来讲，两者的消防投资在建设总投资中所占的比例将相差悬殊，对它们提出统一的要求也不符合"经济、实用，在可能的条件下注意美观"的原则。因此，现行规范给出的设计

结果无法告诉人们各建筑所达到的安全水准是否一致。当然也无法回答一幢建筑内各种安全设施之间是否能协调工作，以及综合作用的安全程度如何。

（三）不利于新技术、新工艺和新材料的发展。

现代科学技术发展迅猛，新材料、新产品、新技术不断涌现。计算机技术、通信技术和材料科学的发展，在推动消防技术进步的同时，也表现出它们的正常要求与现行规范之间的冲突。由于"指令性"防火设计规范对所用技术和材料均作出了明确规定，使得在设计中较难采用新材料、新技术，仅依据现行规范进行防火安全设计已不能满足社会发展的要求。消防技术与产品的发展为现代建筑设计提供了新的防火手段。新型防火建筑材料、构件以及消防设备和系统的出现，为建筑防火设计提供了新思路，增加了灵活选择防火设计方案的可能性。然而，这些方面的实现在某种程度上也受到了现行的规范的制约。而且指令性规范的危险性还在于，大多数指令性规范的条款来源于对历次火灾经验教训的总结，这种经验总结不可能涵盖所有的影响因素，尤其是随着建筑形式的发展而出现的新问题，更不可能是规范编写者在几年甚至十几年前编写规范时就能全部考虑到的。

（四）限制了设计人员主观创造力的发展。

当今，现代化的超高层建筑、超大型体量建筑和地下建筑的数量越来越多，功能越来越复杂，综合化程度越来越高。建筑技术的进步和建筑艺术的发展，要求在建筑结构、形式、功能等方面对传统程式作出突破和创新。在这种情况下，传统设计规范较难满足创新设计手法的需要，容易造成设计方法的千篇一律，制约建筑物

的应用功能，限制设计人员灵感的自由度，无形中固化了人们的思维。与此同时设计者对规范中未规定或规定个具体的地方，也会因盲目性而导致设计结果的失误。比如人们可以这样认为：符合规范条文要求的设计就是合格的，那么对于规范没有规定的因素，设计人员就可以任意处置了。然而，对任何小的细节考虑不周都可能导致系统失效，完全背离设计的宗旨。

（五）无法充分体现环境条件和社会因素对整体安全度的影响。

建筑是为人类的生产和生活服务的，环境条件和社会因素无疑在很大程度上影响着建筑防火安全的水平。周围环境因素（如距离消防站的远近，周边是否有特种场所）及内部使用人员（或整个地区人员）的防火意识及素质，在火灾中的心理状态等都在事实上成为安全设计的主要考虑因素之一。其实，针对不同周边环境，所采用的对策应该是不一样的，即便是同样的周围环境，也要考虑建筑物所在地方的社会因素带来的影响。我国幅员辽阔，各地条件"参差不齐"，采用现行的规范，很难达到全面、可靠、安全的效果。

建筑防火设计最终应达到的安全目标：防止起火及火势扩大，减少财物损失；保证安全疏散，确保生命安全；保护建筑结构不致因火灾而损坏或波及邻房；为消防救援提供必要的设施。为此，建筑物防火安全设计须对建筑规划、结构耐火性能、防火区划、避难对策等方面都有相对独立、完整的考虑。

应该说现行的建筑防火、内部装修、防火设备、防排烟系统条文式的设计方法对上述的问题存在的最大弱点是没有清晰、无法体现各消防系统间的协同功效，导致综合经济性低下。形成统一的安全水准，因此该设计方法常常无法满足业

主、设计工程师、审查部门的要求。而且由于每座建筑的结构、用途及内部可燃物的数量和分布情况均不一样，其居住者或使用者的条件也存在很大差异，因此按照此种规范统一给定的设计参数所作出的设计方案，并不一定是最科学、最合理、最有效的。同时，由于规范条文本身的复杂性和对安全经济性因素的影响考虑不够，弹性较小等原因，也逐渐显现出它的不足。尤其对于一些特殊、高大、功能复杂的建筑，现行设计方法适用性更差。

以会展中心、体育馆或航站楼等大体量建筑防火分区面积划分的问题为例，现行规范就明显不能满足现代建筑设计的发展对建筑防火安全工程设计的要求。指令性规范确定防火分区的指导思想是：根据不同建筑物的性质，制定防火分区面积标准。通过人为规定防火分区，把火灾限制在一个较小的区域内。这对我国早期传统小规模、小尺度、可分割的建筑来说是合适的，而对于现代建筑设计中大空间的建筑已明显不适应。"指令性"消防设计方法要求直接根据相应的消防规范，选定设计参数和指标。当遇到规范中没有规定的建筑物类型时，就无法选用适合的防火设计方案。而这些未被规范涵盖的建筑，往往都是形式非常特殊、功能非常特定的场所，保证这些场所的消防安全是十分重要的，可在这种情况下，"指令性"的消防设计方法却无能为力。

面对"指令性"消防设计方法的种种不足，迫切需要一种全新的防火安全设计方法，这就是性能化防火设计。

三、什么是消防性能化设计

性能化防火设计是建立在消防安全工程学

基础上的一种新的防火设计理念，是以建筑物在火灾中的性能为基础的防火设计方法。其基本思想是在确保建（构）筑物使用和观赏功能的前提下，针对建（构）筑物的消防安全目标，运用工程分析和计算来确定最优化的消防安全设计方案。它可由设计者根据建筑的不同空间条件、功能条件及其他外部条件，自由选择和确定各种防火措施，将其有机组合，最终形成满足消防安全目标要求的总体防火安全设计方案，为建（构）筑物提供最科学合理的消防安全保护。与现行的设计方法相比，它所关注的是具体安全目标的实现，而不是拘泥于满足规范的最低要求。设计原则是在保证消防安全，特别是人员生命安全的前提下，尽量保持建筑整体功能的灵活性和设计的新颖性。

性能化消防设计包括：确立消防安全目标；建立可量化的性能要求；分析建筑物及内部情况；设定性能设计指标；建立火灾场景和根据火灾进行设计；选择工程分析计算方法和工具；对设计方案进行安全评估；制订设计方案并编写设计报告等八个步骤。在设计过程中，需要对建筑物可能发生的火灾进行量化分析，并对典型火灾场景下火灾及烟气的发展蔓延过程进行模拟计算，因此计算的工作量以及各类基础数据的需要量非常大，往往需要采用大型（计算流体力学CFD）软件等分析和计算工具。

四、正确理解消防性能化与建筑消防设计的关系

（一）应审慎地确定性能化防火设计的适用范围：

性能化防火设计的对象必须是国家和本地现行的消防技术规范和标准所未能涵盖、按规范和标准实施确有困难或影响建筑物使用功能的建筑工程；或由于采用新技术、新材料和新施工方法，在实际应用中有可能产生消防安全问题的建筑工程；性质极其重要，安全目标超出一般要求的政治敏感度高的场所，一旦发生火灾危害大、影响大的工程；特殊工程如地铁、隧道、地下建筑工程等。

公安部在2009年2月5日实施的《建设工程消防性能化设计评估应用管理暂行规定》中明确规定了消防性能化的适用范围：对"超出现行国家消防技术标准适用范围的；按照现行国家消防技术标准进行防火分隔、防烟排烟、安全疏散、建筑构件耐火等设计时，难以满足工程项目特殊使用功能的"，可以向当地消防主管部门申请进行消防性能化设计。而对"国家法律法规和现行国家消防技术标准有严禁规定的；现行国家消防技术标准已有明确规定，且工程项目无特殊使用功能的"是不可以进行消防性能化设计的。如商场类、酒店公寓类、歌舞娱乐放映场所（歌舞厅、电影院）等，危险程度比较高的区域一般都不会允许做性能化设计。根据笔者的项目经验，不同地区的消防主管部门对于商业建筑做性能化设计的态度也不甚一致。

根据的项目具体情况可以是整座建筑物、建筑物中的某些特殊部分或建筑物的某一特定系统。特别值得指出的是，不能以消防安全性能化设计为由，任意突破国家规范，把它作为不按规范施工逃避监督的借口。因此，对那些国家和本地现行的消防技术规范和标准已有明确规定的建筑工程，和国家现行消防技术规范明令禁止的设计内容（如地下室内不能使用液化石油气等），不能使用性能化防火设计。在性能化设计的过程

深圳宝安机场T3航站楼东南侧鸟瞰

中还必须遵循严格的设计审核程序，实行全程监控，确保设计能达到确定的消防安全目标。

（二）应以尊重科学的思想接纳其观点。

性能化设计思想是火灾科学和安全工程学发展的产物，其基本思想的科学性是显然的。但从目前建筑消防审核的依据《中华人民共和国消防法》第十条和"公安部第30号令"第十七条来看，其实施尚没有法律依据。而且采用性能化方法进行设计的项目，需要消防部门投入更多的精力进行监督。我们消防主管监督部门可能因此对性能化设计产生排斥情绪。但是，根据《消防法》第八条第二款的规定，政府和公安消防机构"对消防工作，应当加强科学研究，推广、使用先进消防技术、消防装备"。所以，对于建立在先进火灾科学和安全工程学基础上的性能化消防设计方法，政府和公安消防机构进行积极推广和

应用是责无旁贷的。

（三）应处理好性能化设计规范和"指令性"设计规范的关系。

应该看到，现行的"指令性"设计方法以其应用简单，安全目标的可评估性强，而具有强大的生命力。即使是性能化规范制定出来以后，性能化设计方法也不可能完全取代"指令式"的设计方法，两者必将是相互依存，互为补充。因此，我们应科学、严格地把握好两种规范的应用范围，处理好两种规范的关系，把它们科学地运用到防火设计工作中。

五、以深圳宝安国际机场T3航站楼为例浅析消防性能化设计对建筑设计的影响

（一）深圳宝安国际机场T3航站楼简介

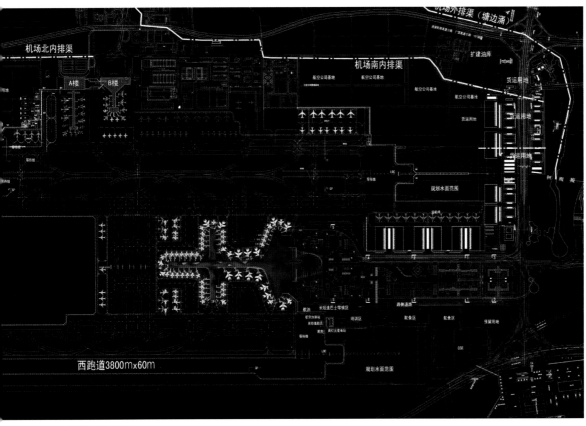

深圳机场总平面图

深圳宝安国际机场是重要的国内干线机场及区域货运枢纽机场。深圳宝安国际机场T3航站楼（简称T3航站楼）建成后将与本区域的香港机场、广州机场、澳门机场、珠海机场形成一个规模宏大的珠三角机场群，并对本地区的社会与经济产生深远影响。

T3航站楼分为航站主楼、十字指廊候机厅、远期卫星指廊三个部分，本期共提供62个近机位和15个邻近主体的远机位，本期建筑面积45.1万m²。T3航站楼设计目标年为2035年，预计年旅客吞吐量4500万人次，其中国内旅客3600万人次，国际旅客900万人次，预计高峰小时旅客人数为13716人，年飞机起降架次为37.5万架。它的建设将最大限度地发挥深圳国际机场的总体效率，做到以人为本、功能齐全、流程合理、造型优美，使之真正达到国际一流机场的设施和服务

水平。

（二）航站楼建筑专业消防设计特点及难点

深圳宝安国际机场T3航站楼的消防设计特点在于其作为深圳市重要的交通枢纽和人流密集区域，对于公共场所的安全要求及对于连续运营的要求很高。一旦发生运营中断或紧急事故将会对区域经济、政治产生较大影响。消防预案作为航站楼应对紧急突发事故的预案之一会比一般的公共建筑更加谨慎而全面。这也对航站楼的消防设计提出了更高的要求。

T3航站楼使用功能及空间特点直接造成了如下的消防设计难点：

1. 旅客出发/到达指廊、行李提取大厅、值机大厅、行李处理机房等主要公共区域其功能特点要求明亮、开阔、无墙体分隔，若采用传统的防火分隔方法，将会阻碍旅客自由通行或影响行李

处理操作，而且在上述区域使用传统的防火分隔措施存在困难，可靠性也难以保证。

2. 航站楼内设计数量众多的贯穿多层的共享空间，如指廊十字交叉部位贯通三层的中庭，主楼由首层国内行李提取厅至四层值机大厅的共享空间等。如采用传统防火卷帘进行分隔存在很大的困难。

3. 值机大厅、候机长廊等高大空间区域如按照现行规范进行排烟设计，排烟量将十分巨大，且规范对采用自然排烟的空间有高度限制。

4. 航站楼的屋顶采用流线型表皮结构，在某些区域表皮呈不规则的波浪形，烟气在表皮下方的蔓延状况相比普通屋顶下复杂。

5. 值机大厅、行李提取大厅和候机长廊等区域或面积和进深都较大，或长度较长，造成部分区域的疏散距离超长，设置过多楼梯又会影响功能运作，并且指廊区域仅采用疏散楼梯无法满足疏散要求。

6. 值机大厅顶部采用了高大的钢结构屋盖设计，指廊采用了从支座到屋顶一体的钢结构设计，难以区分梁和柱等。航站楼内公共大空间主要是人流通行区域，火灾危险较低，且火灾荷载距屋顶结构的距离较大。如果不根据各区域火灾危险及其对构件影响程度的实际情况而对屋盖及

室内效果图

四楼疏散分区示意图

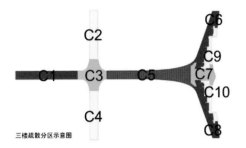

三楼疏散分区示意图

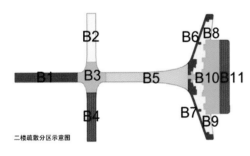

二楼疏散分区示意图

疏散分区图

支撑结构全面进行保护，则不符合火灾荷载的特点，可能造成投资浪费，也会对建筑效果产生不利影响。

7. 在消防措施方面，大空间区域难以采用传统的自动探测报警系统和自动灭火系统；航站楼内消防电梯的设置缺乏相关的规范依据；这些都需结合建筑特点在定性或定量分析的基础上予以确定。

8. 机电设备管廊、APM 车站等区域的消防设计无国内规范作为依据，需根据项目的具体情况确定。

鉴于上述的原因，完全依据现有的消防规范进行消防设计并不能适应T3 航站楼的建筑特点和功能的特殊性。在依照规范设计的基础上，通过性能化论证，可在满足航站楼正常功能使用的前提下，针对其特点，优化消防设计，做到有的放矢。

（三）根据T3航站楼特点进行了针对性的消防设计

T3航站楼从四层的值机大厅至最远端登机桥直线距离为1km，步行时间约12min；主楼首层国际到达厅至四层值机大厅顶部将近40m。在此连续贯通的高大公共空间内根据功能要求及空间效果采用了不划分防火分区及固定的防火分隔，但在全楼的公共区域设置了防烟分区及人员疏散分区的方式，防烟分区与疏散分区一一对应。由于T3规模较大，在航站楼内发生火灾时，对远离火场区域的人员所产生的威胁并非直接和迫切的，在火灾规模较小的情况下没有必要立即对整个建筑内的人员进行疏散。况且在短时间内疏散整个机场内人员的难度非常大，势必严重影响机场的正常运行。因为这会造成不必要恐慌及运营中断，也不符合机场的安保要求。深圳机场T3 航站楼采用分阶段疏散策略，一般火灾采用分阶段分区域疏散，将整个航站楼划分为若干疏散区域，在确认火灾在可控形式下，疏散本疏散区及相邻分区的旅客。仅在发生极端失控事件时疏散整个航站楼内的人员。

现行消防规范中对于大空间内人员的最远疏散距离的要求较为严格。在T3航站楼内设计疏散路径时，由于机场的特殊使用功能，很多情况下难以满足规范所规定的疏散距离。现代化的国际机场通常设计得宽敞开放，出口路线明确且有显著标志。在旅客通行区和候机厅内火灾荷载很小，这些区域发生严重火灾的几率极小，而且在大多数区域顶棚的高度很高，有很大的蓄烟空

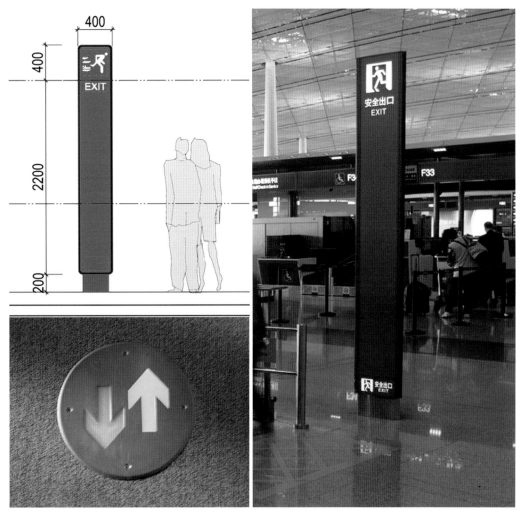

智能疏散标识

间，烟气沉降至危险高度所需时间较长，人员有充足的时间进行疏散。美国NFPA 101规定，在装有自动喷水灭火系统的建筑里，最远的疏散距离可以达到60m。该60m的最大疏散距离的限制对于多种建筑都适用，包括那些层高很低且疏散路线复杂的建筑。英国DD 9999中提出，由于高大空间相对较低空间具有更大的储烟能力，烟气下降时间长，火场环境不会迅速恶化，可提供人员更多疏散时间，所以大空间可相应地延长疏散距离或减小楼梯宽度。参考上述国际相关规范可知，在建筑内人员可用疏散时间较长的情况下可以适当放宽疏散距离最大值的要求。考虑到T3航

站楼具有适当放宽疏散距离要求的有利条件，对于本航站楼内的公共区域，通过消防性能化的方法评估人员疏散的安全性，在人员疏散安全性得到保证的前提下不严格限制疏散距离的最大值。在T3航站楼内部分公共区域的疏散距离较长，如值机大厅和国内国际行李提取厅内最远点距离出口分别约为170m，国际安检前陆侧区域最远点距离疏散楼梯约62m，行李处理机房内最远点距离出口超过70m，等等。对于现有的疏散条件，消防性能化对人员的疏散时间和航站楼内的火灾环境进行模拟分析。确保在疏散所需要的时间内，人员所处的疏散环境处于安全水平，且有较大的

安全余量。疏散设计中还会考虑机场对安全的特殊要求，特别注意保证空侧和陆侧人员隔离。在依据规范进行的建筑疏散线路设计中，可能会出现空侧和陆侧乘客之间的相互混杂。对于机场疏散来说，考虑到机场的安保要求，疏散原则为：空侧乘客优先向空侧区疏散，次之可向陆侧区疏散，而陆侧乘客则只能向陆侧区疏散。

当火灾在通过消防报警及其他探测设备准确定位某一疏散分区的火情后，通过智能疏散标识系统疏散该分区及相邻分区的旅客，同时动作该疏散分区对应的防烟分区中的排烟系统及喷淋系统。智能疏散系统将传统独立型标志灯"就近引导逃生"的理念转化为"安全引导逃生"。该系统

可全天候对设备进行巡检，根据火场警情，可智能及动态调整疏散方向，提高了疏散效率，保障了旅客疏散的安全性。智能疏散系统可通过集中控制及底层设备的故障巡检，解决传统独立性标志灯的日常运维难题，提高机场的安全系数。

旅客候机区是人员较为密集的场所，T3航站楼在设计目标年高峰小时的旅客流量为13320人，仅通过在现行消防规范中设置楼梯已无法满足在规定时间内对高密度人群的疏散要求。在T3航站楼内，建筑师沿着国内国际旅客候机区均匀布置了62座登机桥，根据在旅客候机区的登机桥布置较为均衡的特点，我们把登机桥作为旅客在候机区内进行紧急疏散的主要疏散口，而楼梯

香港机场商业区

+8.8m 层国内出发指廊各分区内人数　表1

区域	实际面积（m²）	所占比例	计算人数（人）
C1	10027	0.185	723
C2	7837	0.144	565
C3	10494	0.193	757
C4	8467	0.156	611
C5	17465	0.322	1259
合计	54289	1.000	3915

+8.8m 层国内出发各区域人员疏散行动时间　表2

疏散区域	出口是否有堵塞	疏散人数	可利用出口宽度（m）			疏散行动时间（s）
			固定登机桥	楼梯	总宽度	
C1	无	723 人	16×1.9	2×1.5	33.4m	79
	一个登机桥被堵	723 人	15×1.9	2×1.5	31.5m	81
C2	无	565 人	12×1.9	2×1.5	25.8m	85
	一个登机桥被堵	565 人	11×1.9	2×1.5	23.9m	89
C3	无	757 人	-	-	-	112
C4	无	611 人	12×1.9	2×1.5	25.8m	89
	一个登机桥被堵	611 人	11×1.9	2×1.5	23.9m	93
C5	无	1259 人	8×1.9	3×1.5	19.7m	103
	一个登机桥被堵	1259 人	7×1.9	3×1.5	17.8m	125

人员疏散附表：候机区的人员密度、疏散宽度、疏散时间

仅作为在距离登机桥位置较远区域的辅助疏散手段。T3航站楼每座登机桥的净宽为2m左右，坡度不大于10%，且有一侧可全面采光，疏散路径上的条件比封闭楼梯改善很多。通过具体的消防性能化报告中的数据分析可得出，疏散通道每米宽度每分钟的疏散能力，登机桥（65.79人）比楼梯（39.50人）高出约66%。可见登机桥作为人员疏散通道使用时，对于旅客疏散能力有较大的提高。一般候机区每个疏散分区内的旅客疏散时间可控制在80～100s之间，对最不利疏散分区内旅客的疏散时间可控制在112s。由此可见，在人员疏散方面相比使用楼梯，旅客可通过62座登机桥更加快速安全地疏散至首层室外场坪。

在T3航站楼内，琳琅满目的商业设施不但为旅客出行旅程提供更加便捷的服务，还可为航站楼室内效果锦上添花。更重要的是，商业租金作为各大机场公司两大非主营业务收入来源之一，其每年的商业租金回报可占到机场公司非主营业务收入的一半。

但同时航站楼大空间内公共装修材料均为A级，火灾危险性却因室内琳琅满目的商业设施而增大不少。所以，对于航站楼内商业部分的消防设计，应根据其商业特点进行有针对性设防，在满足安全运营的前提下，应采用不同的设防方案来应对不同的商业业态。在深圳T3航站楼的商业消防设计中，商业沿值机大厅及出发流程呈点线结合的布局形态。我们将不同位置及不同业态的商业按照有针对性的设防方案融入到性能化场景模型中，对商业设施内部发生火灾时，建筑整体室内的钢结构保护、排烟系统及人员疏散场景进行了多次的计算机模拟。

商业消防设计按其商业设施的规模、位置，对于旅客流程及重要旅客服务设施的影响程度进行设防，等级可分为三类：

第一类：设防等级最高的为独立防火单元。适用商业类型为面积在2000m²以内有顶盖，面积

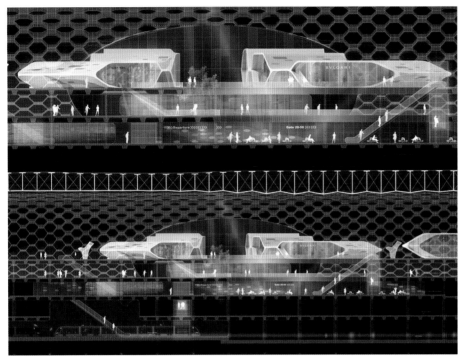

指廊区剖面示意

较大的商业门店（如：国际免税店等）或餐饮厨房等动火区域，其火灾危险性较大，火灾蔓延后将对航站楼运营产生重大影响的位置。对于"独立防火单元"设防要求为两小时的围护系统，独立的机械排烟、自动灭火及消防报警系统。因其重要性重点设防，独立防火单元内的排烟量是规范要求排烟量的1.6倍，店内吊顶为开敞吊顶，吊顶内部至板下空间作为蓄烟空间使用，围护顶部要求设置不小于1.8～2.0m高的挡烟垂壁，控制烟气不外溢。其排烟量与挡烟垂壁的高度成反比关系，相互影响。

第二类：设防等级次之的是"开放舱"，适用于面积在300m²以内有顶盖的商业门店，发生火灾会对航站楼运营产生较大影响的商业区域。"开放舱"机电的设防要求与独立防火单元一致。顶板要求一小时耐火极限，而围护则没有防火等级的要求，可全部开敞设置。但开放舱相邻之间的隔墙需要有一小时耐火极限。

第三类：燃料岛，适用于面积较小（9～

24m²）、开敞、无顶盖、无围护的零售商业，设防要求通过其与其他临近设施的间距（3.5m－6m）控制火灾蔓延风险。燃料岛的面积和控制间距成正比。

T3航站楼的消防设计不单是为在建造实施阶段提供了全面及明确的设计要求，而且也为今后机场运营从消防安全管理措施方面提出了建议与

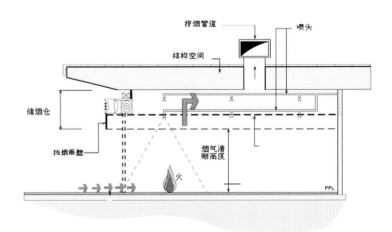

开放舱示意图

要求。T3航站区管理部门在制定消防管理措施中应包含一整套有效的消防安全管理计划。这套管理计划确保消防系统在需要时可以有效运行，人员可以快速地作出正确反应并安全疏散等，将发生火灾的可能性以及火灾的危害降到最低。管理计划包括了：

· 编制完整的机场火灾应急预案。

· 培训工作人员和承租人，使他们掌握处理火灾

紧急情况的必需技能，包括紧急疏散技能和使用轻便的消防设施。培训负有引导人员疏散和监管疏散人员责任的专门人员。

· 重点监测、检查易发生火灾的区域和重要区域。严格监控航站楼内的可燃物。

· 建议有专门工作人员负责巡查航站楼，可以在最短时间内对火灾进行确定，也有助于尽快发现火灾，控制火灾。

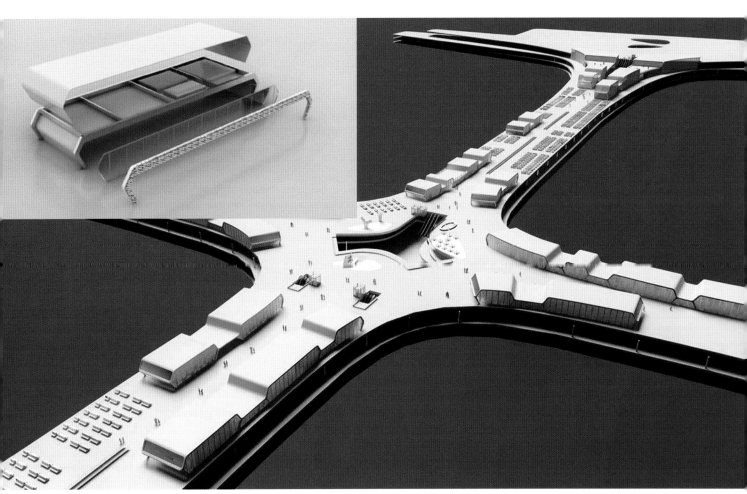

三层钢浮岛

· 制订维护计划以确保消防设施的可靠性。

· 审查建筑或消防安全设备的变更，使它们始终符合消防安全策略和其他相关标准。

T3航站楼采用定量化的消防性能分析验证其效果。定量分析内容主要包括使用计算流体动力学软件模拟航站楼内部分区域的烟气流动，使用疏散软件模拟人员在建筑内的疏散情况，评估排烟系统的有效性以及人员疏散的安全性；利用结构软件分析航站楼屋顶钢结构在设定火灾条件下的消防安全性，从而给出经济、合理而又有效的钢结构保护方案等。

T3航站楼的消防设计过程跟着主体设计进程不断延伸细化，在满足消防安全的前提下，充分理解了建筑师、业主的各种建筑空间造型及平面功能流程需求，成为推动项目顺利实施的有力保证之一。

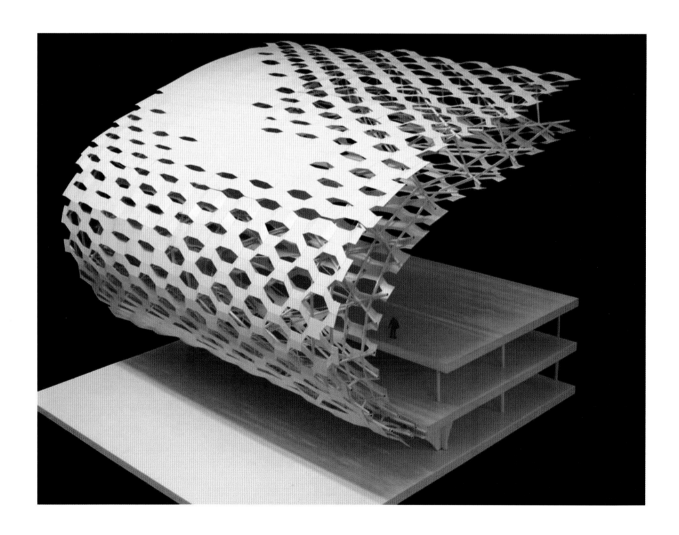

超高层建筑核心筒技术设计要点初探

指导人

解立婕
北京市建筑设计研究院有限公司

马泷
北京市建筑设计研究院有限公司

徐全胜
北京市建筑设计研究院有限公司

摘要：在每一个大厦设计周期内，核心筒的设计研究都是贯穿始终。笔者根据本人最近几年所接触的超高层项目，梳理出关于核心筒设计需要关注的几方面要点。从电梯的竖向及平面组织、消防疏散及机电管线组织入手，分析超高层建筑核心筒设计的相关内容，为超高层建筑方案设计决策提供参考。

如今超高层建筑在亚洲地区飞速发展，而高度也屡创新高。据悉已有设计公司开始进行高度超过1000m的超高层设计。在超高层建筑中，核心筒如同超高层建筑的生命动脉，不仅与大厦的正常运转息息相关，也与大厦标准层使用率紧密相连。因此，在每一个大厦设计周期内，核心筒的设计研究都是贯穿始终，以尽力达到核心筒使用舒适顺畅，空间节约且使用率达到最佳状态。笔者根据本人最近几年所接触的超高层项目，梳理出关于核心筒设计需要关注的几方面要点。

超高层建筑根据标准层的不同形式可大致分为点式、板式及异形三类，与此相对应，其核心筒布置也有单核、双核和多核等不同类型。请见图1。

核心筒的布局原则一是提供有效便捷的竖向交通，二是提供完整灵活及尽可能具有均好性的使用空间，同时也能与结构体系相适应。不同核心筒类型会有不同设计要点，本文主要注重于单核设计要点。

一、电梯组织

电梯是超高层建筑中唯一的高效移动手段。大量使用面积叠加在有限的范围内，使电梯组织在核心筒设计中显得尤为重要。

（一）电梯的竖向组织

通常电梯在高度50m左右的范围内运行效率

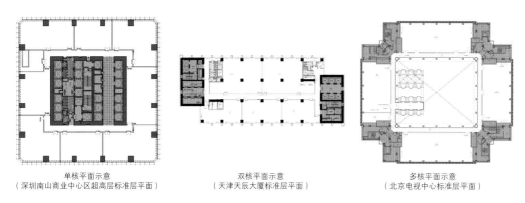

单核平面示意
（深圳南山商业中心区超高层标准层平面）

双核平面示意
（天津天辰大厦标准层平面）

多核平面示意
（北京电视中心标准层平面）

图1 单核、双核、多核平面示意（资料来源：作者参与工程）

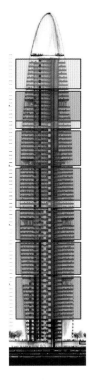

本方案设置两处空中大堂，分区电梯设为3+2+2。首层共需5个入口

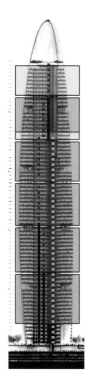

本方案设置一处空中大堂，分区电梯设为3+3，空中大堂中的一组电梯向下运行，首层共需4个入口

图2 电梯分区法示意一
（资料来源：作者自绘）

图3 电梯分区法示意二
（资料来源：作者自绘）

较高，因此在高度超过150m的超高层建筑中，多采取电梯成组群控布置，分段运行或增加空中大堂复合电梯分段运行的模式，以达到电梯效率最优化。随着电梯技术的发展，双层轿厢电梯也在穿梭电梯和区间电梯中广泛运用，大大提升电梯效率。在空中大堂复合电梯分段运行的模式下，为解决上下区间电梯交接问题，可有如下解决方案。

1. 上段减一布置法

上段减一布置法：如，第一段（最低一段）电梯分高、中、低三个区；第二段电梯分高及低两个区，位置在第一段中区及低区电梯井道的垂直上方；第三段电梯也分高及低两个区，位置在第一段高区及第二段低区电梯井道的垂直上方；这样就避免了上下尺寸的冲突。此方案的特点是首层所需出入口数量较其他方案为多。请见图2。

2. 上段反向两分运行法

上段反向两分运行法：第一段分高及低两个区，从第一大堂向上运行；第二段大堂设在第二段区域中部，在第一段高区电梯井道的上方布置第二段上行电梯，在第一段低区电梯井道的上方布置第二段下行电梯。这样就避免了上下尺寸的冲突。此方案的特点是乘客可能不习惯反向运行。请见图3。

3. 利用设备层及避难层高度

利用设备层及避难层高度：由于乘客电梯在设备层及避难层不需要停层，所以可以利用这个空间布置电梯的缓冲、机房及底坑。一般设备层与避难层高度之和应在12m左右才能满足需要。此方案的特点是需要避难层与设备层相邻而且高度高。请见图4。

某超高层高400m，74层，在其电梯组织多方案比较中可看到：方案一中，首层需要至少5个出入口，但电梯数有所节省，且空中大堂位置不必与避难兼设备层相结合。方案二中可节省首层出入口数量，但区间电梯叠摞时所需转换空间较高，且转换区间电梯没有停站。方案三由于使用双轿厢穿梭梯和单轿厢区间梯相结合，节省了梯井数量并可充分利用双轿厢电梯的优势。方案四全部使用双轿厢电梯，不仅是梯井数量最节省的组织方式，同时也可减少首层出入口数量。但全部使用双轿厢系统对于塔楼标准层层高限定较为严格，在目前电梯技术下要求各层层高变化幅度很小。另外是单数层与双数层间联系较为不便。同时，虽然在高峰期全双轿厢系统运行效率较高，但平时非高峰期电梯运行成本及维护费用均较高。请见表1。

（二）电梯的平面组织

电梯的平面组织大致可分为以下几种类型：十字形、一字形、井字形及混合形。

十字形电梯的布局特点是电梯候梯厅呈十字交叉，在此形式中，十字交叉的中心点为纯交通空间。跟随电梯布局的延展，其四角形成附属空间。其优点为电梯厅朝向四个方向，各朝向均好性较好，且基本中心对称，适应性强。请见图5。

十字交通平面在标准层时，由于四角附属空间布局的不同，其走道布局可产生环形和工字

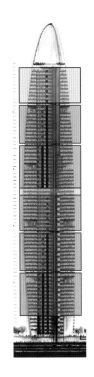

本方案设置一处空中大堂，分区电梯设为3+3。首层共需4个入口

图4 电梯分区法示意三（资料来源：作者自绘）

形两种布局方式。在整层为开敞办公的条件下，为尽可能减少不必要的走道面积，我们更倾向于工字形走道布置方式。由于电梯组布置的位置不同，在不同的标准层可能出现不同朝向的工字形走道。而不同朝向必然影响四角附属空间在不同层需要在不同朝向开门，制约了四角空间并使其使用效率有所下降。因此，我们建议区间电梯组成对布置，以保证使用楼层的走道总保持在一个方向，提高使用效率。请见图6。

一字形布局的电梯厅呈一字形并排而列，从而节省了十字交叉点的纯走道空间，布局紧凑，较十字形核心筒更为节省面积，经济性更强。但因为疏散楼梯、附属空间紧贴电梯厅并列排布，因此核心筒较易发展为长方形格局。一字形核心筒由于电梯厅及附属空间仅朝向两个方向开口，因此标准层走道布局为"工"字形，较为节省面积。此种类型核心筒应注意设备机房及管井的组织，避免设备管线出线宽度过窄而过度占用层高。请见图7。

不同电梯组织方案对比 表1

			方案一	方案二	方案三	方案四
电梯组织形式	空中大堂	数量	两个空中大堂	一个空中大堂	两个空中大堂	一个空中大堂
	穿梭电梯	系统形式	单层轿厢	双层轿厢	双层轿厢	双层轿厢
		分组数量	两组	一组	两组	一组
	区间电梯	系统形式	单层轿厢	单层轿厢	单层轿厢	双层轿厢
		分组数量	三组＋二组＋二组	三组＋三组	三组＋二组＋二组	三组＋二组
载客电梯总数量			56	50	51	34
首层载客电梯井数量			32	34	27	27
首层电梯厅入口数量			5	4	5	4
备注			指标：10m²/人，出勤率100%，早高峰5min运载率15%左右，年餐高峰5min运载率12%左右，平均等候时间25～30s			

资料来源：作者参与项目内部资料。

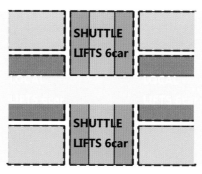

工字形走道不必变换位置

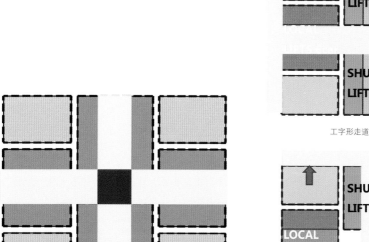

图5 十字形核心筒布局示意（资料来源：作者自绘）

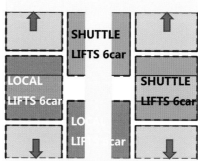

工字形走道需变换位置

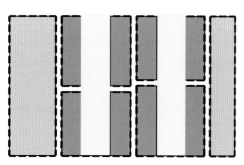

图7 一字形核心筒布局示意（资料来源：作者自绘）

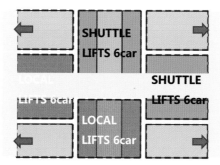

图6 十字形核心筒的不同组织方式（资料来源：作者自绘）

图8 井字形核心筒布局示意（资料来源：作者自绘）

图9 T字形核心筒布局示意（资料来源：作者自绘）

　　井字形布局的电梯呈九宫格排列，相互可不作连通，且在上部可收分成十字形布局平面，结构稳定性好。井字形布局可为底部大堂提供足够多的电梯厅入口且相互独立。平面布局一般呈中心对称，平面适应性强。但由于所组织的电梯组数较多，首层和中低区会占用较大面积，适合电梯分区多、高度高、标准层面积大的项目。请见图8。

　　为了核心筒的使用更加高效，设计者会将行程较短的电梯靠近筒外布局，以便在其行程结束后其上空间能够迅速转化为有效使用面积。混合型结合了以上几种的特点，如T字形等，电梯组织非中心对称，布局相对灵活。请见图9。

二、疏散及消防安全

　　核心筒内的疏散及消防安全主要包括疏散楼梯和消防电梯的设置。疏散楼梯布置时，应注意不同功能区的疏散楼梯垂直方向的连续性。除了在避难层疏散楼梯应通过避难区方可上下之外，其余部位楼梯不应转换。疏散楼梯布置在靠近电梯间的位置是较为有利的。因为发生火灾时，人们往往首先考虑熟悉并经常使用的电梯所组织的

交通流线。当靠近电梯设置疏散楼梯时，就能使经常使用的路线与火灾时紧急使用的路线有机地结合起来，有利于迅速而安全地疏散人员。

　　疏散楼梯在避难层需要同层错位或经避难区方能上下。在方案初期应重点考虑。当设备层兼避难层，且层高较高时，可考虑在避难区设置转换楼梯。即需要避难区层高大于4跑所需最小高度。请见图10。

　　当层高不满足另设转换楼梯时，则可考虑：

　　（1）在梯井处封墙，并分设楼梯前室，使人流必须经过避难区。请见图11。

　　（2）楼梯可在避难区转换位置。如环球金融中心上部酒店疏散位置增加了两部疏散梯，并在避难层取消了核心筒中部的一部疏散梯。

　　当建筑物发生火灾时，竖向管井是火势上下蔓延的主要途径，而且也是拔烟火的通道。高层建筑的电缆井、管道井截面的面积较小、检查门的面积也小，但是《高层民用建筑设计防火规范》（GB50045–1995）（2005年版）5.3.2条及5.3.3条对电缆井、管道井的检查门均要求达到丙级防火门等级，而且要求"建筑高度不超过100m的高层建筑，其电缆井、管道井应每隔2～3层在楼板处用相当于楼板耐火极限的不燃烧体

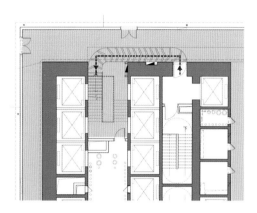

图10 深圳南山商业中心区超高层避难层楼梯转换
（资料来源：作者参与工程）

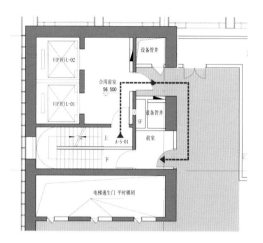

图11 天辰大厦避难层楼梯转换（资料来源：作者参与工程）

作防火分隔；建筑高度超过100m的高层建筑，应在每层楼板处用相当于楼板耐火极限的不燃烧体作防火分隔"。按照这个防火指导思想，由于电梯井道截面积大（每个井道约4～7m²），井道数量多（多时可达20多个），又上下贯通，电梯层门面积也较大（常用开门尺寸为：宽900～1200mm，高为2100～2400mm），电梯层门更应该严格要求，其耐火等级应高于电缆井、管道井所配检查门的防火等级。

三、竖向管线的合理安排

在核心筒的组织设计中，还有一项内容不容忽略：竖向管线的组织。在核心筒设计中，若将设备机房及竖井布置在核心筒内，会带来大量设备管线穿剪力墙的情况，给结构设计增加了难度且降低了核心筒的结构刚度。因此，在条件许可的情况下应尽量布置在核心筒外围，减少管线穿越剪力墙。另外，竖向管线常常会跟随电梯转换而更改平面位置，因此需考虑管线转换所需要的空间，尽量避免设备与电气机房紧邻布置而造成的管线交叉而占用更多层高。机房与竖井应充分考虑出线方便性，尽量节省层高。

总之，在核心筒设计中，各种问题往往交织在一起，需要耐心研究各种不同的可能性，并从中权衡判断出最适于本方案的核心筒布局。也许多种方案各有千秋，这就需要建筑师与业主共同在实用性和经济性中找到适合的方案结合点。在超高层建筑设计早期就应该进行深入的核心筒设计研究，这样才能为方案的可实施性打下良好的基础，也不会因发生如结构方案都已落定，而核心筒尚未研究透彻却已不可更改等类似问题而留有遗憾。

参考文献：
[1] 张艳霞. 浅谈高层建筑火灾的特点及疏散逃生[J]. 科技情报开发与经济，2008（20）.
[2] 王彩焕，周谧，焦会玲. "高层建筑火灾情况下使用电梯疏散可行性研究"课题解密[Z].
[3] 陈锡武. 论高层建筑的消防电梯设计[J]. 科技资讯，2008（36）.
[4] 寿震华. 高层写字楼的设计要点[J]. 建筑知识，2007（06）.
[5] 沈友弟. 上海环球金融中心性能化防火设计[J]. 消防科学与技术，2009（8）.

新形势下的大型航站区规划及综合交通枢纽设计探讨

——郑州新郑国际机场规划及 T2 航站楼、综合交通枢纽国际竞赛中标方案

杨海荣、李鑫、任炳文

中国建筑东北设计研究院有限公司深圳分公司

摘要：结合郑州机场航站区规划及综合交通枢纽的设计实践，探讨了在城市化水平快速提高的新形势下，航站区规划设计的原则和关注重点。在保证空侧效率的同时，大力发展多模式联运的一体化综合交通系统，注重陆空联运，无缝对接。

关键词：综合交通枢纽，效率，灵活，以人为本，平层换乘

2010年2月"中国建筑东北设计研究院有限公司"与"美国兰德隆与布朗交通技术咨询有限公司"联合体应邀参加了"郑州新郑国际机场航站区规划及T2航站楼概念设计"国际竞赛，并一举中标。在合作过程中"兰德隆布朗公司"主要负责航站区规划，"中建东北院"主要负责航站楼及GTC建筑设计。

郑州新郑国际机场是中国民航总局正式确定的中国八大区域枢纽机场之一。现有一条4E类近距跑道，近期拟再修建一条4F类近距跑道。两条主跑道间距2050m，航站区布置在两条跑道之间。郑州机场远期规划目标年为2040年，设计年吞吐量为7000万人次。

一、规划设计

河南省近年高速公路、高铁及铁路的发展迅速，以郑州机场为中心的两小时交通圈已覆盖近1亿人口。这一条件奠定了郑州机场航站区建立一体化的综合交通（航空、地铁、铁路、公路）枢

纽的基础。设计团队通过分析郑州机场发展的经验数据，确定了以下规划设计目标和原则：

（1）建立以郑州机场为核心，服务于中原城市群的综合交通体系。

（2）重视特殊区域优势带来的未来中转市场的巨大潜力。

（3）建立服务航空货运，未来发展为空空、空地相结合的货运枢纽。

（4）实现可持续发展、高效、以人为本的航空运输业务。

（5）遵照一次规划、分期实施、实时优化的原则。建立以五条跑道系统为核心的远景目标。

（一）设计分析研究

项目组认真研究了美国亚特兰大机场、德国法兰克福机场、上海虹桥机场等国内外类似案例。设计特别在一体化综合交通枢纽、土地综合利用、商业配套、高容量飞行区系统、中场航空区系统及航站楼构形等方面进行了综合分析和对比，确保总体规划方案符合既定的设计目标。

（二）设计方案评估准则

1. 满足征集书要求

规划方案能否满足各发展阶段需求，包括未来5跑道飞行区可能带来的潜在航站楼和停机位的需求。

2. 空侧——站坪效率

方案应能满足飞行器高效的推出运行和灵活的移动要求，并保证其在滑行道系统中的无障碍运行且距离最短。

3. 陆侧——道路效率

航站楼车道边和路网结构是否高效并便于旅客和航空公司使用。

4. 旅客步行距离

方案应能够最小化旅客步行距离，并尽量避免流程中的垂直换层，不同交通方式应有效整合并尽量靠近航站楼，便于旅客的使用和换乘。

5. 旅客方向识别

设计应尽量减少旅客方向识别的判定点，并为走错的旅客设计返回路线。

6. 建设和运行成本

优化构形以便减少建筑面积和自动步道的使用，并应避免近期对APM系统的需求，同时简化远期APM的系统结构。

7. 便捷的路侧连接

应尽可能为所有地面交通方式提供便捷的陆侧连接，以保证较高服务水平并促进机场枢纽运作。

8. 近期效率与平衡

近期建设应相对独立，并易于进行增量扩建以满足未来的需求。

9. 分期灵活

远景规划应具有足够的灵活性以应对未来可能的需求变化，并使远期扩建对机场正常运行的影响最小化。

10. 潜在商业收益

设计应能够有效提升机场的潜在商业收益，在空侧及路侧设施中为零售、停车、货运等提供

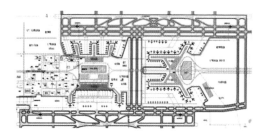

方案A

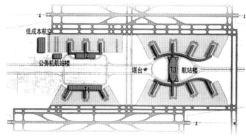

方案B

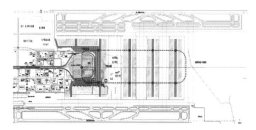

方案C

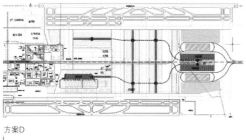

方案D

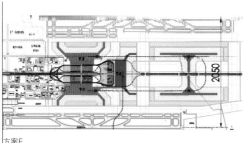

方案E

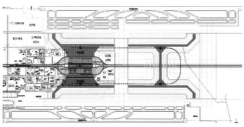

方案F

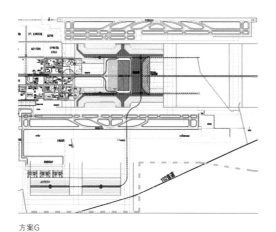

方案G

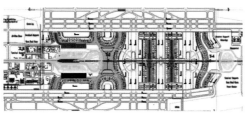

方案H

更多的发展机会。

　　基于上述评价标准，设计团队在设计过程中提出了多个规划方案，并逐一进行了分析和评估，最终选择了H方案。

评估方案比较分析

评估方案	A	B	C	D	E	F	G	H
满足招标要求	2	2		2			2	
空侧站坪效率	2	2		2				
陆侧道路效率	2	2	2		2	2	2	2
旅客步行距离	2		2		2	2		2
旅客方向识别	2	2	2	2	2	2	2	2
建设运营成本	2	2	1	2	1	2		2
便捷的陆侧连接	1	1	2		2	2		
近期效率与平衡		2	1	1	2		1	
分期灵活	2	2	2	1	1	2	1	
潜在的商业收益	2	2	2		2	2	2	3
总计	20	20	20	22	20	23	22	

　　该规划方案分为本期、中期、远期、远景四个阶段。机场最终将形成5条跑道、4座航站楼、东西两侧进场的格局。

（三）方案特点

1. 航站区布局紧凑，土地利用率高

　　现有的T1航站楼、近期的T2航站楼和远期的T3航站楼呈U形，布局紧凑、土地利用集约化。三座航站楼之间通过空侧指廊和陆侧GTC连为一体，方便旅客中转。

2. 高效的综合交通，便于枢纽运作

　　GTC整合了城际铁路、地铁、长途客运、机场巴士、出租车等多种交通方式，提供不同交通方式之间的"零换乘"。

3. 占据中心位置，形成新的形象

　　T2航站楼位于航站区中心位置，有利于建立郑州机场的新形象。

4. 近期规模合理，中期、远期发展灵活

　　T1和T2航站楼可以满足近期年旅客吞吐量3500万人次的需求。根据未来发展，可选择多方案分期建设。

5. 最大限度地融合现有设施，保护既有投资

航站区布局对既有的T1航站楼和周边的酒店、陆侧交通设施等进行了最大程度的保留。

（四）航站区分期建设策略

此次郑州机场航站区规划工作的一个重要目标是确保航站区总体规划方案在分期建设方面具有充分的灵活性。方案可采用以下策略依次进行分期建设。

1. 第一阶段：2020年（近期）

近期建设方案将围绕GTC的核心航站区新建T2航站楼，改扩建T1航站楼。

该阶段的主要特点是T2与T1航站楼的空侧和陆侧均可通过连廊相互连接，提高了楼间运营的灵活性和服务水平。航站区陆侧停车设施结合GTC进行统一规划和集中布置。GTC内规划设置城际铁路和地铁车站，实现了空地之间及多种地面交通之间的零距离换乘。

2. 第二阶段：2030年（中期）

中期发展具有充分的灵活性，机场可根据未来航空市场的实际需求，选择不同的发展策略，其中两个可选方案如下。

方案1——建设卫星厅S1、S2

该方案在中央垂直联络滑行道的东侧规划了2个直线型卫星厅S1、S2。T2航站楼和卫星厅之间采用空侧旅客捷运系统相互连接，规划建设两组垂直联络滑行道，服务于卫星厅的进出港飞机。

方案2——建设T3航站楼+卫星厅S1

这一方案在T2东侧站坪建设1个卫星厅S1的同时，在GTC的北侧建设T3航站楼，与T1航站楼呈对称布局。

3. 第三阶段：2040年（远期）

远期发展方案采用3个航站楼和2个卫星厅的布局来满足7000万年旅客吞吐量的市场需求。

4. 第四阶段：远景发展

根据郑州地区航空市场的发展需要，在建设机场第五跑道的同时，在航站区东侧建设T4航站楼。由捷运系统高效连接的T2、T4航站楼及2个卫星厅将构成一体化航站区的核心设施系统。

二、建筑设计

本次建筑设计的重点放在航站楼与GTC流线一体化的研究上。将航站楼与GTC的平面布局和流线设计紧密联系在一起，以便给旅客提供最便捷的出行方式。设计遵循以人为本、流线简捷；陆空联运、无缝对接；平层换乘、人车分流的理念，在航站楼的建设模式、进出港旅客流线、航站楼及GTC的功能分区、竖向设计及建筑造型等方面进行了多方案比较和分析。

（一）T2航站楼设计

T2航站楼设计目标年为2020年，设计年吞吐量为2300万人次。航站楼总面积约31.5万m^2，建筑总长度约为1140m，主楼进深约为200m。地上3层，地下1层。

航站楼流线设计采用三层式设计，一层为"行李处理层"，主要布置行李处理厅、贵宾区等，并为远期预留了国内到港行李提取厅、迎客厅。二层为"到港层"，主要布置国际、国内到港。在中间部位设置了中转厅。到港旅客可直接进入GTC，方便地搭乘各种交通工具离开机场。三层为"离港层"，主要布置国际、国内离港大厅、候机大厅及安检、值机等区域。此外，在地下一层设有通往GTC轨道交通候车厅的快速通道。

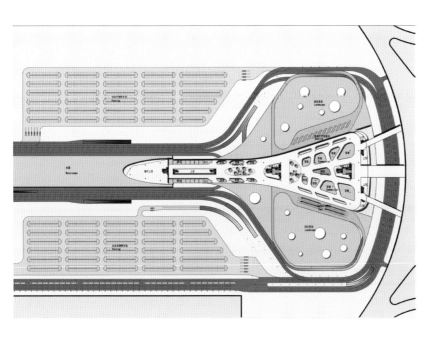

（二）GTC设计

GTC总面积约30万m²，地上2层，地下2层。GTC采用前列式布局，设计有城际铁路、地铁、长途巴士、出租车、机场巴士等多种交通方式，并方便连接T1、T2航站楼，是一座具有换乘、候车、商业等多种功能的综合性建筑。

GTC二层是到港旅客的主要通道，也是整个GTC最主要的空间，到港旅客通过这里分散到各层乘坐陆侧交通工具。

一层为"长途巴士候车层"，主要布置长途巴士售票、候车厅，以及社会车辆停车库。

地下一层为"轨道交通候车层"，主要布置城际铁路候车厅、地铁候车厅，是出港旅客的主要通道之一。

地下二层为"轨道交通站台层"。

（三）方案重点研究

1. 以人为本，流程通畅便捷

设计采用尽可能简单高效的方式，一方面尽量减少方向和楼层的改变，使旅客在楼内凭感觉自然前行。另一方面，航站楼大量的人流势必带来大量的车流，解决人车分流的方法通常是采用立体交通，旅客如何上下层转换便是一个难题。

综合考虑上述问题，方案将到达层行李提取厅抬升至二层，空侧直接与到达登机桥平层相连，陆侧则与GTC二层平层连接，将出租车及机场大巴的到达车道分别设在GTC的二层两侧，不仅完全避免了人车混流，也使旅客真正做到零换层，最大限度地方便了旅客的出行。

2. 紧密衔接，陆空无缝换乘

GTC以轨道交通车站为核心，结合停车楼和陆侧道路系统进行功能布局，有效衔接航站楼和轨道交通车站、停车楼。利用郑州机场特有的空侧和陆侧地势高差，GTC二层步行系统与T2到达层平面衔接，地下步行通道与T1和T3相连，最大程度地方便了旅客的空地换乘（图GTC流线）。

3. 巧布商业，增加非航收入

集中的GTC为陆侧商业、酒店、会展、餐饮、办公和休闲娱乐设施的综合开发提供了平台，有助于最大限度地提升机场非航空业务的盈收能力，以机场开发带动周边区域经济发展。

4. 气势宏大，造型鲜明独特

建筑造型符合郑州机场八大枢纽机场与河南省门户的定位。

在本次设计中我们采用了先进的计算机三维软件与结构分析软件相结合的设计手段，将航站楼设计成一座既具有美感又科学合理的三维曲面建筑。优美的屋面曲线舒展流畅，主楼与指廊统

一为一个整体，气势恢弘。两组弧形指廊好似张开的双臂，欢迎来自远方的朋友。

GTC屋盖根据空气动力学原理，设计采用流畅的曲线，旅客进入航站区后首先看到水面上的GTC映衬在航站楼平滑舒展的天际线上，整个建筑群鲜明的特点跃然而出。

5. 关注细节，深化设计方案

方案在充分满足空港建筑功能要求的前提下对以下几个方面特别关注：

（1）灵活的平面布局；

（2）可转换行李转盘；

（3）国内、国际可转换机位；

（4）组合机位。

6. 绿色节能，经济可行

在节能设计方面我们采用经济合理、先进可行的技术，如雨水收集、太阳能热水、分层分区空调、自然采光等措施，做到绿色生态、节能环保、可持续发展。

三、结语

郑州新郑国际机场扩建规划是对陆侧综合交通与空侧运行效率进行整体规划设计的一次有益尝试。郑州新郑机场T2航站楼及GTC这组大型交通建筑，体现了以人为本、高效便捷的设计原则。它的建成将为河南省的经济发展起到积极的促进作用。

中方主要设计人员：

任炳文、刘战、杨海荣、邵明东、唐炎潮、梁钧铭、李鑫。

外方主要设计人员：

Jeffrey Thomas、王晓勇、戚静、佟楠。

理性的回归
——谈 2011 年世界大学生运动会国际广播电视新闻中心设计

刘战

中国建筑东北设计研究院有限公司深圳分公司

摘要：媒体类建筑中信息瞬息万变，大型体育赛事的转播更是争分夺秒，在2011年世界大学生运动会国际广播电视新闻中心的设计中，始终贯穿着"效率"这一概念，运用理性的设计手法，从建筑功能出发，将功能与造型相结合；在产生高效的建筑内部运行环境的同时，生成与之匹配的建筑形态；在当代纷繁复杂、标新立异的建筑设计中，走出一条简洁、大气的理性之路。

关键词：效率，理性

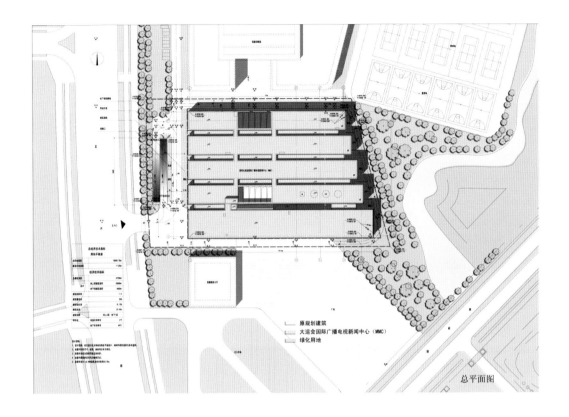

总平面图

一、项目概述

深圳市2011年世界大学生运动会国际广播电视新闻中心（MMC）用地位于深圳市龙岗区大运会体育中心项目西北方向，项目总用地16000.55m²，总建筑面积37195m²（其中地上建筑面积28797.5m²，地下建筑面积8397.5m²），容积率1.8，建筑层数为4层，高度23.95m。

二、总体设计——整合空间

建筑基地位于深圳市龙岗区大运会体育中心"一场两馆"的西北方，西面临龙兴路，东南面临鼓岭路。建筑所处位置为"体育场—游泳馆"这条主轴与体育中心配套设施这条空间序列的交叉点上，作为体育中心整体规划的空间节点，国际广播电视新闻中心在整体空间环境中起着承上启下的作用。

根据《深圳大运体育中心修建性详细规划》，场地中间必须留出24m宽的人行通道，与南面开放性的广场相连接，成为人行主要出入口。建筑车行出入口设置在西侧龙兴路上。进入一层转播车库大型转播车由该入口进出，同时，该出入口也作为消防车出入口；建筑内部车辆可通过该出入口进入场地，通过坡道进入地下车库。

三、建筑构思——理性回归

国际广播电视新闻中心是"一场两馆"的附属建筑，在建筑设计上遵循与大运会体育中心整体风格相协调的原则，既具有媒体类建筑的共同特征，又体现建筑所处特定环境中的个性特点。这就要求国际广播电视新闻中心在建筑造型上不能夸张怪异，但又不能流于平淡、单调，应在设计中延续整体规划及"一场两馆"简洁、精致的理性设计风格。

1. 建筑形态的产生

　　人运会体育中心的整体规划，对建筑的总半面轮廓进行了限定。媒体类建筑对工艺流程的高效率要求，则形成建筑空间理性的布局，进而生成简洁的体量组合关系。

　　大运会国际广播电视新闻中心主要由主新闻中心（MPC）和国际广播电视中心（IBC）两个部分组成。这两个主要功能组成，将建筑分为上下两部分的叠加体量，自然形成了响应规划的底部架空通道。

　　下部为开放、外向的主新闻中心，向所有采访大运会的新闻媒体提供包括公共文字媒体工作间、影像中心和摄影媒体工作间、新闻媒体租用的独立空间，配套的新闻信息终端服务，技术支持服务以及新闻发布厅的设立、运行和语言服务，是新闻运行的重要组成部分。

　　上部为封闭的、内向的国际广播电视中心，在重大国际、国内比赛中提供给各广播电视机构转播、收录制作和编辑比赛内容的场所。根据功能要求，不需要采光的演播室设置在西面，临主干道龙兴大道；开放的办公空间设置在东面，面向中心景观环境；连接前两者的技术用房设置在

中部。国际广播电视中心的这三大功能组成了东西走向的四个矩形石材体量，大运中心应急指挥中心以及市大运中心管理办公室则设置在了面向"一场两馆"的矩形玻璃体量中，景观视野开阔。东南角的开放式全景演播室的视线要求，又生成了建筑在端部悬挑的姿态。

这样的造型设计不但符合建筑功能的设置，而且从整体规划、建筑节能和景观视线等方面也体现了贯穿设计的理性思想。

2. 建筑材质的构成

在建筑的材质运用上，设计强调的是材质对功能的反映，以充分满足使用要求为前提，强调材质之间的强烈对比。因而，办公环境的开放性与工艺制作环境的封闭性，赋予建筑不同功能体量不同的建筑材质。透明玻璃的"虚"与石材的"实"形成对比；下部深色石材与上部浅色石材形成对比；主体量上石材的"刚"与辅助体量上木格栅的"柔"形成对比。

四、功能设置——效率至上

在东西走向的五个矩形体量中，包含了该建筑的主要功能空间，即转播工艺用房；矩形体量之间则设置公共交流空间及建筑运行所需的设备用房。这样的布局不仅有利于提高使用者的工作效率，还有利于建筑设备管线的综合设计。

建筑一、二层根据场地规划需要，中间留出24m宽的人行通道，大致分为东西两个区。

建筑一层为主新闻中心用房及赛事指挥管理用房独立出入门厅。西区主要包括公共服务大厅、记者注册制证区、志愿者工作区、交通保安用房，西南端临近场地车行出入口设置大型转播

车库。东区主要包括公共服务大厅、主新闻发布厅及相关用房、新闻记者工作采访区。

建筑二层为主新闻中心相关用房。西区主要包括公共服务区、大运会国际广播电视新闻中心运行管理区以及大运会组委会的办公区，西南端设置记者餐饮服务区。东区主要包括采访服务区、记者编辑工作区、摄影服务区。

建筑三、四层根据具体使用功能及建筑造型需求分为四个石材表皮的体量和一个玻璃表皮的体量。

石材体量为国际广播电视中心的相关用房。三层包括四个小型演播室、两个中型演播室，以及输入分配传输控制中心、传输控制中心、中央技术设施区、后期制作区；四层主要包括广播制作区、主转播机构管理区及后期制作区。在建筑的东南端设置一个开放式全景演播室，可环视体育中心各建筑及环境。

玻璃体量为大运会赛事信息中心、大运中心应急指挥中心及市大运中心管理办公室，通过垂直交通与一层独立出入门厅联系。

五、细部推敲——数码符号

在建筑的立面细节设计上，着重体现信息数字化的特点。

在建筑面向"一场两馆"的南立面上运用数码字体的构思，通过装饰金属百叶的搭接组合，将"MMC"的全称"MAIN MEDIA CENTER"反映在玻璃幕墙上。金属百叶上镶嵌LED灯，使得建筑的性格特征不论白天还是夜晚都格外醒目。在建筑的北立面上，还运用了抽象的数码图案，将窗和百叶有机结合，体现数字化的特征。

六、工程回顾——精益求精

　　建筑设计意图的实现，选材和施工过程是重要环节。大运会国际广播电视新闻中心在材质设计上强调的是对比关系，这就要求材料在质感、肌理和色彩上都要准确地表达。由于是限额设计，使我们在材料的选择范围上受到很大的限制。通过不同天气、时间环境下，各种材料的组合，我们最终确定了材料样板，并对材料的表面处理、色彩和尺寸等各方面提出了更具体的要求。施工过程中，工期紧是最大的困难。我们的设计人员派驻现场，随时与施工单位和业主沟通协调，并及时针对现场情况作出设计调整，保证了设计意图的最终完成度。尽管在细节上还是存在一些遗憾，但是在设计、投资与施工三方面的综合考虑下，我们还是做到了平衡，基本实现了建筑设计的初衷。

七、结语

高效率意味着资源利用的最大化，在技术节能盛行的时期，设计手法的理性回归更能使建筑从空间布局及材料设计本身达到充分利用资源、节约能源的效果，最终实现了高效的功能设置、简洁的建筑造型与丰富的内部空间三者完整统一。

设计团队

主设计师：刘战

参与项目设计师：唐炎潮、任炳文、李曙光、李鑫

设计时间：

2008年6月~2008年12月

施工时间：

2009年3月-2010年8月

工程地点：

深圳市龙岗区大运体育中心

业主：

深圳市建筑工务署，深圳广播电影电视集团

合作单位：

中广国际建筑设计研究院

摄影师：

方健、刘战

主要经济技术指标

用地面积：16000.55m²

建设用地面积：11120m²

总占地面积：7995m²

总建筑面积：37195m²

地上建筑面积（计容积率）：28797.5m²

地下建筑面积（不计容积率）：8397.5m²

建筑容积率：1.8

建筑覆盖率：49.5%

建筑层数：地上4层，地下1层

建筑高度：23.95m

绿化率：10%

停车位：92辆

地面停车位：2辆（大型转播车库）

地下停车位：90辆

工程概况

深圳市2011年世界大学生运动会国际广播电视新闻中心由主新闻中心和国际广播电视中心两个部分组成。

国际广播电视中心是重大国际、国内比赛中提供给各广播电视机构转播、收录制作和编辑比赛内容的场所。在当今的大型体育赛事中，比赛公共信号都是在第一时间传回至国际广播电视中心，然后再从国际广播电视中心传送到各个电视台播出。随着国际大型赛事的发展，电视转播已成为比赛以外最重要的组成部分，电视转播以及媒体服务的水平也成为评价一个国际赛事举办成功与否的重要指标。国际赛事的电视转播主要由现场转播服务和国际广播电视中心服务两部分组成。现场转播负责各场比赛现场公共信号和单边信号的制作；国际广播电视中心负责将这些信号汇聚在一起，按全世界各个电视机构的具体要求提供使用。因而，国际广播电视中心是整个赛事转播的枢纽和核心，具有非常重要的地位。

主新闻中心是新闻运行的重要组成部分。主新闻中心是新闻记者的大本营，向所有采访大运会的新闻媒体提供包括公共文字媒体工作间、影像中心和摄影媒体工作间、新闻媒体租用的独立空间，以及配套的新闻信息终端服务、技术支持服务以及新闻发布厅的设立、运行和语言服务。由于主新闻中心的综合性功能，因此，主新闻中心运行水平直接影响到媒体运行的服务水平，影响到媒体对大运会组织运行的评价。

国际广播电视新闻中心用地位于深圳市龙岗区奥林匹克体育中心项目西北方向，项目总用地16000.55m²，总建筑面积37195m²（其中地上建筑面积28797.5m²，地下建筑面积8397.5m²），容积率1.8，建筑层数为4层，高度23.95m。

竖向叠加的艺术

——深圳市艺术学校综合剧场、音乐厅综合体设计

张涛、黄丽、赵嗣明

深圳奥意建筑工程设计有限公司

主创建筑师：张涛、黄丽、赵嗣明

设计团队：张薇、陈茹、刘慧萍、王永海等

设计时间：2007～2011年

施工时间：2010年

工程地点：深圳市南山区北环大道与南山大道交界处

一、工程概况

深圳市艺术学校新址项目，位于深圳市南山区北环大道与南山大道交界处。用地交通便捷，周边现状大部分为厂区及分散的普通住宅片区，用地东北方向不远处为一直升机场，因航线管制对本项目有一定的区域限高控制。用地现状为小型丘地，最大高差接近10m。规划结合逐步上升的台地特征，利用高差设计错落有致的庭园组合，台阶、平台、坡道、水景、绿地等元素穿插重叠，以丰富的景物层次装点园林。

学校从建筑性能主要分成三大部分：主要教学区，剧场表演区，生活配套服务及体育活动区。北侧用地远离主要道路，较为安静，依赖将来建设的规划路可设学校的次入口，为日后繁复的后勤服务，也最大限度地减少对主教学区环境的干扰以及打破教学区形体与质感的统一。用地西边大部分紧临道路及高架桥，噪声大，环境指标差，适合布置运动场地。

图1 校区鸟瞰图

图2 剧场西侧透视图

图3 剧场东北侧透视图

　　流线型的教学楼主体蜿蜒盘绕，与园林环境相互包容结合，以达到最大的接触面积，充分吸收采光、通风、景观等环境资源，用地西南部将作为全区的视觉及形象中心设置大型剧场及音乐厅。规划方案功能结构清晰，场地绿化疏密有致、灵活多变、分合有序的布局形体为校园整体印象奠定优良基础（图1）。

二、独特的空间构成

　　剧场表演区由一栋包含剧场及音乐厅的综合体、主入口广场、大型瀑布水景组成。剧场及音乐厅综合体位于整个用地西南角，是全校的功能及形象视觉中心（图2、图3）。该项目场地紧张，无法提供剧场以及音乐厅的场地面积，在低建筑密度的控制下，考虑到两者同时使用，集成公共服务功能，提升土地使用效率的要求，将综合剧场及音乐厅两大功能模块作竖向立体叠加设置，空间较大的剧场位于下层，拥有能容纳约900

人的观众厅及乙类剧场舞台；体积较小的音乐厅位于剧场观众厅上层，拥有能容纳约360人的观众厅，在原本一个剧场所需的场地内完成全部布置。竖向叠加的创新布局引起诸多的技术难题，包括交通流线、建筑结构、建筑声学、消防疏散、机电设备等方面，需要解决众多非常规处理方式所带来的问题，最典型的在于结构上，为了克服上下两厅相叠所产生的低频共振，两厅之间运用独特的浮筑结构处理，从而保证了各个厅的声学品质（图4、图5）。

三、复合交通流线组织

　　综合体下层剧场观众厅采用目前流行的大面宽短进深的布局，厅内容积保证了4.5～7.5m³/人的声学标准，为容纳约900人规模采用错排式视线设计；舞台部分由于面积和规模限制，采用主台+侧台的形式，配合有限但满足基本需求的化妆室等辅助用房。上层音乐厅为一层结构（内部局部

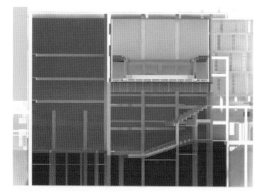

图4 两厅叠加剖面示意图

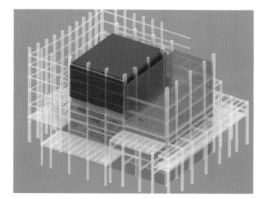

图5 两厅叠加轴测示意图

图6 剧场西侧透视图

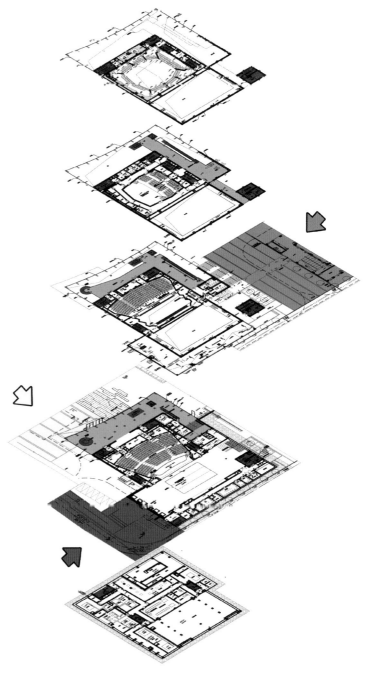

图7 剧场音乐厅分析图

坐席高度加以抬升形成局部夹层），观众厅和表演区采用坐席四面环绕的岛式舞台布置，可满足约360名观众欣赏80人交响乐团表演；大厅预留大型管风琴安装位置，以及预设可活动声反射吊顶机制，满足音乐厅日后发展完善之需。音乐厅虽小，却以常规80人，可扩至120人管弦乐专业表演的高规格排练厅设计，充分满足国际性交流的使用需求（图6、图7）。

根据以上功能需求，剧场周边以人车分流模式进行交通组织，分成两组人流：

（1）外来交流参演以及观众人流，集中位于校园西入口广场附近，主要来自校外，受交通管制，不会干扰校园内师生常规上课学习。

（2）内部学生交流演出及排练人流，集中位于剧场东侧内部广场，来自主要教学区方向。

剧场外部结合学校西入口主广场作为外部疏散空间，满足0.2m²/人的最低要求，西入口主广场紧邻校区主出入口，可作为剧场、音乐厅独立开放时的入口广场而不影响学校内部运作。剧场西侧设置后台货流场地，可满足大型布景输入主舞台，通过货运电梯直达上层音乐厅，在满足大量大型乐器运送的同时兼作消防电梯使用。音乐厅与剧场共享一套物流流线，在有限的面积里最大化地整合利用资源。

整个大楼采用复合交通模式，竖向叠加的综合剧场及音乐厅共用入口门厅以及公共配套设施，共用竖向交通枢纽，有效减少了不必要的功能重复和设备浪费，横向上在各观众厅的出入口位置，设置不同方向的疏散平台，便于快速疏散演出结束时的峰值人流。同时，结合校园场地高差不同的特点，外部场地分设上下两大片区口，北面结合校园入口广场设置的综合剧场及音乐厅主要出入口，剧场池座观众可以直接疏散出

室外。东面结合音乐楼活动广场，作为剧场楼座观众及上层音乐厅的独立疏散平台。西面结合后台卸货广场，作为剧场工作人员及演出人员的出入口。三个出入口于建筑外部处于不同的标高平台，担负不同的疏散功能，于建筑内部则设置相互连通的通道，运用最小的交通面积形成层次丰富的内部空间形态，体现音乐厅这种特殊的文化建筑应有的复杂观感。

四、"箱中箱"的结构形式

音乐厅置于综合剧场观众厅的顶部，位于整栋建筑的二层楼面以上，两大功能体块之间运用浮筑结构各成独立体系（图8）。剧场顶层跨度

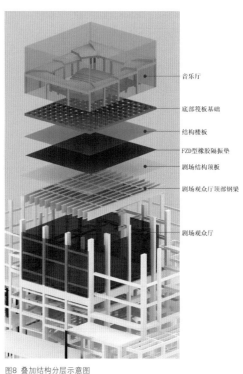

图8 叠加结构分层示意图

音乐厅
底部筏板基础
结构楼板
FZD型橡胶隔振垫
剧场结构顶板
剧场观众厅顶部钢梁
剧场观众厅

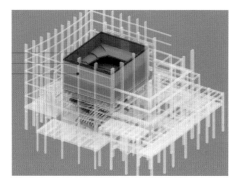

图9 音乐厅箱体结构示意图

大、受力大，为满足功能的使用要求，需要尽可能地减少梁高，采用了大跨度组合梁作为结构支撑体系。为避免组合梁受力变形导致音乐厅结构次生应力，组合梁预起拱以抵消恒荷载重力作用下组合梁产生的挠度，同时合理布置部分构件后浇，以减少次生应力（图9）。

音乐厅底部采用筏板做法，减少上部荷载不均匀对下部结构产生的影响。筏板置于FZD型浮筑结构橡胶隔振隔声垫上，与剧场顶层隔开。音乐厅四周用砌块墙体封闭至吊顶底部，与剧场延伸上来的外墙墙体之间设置了100mm的缝隙，地面墙面与顶棚均采用变形逢做法，缝间填充岩棉，以达到更好的隔声效果。

从剖断面上看，整个音乐厅犹如一个封闭的盒子，包裹在剧场这个E型盒子中，成为独特的"箱中箱"结构体系。

五、浮筑层隔振措施

由于音乐厅面积大，体形复杂，荷载不均匀，因此采用点式隔振不太现实，即使有离散隔振器支撑也难以实现，根据本工程的特殊情况，我们采用面隔振的方式，即音乐厅底板与剧场观众厅顶板之间用FZD浮筑结构橡胶隔振隔声垫满铺一个隔振层，该材料的施工特点是在隔振垫上铺设一层尼龙防水层后就可以直接作为模板制作上层混凝土楼板。

FZD型隔振垫弹性好，隔声隔振效果不错，

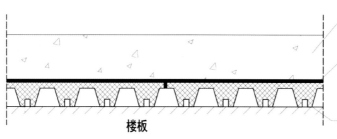

图10 FZD型产品组合安装示意图

图11 FZD型产品实样

FZD型技术数据 表1

型号规格	载荷范围(N/m²)	变形量(mm)	频率范围(Hz)	隔声量(dBA)	产口厚度 H(mm)
FZD-10	2000-45000	2-4	10-15	18-25	10
FZD-16	2000-120000	2-6	9-15	19-26	16
FZD-20	2000-120000	2-/	8-15	19-28	20
FZD-30	2000-150000	2-8	8-15	22-30	30
FZD-40	2000-150000	2-8	8-15	24-32	40
FZD-50	2000-150000	3-10	7.5-13	28-35	50
FZD-60	2500-180000	4-10	7.2-13	30-37	60
FZD-80	2500-180000	4-11	7.2-12.5	31-38	80
FZD-100	2500-180000	4-12	7.2-12	32-39	100

耐腐蚀性强，能有效防止动力设备层楼板低频辐射噪声的影响，在离音乐厅最近的空调机房内同样设置了浮筑层，尽可能地减少设备用房对音乐厅产生的振动影响及噪声传递。根据FZD型产品不同规格型号的技术参数，我们按需求选用了FZD-100型号作为两厅之间的浮筑层（图10、图11、表1、图12）。

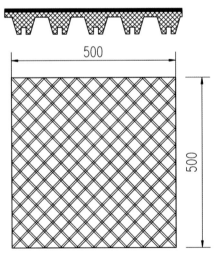

500

500

图12 产品示意图

W N 一次混合 → C 冷却干燥 → L N 二次混合 → O 送入室内 → N

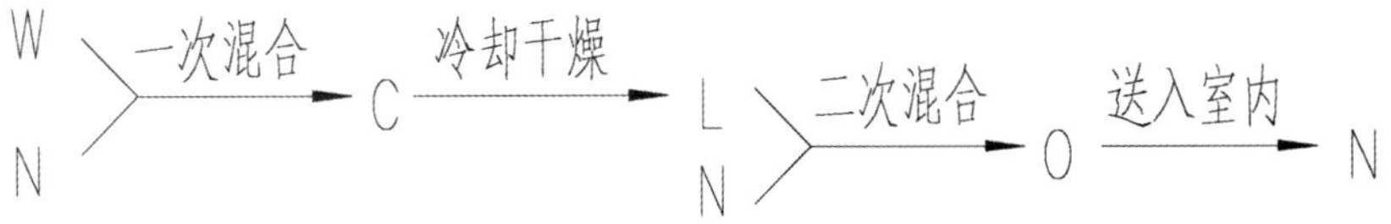

图13 二次回风夏季处理过程

六、空调系统设计及消声隔振处理

（一）综合剧场观众厅空调系统

为大面宽短进深的布局，被其他辅助房间包围，温差传热和太阳的辐射得热量很小，外围护结构的冷负荷也很小，冷负荷主要为新风负荷和人员负荷。观众厅建筑层高为15m，人员主要集中在下部的池座和中部的楼座，采用座椅送风的方式，新风直接送至观众活动区，提高活动区的空气品质。空调回风设置在观众厅后墙的最上方，有利于上部热空气的排出，产生良好的节能和通风效果。组合式空调机组均设置在地下室一层的空调机房内，池座设置2台空调机组，总风量为37400 m³/h；楼座设置1台空调机组，风量为25500 m³/h；新风设置为可变风量，过渡季节可全新风运行（图13）。

（二）舞台空调系统设计

舞台分为主台和侧台，舞台主要的负荷是灯光设备负荷，发热量大。舞台采用全空气低速送风系统，通过竖向新风井道取新风。侧台采用双层百叶风口顶送风，主台采用双层百叶风口，同时沿两侧侧台边设电动球形喷口向主台侧送风，

双层百叶风口和球形喷口均设置电动阀门，可根据需要灵活开启。当演出有幕布时关闭球形喷口；当舞台用于会议等无幕布场合时，打开球形喷口电动阀。回风口设置在侧台侧墙上，在主台顶部设排风口和排烟口。送回风管均设置1节阻抗复合式消声器和2节折板式消声器，并设置消声静压箱。空调机组每台风量为40000 m³/h，总风量为80000m³/h。设计送风温度为15℃（图14）。

（三）音乐厅空调系统设计

音乐厅的观众厅和表演区采用坐席四面环绕的岛式舞台布置。由于综合剧场和音乐厅采用上下叠放式布置，两者之间的浮筑层设置，使音乐厅缺少座椅送风的条件。因此，选用组合式空调机组，末端采用全空气低速送风系统，设置于二层空调机房内，机房为两层结构，将机房区与消声区分开设置。楼座的后排和池座均采用双层百叶风口顶送，回风口和排风口均设置在顶部。送回风管上均设置三级消声：消声静压箱、2节折板式消声器以及2节阻抗复合式消声器。空调机组采用2台风量为17000 m³/h的组合式空调机组，总风量为34000m³/h。

（四）剧场前厅空调系统设计

剧场一层大厅采用全空气低速送风系统，选用组合式空调机组，设置在一层夹层机房内，送风口采用球形侧喷口和双层百叶风口；其他的休息平台采用吊顶式空调机组；办公、化妆室和声控室等小房间采用风机盘管加新风的空调形式；钢琴库房采用恒温恒湿精密空调。

（五）空调系统消声隔振设计

综合剧场和音乐厅内对噪声的限制尤其严格，因此空调系统末端的送回风管上必须做消声和减振设计，具体采用了以下的措施（图15）：

（1）控制风速：空调系统的送回风管的风速应满足以下要求：主风管风速小于6m/s，支风管风速小于4m/s，风口风速小于2m/s，座椅送风的风速小于0.2m/s。

（2）送回风比：由于综合剧场和音乐厅有很好的密闭性，为了保证回风风速不会增大，要求送回风比为1:1。

（3）消声器的设置与构造：空调机组的送回风主管道上至少设置三级消声器，一级为消声静压箱；一级为阻抗复合式消声器，主要消除中

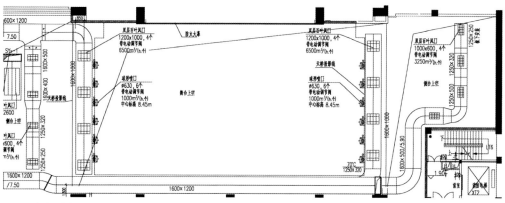

图14 剧场舞台上空空调送风示意图

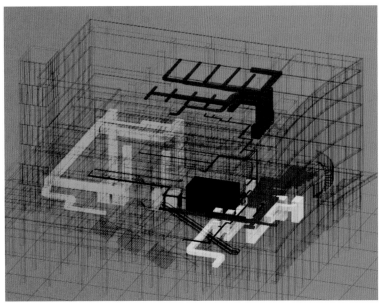

图15 空调系统消声隔振示意图

低频噪声；一级为折板式消声器，主要消除中高频噪声。其中，阻抗复合式消声器应设置在折板式消声器之前，即相对靠近空调机组的位置，并将消声器安装在空调机房外。在选用时，消声器的净通道面积不应小于管道通风面积的85%。消声器的构造如图16所示。

在制冷机房、空调机房四周的墙壁采用隔声降噪的措施。音乐厅的空调机房由于紧邻音乐厅，采用双层隔墙，设置FZD型浮筑结构橡胶隔振隔声垫。

（4）安装在有声学要求房间的顶板、底板上的设备、风和水管的支架采用弹簧减振器或减振吊杆。

（5）风管和水管穿过隔声墙和隔声楼板处采用隔声措施。

七、多功能剧场混响时间的确定

根据《剧场、电影院和多用途厅堂建筑声学技术规范》（GB/T 50356-2005）第5章"多用途厅堂"的要求，会堂、报告厅和多用途厅堂对不同体积V的观众厅，在500～1000Hz时满场的合适混响时间T的范围见图17。

由于本综合剧场的观众厅体积约0.56万m³，根据图17，其合适混响时间的范围为0.9～1.3s。理想的混响时间设计值应取合适混响时间的中值，但如果本剧院考虑进行自然声音乐演出，则上述混响时间偏短，如果考虑放映立体声电影，上述混响时间又偏长，一般对于体积在0.56万m³左右的厅堂，各种不同功能混响时间的理想值如表2所示。

目前，对于多功能剧院，解决上述问题的主要方法有三种：

（一）混响时间设计指标取一个折中值，使每种功能都可以使用，但都不是理想状态。

（二）混响设计指标按某种使用功能的理想值选取，使该种功能可以达到最佳状态，但其他功能则可能使用效果不佳，甚至有的功能使用效果较差。

（三）采用可调混响设计，即在观众厅内设置可调混响装置，使得观众厅内的混响时间能够在一定范围内进行调节，从而可以使几种使用功能都达到最佳状态。但在观众厅内设置混响调节装置会导致增加较高的工程费用，并对观众厅的

146

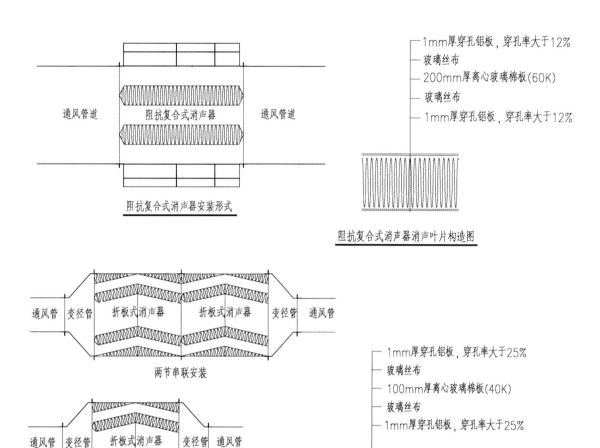

图16 消声器构造示意图

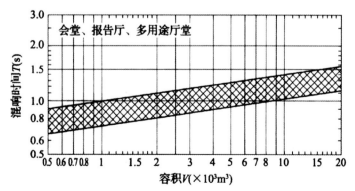

图17 会堂、报告厅、多用途厅堂的混响时间与容积

合适混响时间范围   表2

功能	混响时间理想值（s）
自然声交响音乐演出	1.7～1.9
自然声室内音乐演出	1.5～1.7
以电声为主的文艺节目	1.1～1.3
会议	0.9～1.1
立体声电影放映	0.5～0.7

装修设计有较大的影响和限制。

虽然本剧院的功能涵盖从电影放映到以自然声为主的音乐演出等多种对混响时间有不同要求的用途，各种功能理想混响时间的范围从0.5s到1.9s，但在这众多的用途中，使用频率最高的用途应该是以电声为主的文艺节目演出和会议，通过上述分析，我们建议混响时间的设计确定在1.2～1.4s之间，这样可以使频率最高的功能有相对较理想的效果，并适当考虑自然声音乐演出的效果。而对于其他功能的效果分析如下：

1. 对于会议、话剧等以语言为主要声源的用途，其直接声学效果是来自扩声系统的语言声在观众席是否有足够的清晰度和可懂度，而根据目前电声技术水平，观众厅混响时间在此范围内，只要在进行扩声系统设计时进行适当的处理，是可以保证足够的语言清晰度，满足会议、话剧等以语言清晰度为主的功能的要求的。

2. 对于以自然声为主的音乐演出，这个混响时间偏短，但一般在多功能剧场中演出以自然声为主的音乐节目，如交响乐时，必须在舞台上设置活动舞台音乐罩，根据经验，在舞台上安装了舞台音乐罩后，观众厅的混响时间可以提高0.15～0.2s，所以，这种情况下，剧院的混响时间可以达到1.6～1.7s，可以满足自然声音乐演出的基本要求，但丰满度和响度可能受到一定的影响，这可以通过用电声系统进行适当的补声来解决。

3. 对于电影放映，建声设计的主要目的是保证良好的还声效果，所以要其混响时间应小于1.0s，尤其是多通道立体声电影，要求混响时间更短。在一般多功能剧场中，如果保证立体声电影放映的效果，则很难保证其他功能，尤其是文艺演出功能的需求。为了保证大多数功能的正常使用，在剧场中放映立体声电影的效果会受到一定的影响。

根据上述分析，本剧场混响时间设计指标如下：

中频（500～1000Hz）满场混响时间为1.3±0.1s。

混响时间频率特性：低频（125～250Hz）为中频的1.1～1.2倍，高频（2000～400Hz）为中频的0.8～0.9倍。

建筑师的策略

——在"成都新世纪环球中心"和"武汉新城国际博览中心"项目设计中的二、三事

忽然

深圳中深建筑设计有限公司

此次受深圳市注册建筑师协会之邀，参编《注册建筑师》一书的编写工作。自己甚感惶恐和困惑，一段时间以来不知如何落笔，一则自己和大多数深圳建筑师一样惯于埋头干活，缺乏文字的耕耘；二则对我主持过的几个较为重要的项目没有进行系统的归纳和总结。或许这次活动正是我个人的一次总结体会的机会。

编委会要求我就技术方面谈体会，但我感觉在涉足一些较为重要的项目时，技术层面的问题对建筑师而言相对可控，对于非技术层面的因素，建筑师可控性有限，而往往这对设计在进度、品质、创作上顺利与否产生很大的影响，所以我想说的既有技术方面的问题，也有影响技术方面的问题。

深圳的建筑师大多是以小项目慢慢成长起来的，而深圳本身的项目不多，重大项目就更少，加之竞争环境激烈和政府部门的趋向性，深圳建筑师对重要项目看得多，做得少，自然成长得也慢。因此，将一些相对复杂的项目拿出来聊聊，分享在设计过程中的感受，对深圳建筑师有一定的意义。这里以我公司承接的两个项目为例，对设计过程中出现的问题和难点，以及采取的应对措施谈一谈，是否妥当，望读者指正，只当是一种经历和体验，供更多的建筑师借鉴……

我是1989年毕业分配至深圳市建筑设计院的，1998年来深圳中深建筑设计有限公司工作。至今，一直在一线工作。在设计中，一直坚持解读每一个项目自身的特点，不做复制性的工作，这也成为我公司方案创作中的一个基本价值观。

可能正因如此，当地产大发展的时候，我们也失掉了多次发展的机会。

2004年出于生存的考虑，我们开始全面向内地发展，并坚持着自己的创作价值观，认真设计好每一个项目，由此赢得的尊重也在累积。2007年我们赢得了武汉新城国际博览中心二期项目的设计权，同年我们取得了成都市海洋乐园项目的设计权（后改名为：成都新世纪环球中心）。

武汉新城国际博览中心二期项目，位于武汉汉阳的长江边，构思于长江之波澜，是作为打造完整的会展经济的主要配套项目，项目规模为70万m²，是集会议中心、酒店、商业、娱乐、餐饮为一体的城市综合体项目，也是作为新会展经济

图1 武汉新城国际博览中心鸟瞰图

图2 武汉新城国际博览中心人视图

片区的引爆项目（图1、图2）。

成都新世纪环球中心项目是以海洋游乐园为主题的集商业、旅游、娱乐、餐饮、商务办公为一体的城市目的地综合体。构思于为成都"取海洋一片浪"，其规模经数次修改、整合后约150万m²（其中地上117万m²）（图3、图4）。

这两个项目的共同特点是规模大，功能复杂，功能高度集中，都有超过8万m²的海洋乐园大空间，均位于城市新区的核心位置（目前两个

项目均在施工中，其中成都新世纪环球中心项目已施工超过2/3）。

两个项目在确定设计合约后的方案调整周期均近两年，我们设计团队为此付出了巨大的努力，体会最深的是建筑师与投资方在"取"与"舍"的博弈，以及留下的遗憾。这里我就项目展开过程中遇到的较为典型的几个方面的难点及应对解决措施分别阐述。

图3 成都新世纪环球中心概念方案鸟瞰图

图4 成都新世纪环球中心概念方案人视图

一、评审与审批

我所列举的这两个项目是在中国高速城市化的进程中，城市规模快速膨胀，城市由一个中心辐射，向纺锤形多中心辐射变化的进程中产生的新模式，这种新概念的城市副中心，成为城市面延展运营的引爆性项目。

这种项目的规模、功能及运营，均超越我们的现行标准规范及传统商业观念，故在方案初期评审时，很难得到专家和主管部门的认同；焦点是交通问题，从城市规划看，如此大规模、高密度的综合项目对城市片区交通产生的影响是致命的。

而投资方和运营商的策划论证书，是在充分解读中国特殊的商业和城市运营需求的基础上成形的策划，也非儿戏，并且这种模式的效能也正在被城市发展所印证。

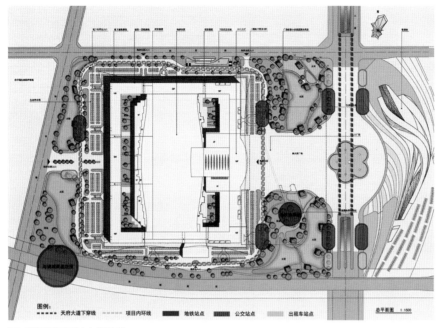

图5 成都新世纪环球中心总平面图

这种情况下，建筑师所要做的：一方面配合投资方将项目的特点及运营模式进一步与专家和主管部门沟通，使其对项目有较深入的了解；另一方面与专家、主管部门及专业设计院对项目的可行性进行进一步论证，并与城市规划结合，提出改善措施。

以成都新世纪环球中心为例，项目计入容积率的面积超过100万m²，规划要求的停车位超过7000个，用地交通现状在北、西、东三边为市政路，其中东边为成都最主要的城市干道：天府大道（双向8车道，宽60m）；西边为双向8车道40m宽道路；南边则为双向宽40m的8车道绕城高速环路，但与项目用地不能直接接口；同时，海洋馆运营中所产生的人流和车流也有不可预知性。

从交通流量上，现有交通状况是无法消化本项目的，其结果将造成整个片区的交通阻塞。在与交通设计院和主管部门多次论证后，提出了几项改进交通的措施（图5）：

交通规划原则：强化公交运营，限制私家车：

（1）利用项目用地内有地铁线的有利条件，在项目用地内增设地铁站——在重要节庆日，限制机动车驶入。

（2）在项目接泊的东、西两条城市干道增设公交系统，并建议增设重要节庆期的公交临时线。

（3）集中合理地组织的士站点。

（4）项目东侧的天府大道在此段采用下穿，即使城市主干道对项目产生的大量交通的干扰减少，又使项目的前广场具有较为宽松的交通缓冲区；西侧也预留与道路接口的广场缓冲区。

（5）增设与南边环绕城高速的接泊口，使项目内的车辆能快捷地进入高速，有效地消化项目内的车流量（图6）。

（6）充分利用项目用地尺度大的优点，在用地内采取人车分流，沿建筑外侧，规划了一条双向15m宽的内环路，对项目内的不同功能和类型的车流进行对外接泊规划，提高车流疏散的效率；而人流在靠近建筑边约15m的范围内解决。

（7）由于项目包含大型商业与酒店存在大量货运交通，故在货运交通上采用限制性规划，即货运交通限时段、限路线的运输方式，与客运

152

交通能有效分离，避免干扰。

通过上述措施的规划，规划上认为具有合理性，未来的运营管理则成为成败的关键，原则上通过了项目的审批。

至此，项目进入进一步设计和实施阶段。

体会是建筑师面对项目审批过程中的困难，不能消极等待，应积极思考与配合，主动化不利为有利是建筑师取信主管部门与业主的积极行为。

二、规范与超规范

建筑师都知道，设计须以规范为准绳。超规范就是违规，就须承担由此产生的后果和责任。这里我要说的是当设计出现现行规范无法覆盖的现象时，我们所采取的办法。

进行成都新世纪环球中心施工图设计（图7、图8）时，由于项目的特殊性和规模，几个主

要的功能区的消防，出现了现行消防设计规范难以参照的问题，这里我具体列举三项。

（一）项目核心区的海洋乐园部分，是一个200m×400m，面积8万m²，高99.5m的无柱大空间；顶部由玻璃覆盖，可开启部分约3000~4000m²，其中包含一个约1万m²的造浪海洋区、沙滩区、木平台区、水上乐园区、汤池区、度假别墅区，外围由超过1000间客房的洲际酒店围合，酒店客房均能眺望海洋区（图9、图10）。

这样一个大空间功能区在现行消防规范中无参照内容。主要是在定义室内、室外上有争议，若定义为室内空间，它又具有近似室外空间的储烟能力和容纳能力；若作为室外空间，它又是一个有围合和顶盖的真正定义上的室内空间。而规范上所要求的防火分区在近100m的高空向上根本无法实现。

通过与消防科研所配合，借助模拟软件，对

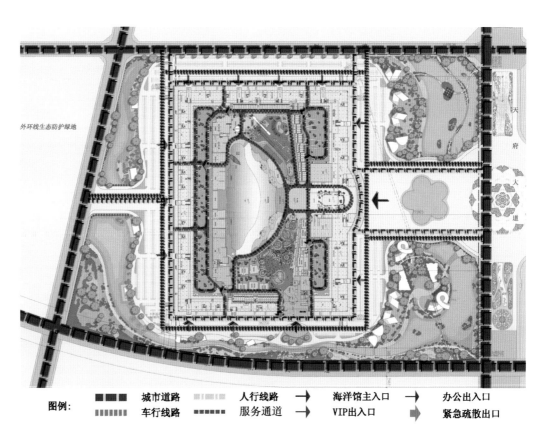

外环线生态防护绿地

图例：
| ■■■ 城市道路 | ▪▪▪ 人行线路 | → 海洋馆主入口 | → 办公出入口 |
| ▪▪▪▪ 车行线路 | ▪▪▪▪ 服务通道 | → VIP出入口 | ▸ 紧急疏散出口 |

图6 成都新世纪环球中心交通分析图

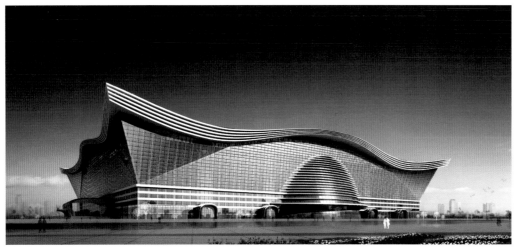

图7 成都新世纪环球中心施工方案人视图

图8 成都新世纪环球中心现场施工图

大空间在三点着火情况下的排烟能力进行论证后，提出了"准室外"的概念。具体技术措施如下：

（1）大空间均匀规划了七个宽9m的疏散口，使大空间的人流能在30min内全部疏散完（图11）。

（2）大空间的壳体的钢结构应具有永久不倒塌的保证措施，即在抗震上为特级，在消防与下部功能区具有完全的消防隔离措施，具体措施是钢结构的支撑构件高出下部的酒店屋顶13m以内作一级防火处理，且在酒店顶层屋檐出挑1m的檐口；并设置自动喷淋冷却系统，对酒店客房进入大空间的烟气进行冷却（图12）。

（3）大空间的多功能区均不能有火灾蔓延的可能性；具体措施，沿大空间外围酒店顶部檐口布设了防火灾蔓延的水炮。

这样的定义与措施在随后的专家评审中顺利通过，并由此为大空间消防审批提供了依据。

（二）项目东边的大型商业MALL地下一层的商业面积达5万多平方米，按现行规范，地下商业面积不能超过2万平方米；因此，设计在此受阻；建筑师试图劝告投资方考虑缩减地下商业面积，但由于项目与地铁接泊，地下一层商业价值高，投资方拒绝了缩减地下商业面积的可能。

图9 成都新世纪环球中心内部效果图（图片由Built Form Design Consultants Ltd.提供）

在这样的情况下，我们与当地消防部门进行了沟通，反馈的消息令人沮丧，消防部门寸土不让，且建议提高审批等级的意见。

万般无奈，我们只好在设计上想办法；经多轮修改，并与消防科研所配合后，我们采用了以2万平方米的消防控制区为限；在控制区以内，以2000m²做防火分区；而每个防火控制区之间用消防避难走道作为消防隔离；每个防火控制区内的防火分区向避难走道疏散均采用防烟前室；同时，消防避难走道采用了以连接室外下沉式小广场和直连地下一层的开敞式楼梯为主、通往地面的楼梯为辅的疏散措施。此措施在审批中顺利通过（图13）。

（三）项目东边广场是市级城市广场，具有举办

图10 成都新世纪环球中心穹顶现场施工图

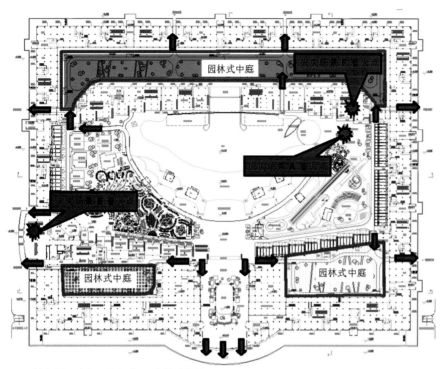

图11 成都新世纪环球中心一层火源位置及大空间疏散路径图

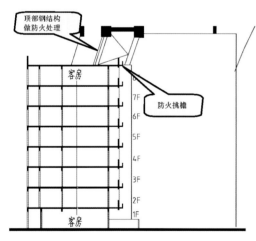

图12 成都新世纪环球中心酒店客房起火位置剖面图（2－2剖面）

大型活动和庆典的功能；广场中间宽170m，两边为生态园林景观；设计中将广场地下规划为项目的一个主要停车区；在施工图审查时，政府提出广场170m宽范围内不能有突出地面的构筑物或开洞（图14）。

按消防规范，地下车库两个疏散口之间的最大距离不能超过120m；这就意味着要满足政府的要求，地下车库的疏散口只能沿170m的广场两边布置，而这比规范允许的最大疏散距离超过了50m。

消防部门建议在广场下不满做车库，只沿广场两边做，由于此部分的停车主要是为商业服务，这样地下车库停车库损失30％，损失部分就将分担在办公部分的停车库中，对管理、运营均不利；而其他地下车库均在建筑主体下面，其柱网相对复杂，停车效率均低于广场下柱网整齐的车库。因此，甲方坚持满做地下车库，经过对规范的研究，消防前室大小没有上限控制，只有下限控制。我们提出了消防疏散前室扩大延伸的方案，即在广场两边设疏散楼梯，其地下前室沿广场170m的边沿分别向广场内延伸25m，满足地下车库最远疏散距离120m的要求，并根据车库疏散宽度要求不高的特点，将此前室延伸段作为多个车库防火分区的距离控制疏散；同时以开启的疏散口加大前室的正压送风量。此方案顺利地通过了消防部门的审批。

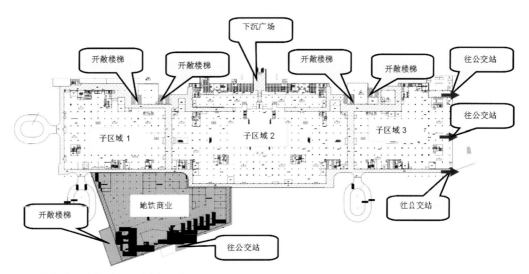

图13 成都新世纪环球中心地下一层防火分隔示意图

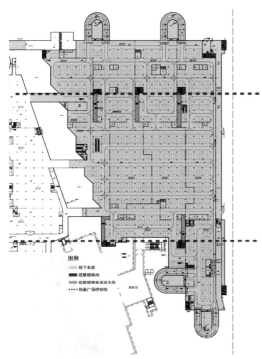

图14 成都新世纪环球中心地下车库与地铁连接示意图

三、施工图的深入与协作单位的关系

武汉新城国际博览中心二期项目，在方案到施工图的过程中，其协作单位超过10家，在实际的设计推进协调过程中出现了很多问题。其原因在于，十几家协作单位均为乙方，其联系点都在甲方处，这才符合合约关系。在具体问题的协调过程中，可能会将一个并不复杂的问题在两三个乙方之间来回协调，如遇具体协调人在工程上经验不足，就会出现协调了几轮后，体会最深的是会开了很多，并未解决问题的情况。

在与甲方总工程师沟通后，确定了以我们牵头，协助甲方协调，虽然我们多做了工作，但解决问题的效率与结果均令人满意。

这里具体谈谈国际会议中心部分的设计协调中的 件事（图15、图16）。

由于会议中心部分我们只从方案做到初设，施工图为第三方设计院做。当施工图完成后，我们在审图中发现，建筑主体造型钢结构与方案构思的方式和尺寸出入较大。在进行协调时，施工图单位的意见是计算的结果须这样做，很难修改。于是我们联系了钢结构深化设计公司及幕墙设计公司，将我们的意见和理由与之沟通，取得了认同后，对此部分钢结构进行了调整，同时对建筑方案也作了相应的调整，后将调整后的方案再与施工图单位协调，中间历时近两个月，最终取得共识。

之所以说这件事，主要是想说明建筑师想完成自己的想法，除技术方面的控制外，各方面的协调工作也非常重要。

这里对一些案例是泛泛而谈，我所想要表

图15 武汉新城国际博览中心二期施工方案图

达的是一个注册建筑师的工作不仅是合同内约定的工作范畴,与投资方的工作关系也不是简单的甲、乙方的关系。

充分运用自己的专业技能,既要解决项目中纯技术的问题,更要解决项目在各个环节中看似非技术性的问题。如在审批过程中,建筑师与审批单位更专业的沟通,对于项目顺利通过审批更有效。尤其是在一些大项目中,作用会更明显。

我想,建筑师既是投资方的乙方,也应是投资方的顾问和参谋。当然,赢得信任是关键,而这种信任是建立在建筑师的自我不断攀高和强大的前提之下的,这就是人们常说的"设计力"的根本。

图16 武汉新城国际博览中心现场施工图

建筑设计技术措施——楼梯

陈邦贤

深圳市建筑设计研究总院有限公司

一、各种疏散楼梯的适用范围及设计要求（表1）

各种疏散楼梯的适用范围及设计要求   表1

类型		适用范围	设计要求
开敞楼梯间	居住建筑	1. 户门采用乙级防火门的3～9层通廊式居住建筑。 2. 1、2层通廊式居住建筑。 3. 6层及6层以下且任一层建筑面积不大于500m²的其他形式的居住建筑。 4. 7～9层或任一层建筑面积大于500m²时，当户门采用乙级防火门的其他居住建筑。 5. 10～11层、户门为乙级防火门的单元式住宅	一般规定： 1. 楼梯间应能天然采光和自然通风，并宜靠外墙设置； 2. 楼梯间内不应设置烧水间、可燃材料储藏室、垃圾道； 3. 楼梯间内不应有影响疏散的凸出物或其他障碍物； 4. 楼梯间内不应敷设甲、乙、丙类液体管道； 5. 公共建筑的楼梯间内不应敷设可燃气体； 6. 居住建筑的楼梯间不应敷设可燃气体管道和设置可燃气体计量表，当住宅建筑必须设置时，应采用金属套管和设置切断气源的装置等保护措施； 7. 设置敞开楼梯上下层相连通的开口时，其防火分区面积应按上下层连通的面积叠加计算
	多层公共建筑	6. 5层及5层以下公建，但不包括： ① 医院、疗养院的病房楼。 ② 旅馆。 ③ 超过2层的商店等人员密集的公共建筑。 ④ 设置有歌舞、娱乐、放映、游艺场所且建筑层数超过2层的建筑	
	厂房	7. 多层仓库。 8. 丁、戊类多层厂房：《建筑设计防火规范》（GB50016-2006）之3.7.6。 9. 丁、戊类高层厂房：当每层工作平台人数不超过2人且各层工作平台上同时生产人数总和不超过10人时可采用	
封闭楼梯间	公共建筑	1. 多层医院、疗养院的病房楼。 2. 多层旅馆。 3. 超过2层的商店等人员密集的公共建筑。 4. 设置有歌舞厅、放映、游艺场所且建筑层数超过2层的建筑。 5. 超过5层的其他公共建筑	特别说明：体育馆、剧院、电影院、礼堂等可以不设封闭楼梯间。 封闭楼梯间除应符合开敞楼梯间的一般规定外，尚应符合下列规定： 1. 楼梯间应靠外墙，并应有直接天然采光和自然通风；当不能天然采光和自然通风时，应按防烟楼梯间的要求设置。 2. 楼梯间的首层可将走道和门厅等包括在楼梯间内，形成扩大的封闭楼梯间，但应采用乙级防火门等措施与其他走道和房间隔开。 3. 除楼梯间的门窗之外，楼梯间的内墙上不应开设其他门窗洞口
		6. 高层建筑的裙房（不包括高层塔楼主体下的裙房楼梯）。 7. 建筑高度不超过32m的二类高层建筑（单元式和通廊式住宅除外）	
	居住建筑	8. 7～9层的非通廊式住宅或任一层建筑面积大于500m²（户门为乙级防火门时可不设）。 9. 3～11层的通廊式居住建筑（3～9层的通廊式居住建筑当户门为乙级防火门时可不设）。 10. 12～18层的单元式住宅楼。 11. 7～11层的通廊式宿舍。 12. 12～18层的单元式宿舍。 13. 除通廊式居住建筑外，其他形式的居住建筑当建筑层数为7～9层或任一层建筑面积大于500m²时，应设置封闭楼梯间（当户门或通向疏散走道、楼梯间的门、窗为乙级防火门、窗时，可不设）。 14. 1～9层住宅中的电梯井与疏散楼梯间相邻布置时，应设置封闭楼梯间（当户门采用乙级防火门时，可不设）	

类型		适用范围	设计要求
封闭楼梯间	停车场、停车库及其他各类建筑	15.汽车库、修车库（包括地下车库）。 16.甲、乙、丙类多层厂房和高层厂房。 17.高层仓库。 18.档案馆的档案库。 19.图书馆的书库、非书资料库。 20.地下商店和设置歌舞、娱乐、放映、游艺场所的地下建筑（室），当其地下层数为1～2层但其室内地面与室外出入口地坪高差不大于10m时。 21.博物馆藏品库区	4.高层厂房（仓库）、人员密集的公共建筑、人员密集的多层丙类厂房设置封闭楼梯间时，通向楼梯间的门应采用乙级防火门，并应向疏散方向开启。 5.其他建筑的封闭楼梯间的门可采用双向弹簧门（高层建筑的封闭楼梯间应设乙级防火门，并应向疏散方向开启）
防烟楼梯间	公共建筑	1.一类高层建筑。 2.除单元式和通廊式住宅外建筑高度超过32m的二类高层建筑	1.楼梯间入口应设置具有防、排烟功能的前室，或设置阳台、凹廊。 2.前室应设有防烟、排烟设施（自然或机械）。 3.前室和楼梯间的门均应为乙级防火门，并向疏散方向开启。 4.前室的面积： ① 公建、厂房不小于6m²。 ② 居住建筑不小于4.5m²。 ③ 与消防电梯合用前室时： • 公建、厂房不小于10m²。 • 居住建筑不小于6m²。 5.楼梯间及其前室，采用自然排烟时，其可开启外窗面积为： ① 每层楼梯间前室、消防电梯前室不小于2m²。 ② 每层合用前室不小于3m²。 ③ 楼梯间每5层的可开启外窗总面积之和不小于2m²。 6.建筑高度超过50m的一类公共建筑和建筑高度超过100m的居住建筑，应采用机械排烟方式。 7.楼梯间及防烟楼梯间前室的内墙上，除开设通向公共走道的疏散门外和规范规定的住宅门窗外，不应开设其他门窗洞口，并不应敷设可燃气体管道和甲、乙、丙类液体管道（住宅的楼梯间前室除外）。 8.住宅的户门不应直接开向前室，当确有困难时，部分户门可开向前室，这些户门应为能自行关闭的乙级防火门。 9.住宅建筑设置在防烟楼梯间前室和合用前室的电缆井和管道井井壁上的检查门，应为丙级防火门。 10.楼梯间的首层可将走道和门厅等包括在楼梯间前室内，形成扩大的防烟前室，但应采用乙级防火门等措施与其他走道和房间隔开
	居住建筑	3.19层及19层以上的单元式住宅、单元式宿舍。 4.12层及12层以上的通廊式住宅、通廊式宿舍。 5.10层及10层以上的塔式住宅	
	其他	6.建筑高度大于32m且任一层人数超过10人的高层厂房。 7.地下商店和设有歌舞、娱乐、放映等游艺场所的地下建筑（室），当其地下层数为3层及3层以上，以及地下层数为1～2层，但其室内地面与室外出入口地坪高差大于10m时。 8.人防工程的电影院、礼堂；建筑面积大于500m²的医院、旅馆；建筑面积大于1000m²的商场、餐厅、展厅、公共娱乐场所、小型体育场（当底层室内地坪与室外出入口地面高差大于10m时应设防烟楼梯间。当地下为两层且地下第二层的坪与室外出入口地面高差小于10m时，应设封闭楼梯间）。 9.封闭楼梯间不具备靠外墙直接天然采光和自然通风时，应按防烟楼梯间设置。 10.在高层塔楼主体下的裙房楼梯可设封闭楼梯间，但如果不满足天然采光和自然通风时，应按防烟楼梯间设置。 11.建筑高度超过32m的高层汽车库。 12.高层病房楼	
剪刀楼梯间		塔式高层建筑（含住宅）	1.塔式高层建筑，两个疏散楼梯宜独立设置，当确有困难时，可设置剪刀楼梯间。 2.剪刀楼梯间应为防烟楼梯间。 3.梯段之间应设置耐火极限不低于1.0h的不燃烧体墙分隔。 4.剪刀楼梯应分别设置前室，塔式住宅确有困难时可设置一个前室。但两个楼梯应分别设加压送风系统
室外疏散楼梯	民用建筑	1.多层医院、疗养院的病房楼。 2.多层旅馆。 3.超过2层的商店等人员密集的公共建筑。 4.设置有歌舞厅、放映、游艺场所且建筑层数超过2层的建筑。 5.超过5层的其他公共建筑	室外楼梯可作为辅助的防烟楼梯，疏散宽度可计入疏散楼梯总宽度内，但应满足如下条件： 1.栏杆扶手的高度不小于1.1m。 2.楼梯净宽度不小于0.9m。 3.倾斜角度不大于45°。 4.楼梯段和平台均应采取不燃材料制作。平台的耐火极限不应低于1.00h，楼梯段的耐火极限不应低于0.25h。 5.除疏散门外，楼梯周围2m内的墙面上不应设置门窗洞口。疏散门应采用乙级防火门，并应向室外开启，且不应正对楼梯段
	厂房	6.高层厂房和甲、乙、丙类多层厂房。 7.建筑高度大于32m且任一层人数超过10人的高层厂房。 8.丁、戊类厂房内的第二安全出口楼梯可采用净宽度不小于0.9m、倾斜角度不大于45°的金属梯。 9.丁、戊类高层厂房：当每层工作平台人数不超过2人且各层工作平台上同时生产人数总和不超过10人时可采用净宽度不小于0.9m、倾斜角度不大于60°的金属梯。 10.高层汽车库	

二、允许只设一个疏散楼梯或一个安全出口的建筑（表2）

允许只设一个疏散楼梯或一个安全出口的建筑　　　　　　　表2

建筑类别		允许只设一个疏散楼梯或一个安全出口的条件
住宅	n不大于18层	每层不多于8户，S不大于650m²，且设有一座防烟楼梯和消防电梯的塔式住宅
		每个单元设有一座通向屋顶的疏散楼梯，单元之间的楼梯通过屋顶连通，单元之间设有防火墙，户门为甲级防火门，窗间墙宽度和窗槛墙高度大于1.2m的单元式住宅 ［《高层民用建筑设计防火规范》（GB50045-1995）（2005年版）6.1.1.2强条］
	n大于18层	每个单元设有一座通向屋顶的疏散楼梯，18层以上部分每层相邻单元楼梯通过阳台或凹廊连通（屋顶可不连通）；18层及18层以下部分单元之间设防火墙，户门为甲级防火门，窗间墙宽度和窗槛墙高度大于1.2m的单元式住宅［《高层民用建筑设计防火规范》（GB50045-1995）（2005年版）6.1.1.2强条］
	n小于10层	任一层的S不大于650 m²，或任一户的户门至安全出口的距离不大于15m［《住宅建筑规范》（GB50368-2005）9.5.1］
	10层不大于n不大于18层	任一层的S不大于650m²，或任一户的户门至安全出口的距离不大于10m［《住宅建筑规范》（GB50368-2005）9.5.1］
公共建筑	单层	S不大于200 m²，$\sum P$不大于50人（托、幼除外）《建筑设计防火规范》（GB50016-2006）5.3.2（1）强条
	n不大于3层	每层S不大于500 m²，$P_2 + P_3$不大于100人（托、幼、老、医、疗除外）［《建筑设计防火规范》（GB50016-2006）5.3.2（1）强条］
	公建顶层局部升高部位	局部升高的层数不多于2层，$\sum P$不大于50人，每层S不大于200 m²，则可只设1部与下部主体建筑楼梯间直接连通的疏散楼梯，但应另设1个直通主体建筑屋面的安全出口［《建筑设计防火规范》（GB50016-2006）5.3.4强条］
地下室	地下、半地下室	S不大于500 m²，$\sum P$不大于30人（但应另设一个直通室外的金属竖向爬梯作为第二个安全出口）［《建筑设计防火规范》（GB50016-2006）5.3.12（2）强条］
	相邻两个防火分区	地下室相邻两个防火分区（地下车库除外），可利用防火墙上的甲级防火门作为第二个安全出口，但疏散距离应符合要求［《高层民用建筑设计防火规范》（GB50045-1995）（2005年版）6.1.12（1）强条］
地上建筑的相邻两个防火分区		$S_1 + S_2$不大于1400 m²（一类高层）或2100 m²（二类高层），可利用防火墙上的甲级防火门作为第二个安全出口（不论有无自动喷水灭火系统，$S_1 + S_2$的面积限值均不变）［《高层民用建筑设计防火规范》（GB50045-1995）（2005年版）6.1.1.3强条］
厂房	甲类厂房	每层S不大于100m²，$\sum P$不大于5人［《建筑设计防火规范》（GB50016-2006）3.7.2强条］
	乙类厂房	每层S不大于150m²，$\sum P$不大于10人［《建筑设计防火规范》（GB50016-2006）3.7.2强条］
	丙类厂房	每层S不大于250m²，$\sum P$不大于20人［《建筑设计防火规范》（GB50016-2006）3.7.2强条］
	丁、戊类厂房	每层S不大于400m²，$\sum P$不大于30人［《建筑设计防火规范》（GB50016-2006）3.7.2强条］
	地下、半地下厂房，厂房的地下、半地下室	S不大于50m²，$\sum P$不大于15人［《建筑设计防火规范》（GB50016-2006）3.7.2强条］ 相邻两个防火分区，可利用防火墙上的甲级防火门作为第二个安全出口
仓库	一般仓库	一座仓库的占地面积不大于300 m²［《建筑设计防火规范》（GB50016-2006）3.8.2强条］
		仓库的一个防火分区面积不大于100 m²［《建筑设计防火规范》（GB50016-2006）3.8.2强条］
	地下、半地下仓库，仓库的地下、半地下室	建筑面积S不大于100m²［《建筑设计防火规范》（GB50016-2006）3.8.3强条］
		相邻的两个防火分区，可利用防火墙上的甲级防火门作为第二个安全出口［《建筑设计防火规范》（GB50016-2006）3.8.3强条］
	粮食筒仓	上层S小于1000 m²，$\sum P$不大于2人［《建筑设计防火规范》（GB50016-2006）3.8.5条］

三、疏散楼梯的最小宽度（表3）

疏散楼梯的最小宽度　　　　　　　表3

住宅	多层、高层不小于1.1m（不大于6层可1.0m）		医院	疏散楼梯不小于1.3m	平台不小于2m
	套内楼梯	一边临空不小于0.75m		主楼梯不小于1.65m	
		两侧有墙不小于0.9m	商店、影剧院、礼堂	不小于1.4m	
宿舍	1.0m/100人，且不小于1.2m				
办公、学校、托幼	1、2层	0.65m/100人	体育馆	不小于1.2m	
	3层	0.75m/100人	汽车库	不小于1.1m	
	不小于4层	1.0m/100人	厂房仓库	不小于1.1m	

注：办公、学校、托幼列（1、2层 / 3层 / 不小于4层）均对应"不小于1.2m"

四、商场楼梯的计算

（一）商场疏散楼梯总宽度计算：$\sum B = SK_1K_2K_3$

本层疏散楼梯总宽度$\sum B$ = 本层营业厅建筑面积S（m^2）× 面积折算系数K_1 × 疏散人数换算系数K_2（人/m^2）× 疏散宽度指标K_3（m/100人）

（二）计算系数$K_1K_2K_3$规定值（表4）

商场楼梯宽度计算系数$K_1K_2K_3$规定值 表4

K_1		K_2（人/m^2）		K_3（m/100人）		
地上	0.5～0.7	地下2层	0.80	《建筑设计防火规范》（GB50016-2006）	地上1、2层	0.65
		地下1层、地上1、2层	0.85		地上3层、△H不大于10m的地下室	0.75
地下	不小于0.7	地上3层	0.77		地上不小于4层、△H大于10m的地下室	1.00
		地上不小于4层	0.60	《高层民用建筑设计防火规范》（GB50045-1995）（2005年版）	地上、地下所有楼层商场	1.00

（三）商场疏散楼梯总宽度汇总表（表5）

每1000m^2营业厅所需楼梯总宽度（m） 表5

		地上商店									地下商店	
面积折算系数		0.5			0.6			0.7			0.7	
层数		1、2层	3层	不小于4层	1、2层	3层	不小于4层	1、2层	3层	不小于4层	地下1层	地下2层
1000m^2营业厅疏散宽度（m）	《建筑设计防火规范》（GB50016-2006）	2.76	2.88	3.00	3.32	3.47	3.60	3.87	4.04	4.20	4.50	5.60
	《高层民用建筑设计防火规范》（GB50045-1995）（2005年版）	4.25	3.84	3.00	5.11	4.63	3.60	5.95	5.39	4.20	6.00	5.60

注：

(1)本层营业厅建筑面积，包括展示货架、柜台、走道等顾客参与购物场所以及营业厅卫生间、楼梯间、自动扶梯等建筑面积。对于采用防火分隔措施分隔开且疏散时无须进入营业厅的仓储、设备间、工具间、办公室等面积可不计入，否则应计入。

(2)当各层人数不等时，疏散楼梯总宽度可分层计算。地上商店的下层楼梯总宽度应按其上层人数最多一层的人数计算；地下商店的上层楼梯总宽度应按其下层人数最多的一层人数计算。

(3)首层外门的总宽度应按该层以上人数最多的一层人数计算确定，不供楼上人员疏散的外门，可按本层人数计算确定。

(4)疏散楼梯、疏散门、疏散走道的最小净宽度应不小于1.4m。

五、楼梯设计细则（表6）

楼梯设计细则 表6

部位	设计细则
平面位置	疏散楼梯间在各层的平面位置不应改变（但在同一个楼梯间的前后左右空间内连续，则这种位置改变是允许的）
平台净宽	(1)平台净宽不小于梯段净宽，且不小于1.2m（直跑楼梯平台净宽不小于1.1m）；(2)医院主楼梯和疏散楼梯平台净宽不宜小于2m；（3）住宅剪刀梯平台≥1300mm
踏步数及尺寸	3级不大于踏步数不大于18级。踏步宽度及高度规定见表7
扶手数量	应至少于一侧设扶手；梯段净宽达三股人流时应两侧设扶手；梯段净宽达四股人流时宜加设中间扶手（每股人流宽度按0.55+（0～0.15）m计算）
高度	(1)梯段净高不宜小于2.2m；(2)人员通行的楼梯平台处的净高不应小于2m
安全措施	梯井宽度、栏杆扶手高度及构造做法、防儿童攀滑或钻出等详见表8
首层安全出口	高层建筑标准层的两部疏散楼梯（包括剪刀楼梯）到达首层时，不得合二为一共用门厅的同一个出口，而应保持两个安全出口直通室外，两个安全出口的距离应不小于5m
地下、半地下楼梯间	在首层应采用分隔墙与其他部位隔开，并应直通室外，当必须在隔墙上开门时，应采用乙级防火门

楼梯踏步最小宽度和最大高度(m)　　　　　　表7

楼梯类别	最小宽度	最大高度
住宅公用楼梯	0.26	0.175
宿舍	0.27	0.165
小学宿舍	0.26	0.15
幼儿园、小学校等楼梯	0.26	0.15
电影院、剧场、体育馆、商场、医院、旅馆和大中学校等楼梯	0.28	0.16
专用疏散楼梯	0.25	0.18
其他建筑物楼梯	0.26	0.17
专用服务楼梯、住宅户内楼梯	0.22	0.20
老年人居住建筑	0.30	0.15
老年人公共建筑	0.32	0.13

楼梯栏杆、扶手高度　　　　　　表8

栏杆、扶手名称 / 图列及高度	办公楼梯栏杆、扶手	多层住宅楼梯栏杆、扶手	供儿童使用的室内楼梯栏杆、扶手	供残疾人、老年人轮椅使用的坡道栏杆、扶手	中、小学外走廊栏杆、扶手	高层住宅阳台栏杆、扶手
栏杆扶手示意图						
扶手高度（mm）	900	900	900 / 600	850 / 650	1050	1100
栏杆扶手立面图						

六、弧形楼梯的规定

弧形楼梯作为疏散楼梯时，其踏步应符合图1的要求。

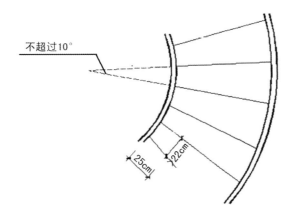

图1 弧形楼梯踏步

七、共用楼梯的规定

（1）商住楼中的住宅的疏散楼梯应独立设置，不得与商场共用。

（2）地下室或半地下室与地上层不应共用楼梯间，当必须共用楼梯间时，应在首层与地下或半地下层的出入口处，设置耐火极限不低于2h的隔墙和乙级防火门隔开，并应有明显标志（图2）。

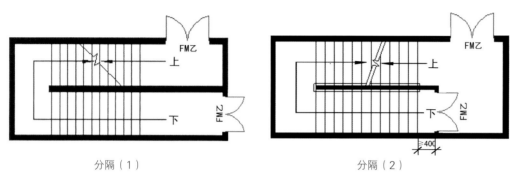

分隔（1）   分隔（2）

图2 首层疏散楼梯分隔

（3）地下车库人员疏散出入口及疏散楼梯均应独立设置，不得与裙房共用出入口。当必须共用出入口时，在首层应采用耐火等级不低于2.00h的隔墙隔开并应直通室外。

（4）每个防火分区不能全部共用楼梯，应至少有一部独立楼梯。

八、楼梯出屋顶的规定

（1）多层建筑：

① 七层及七层以上单元式宿舍的楼梯间均应通至屋顶（十层以下的宿舍在每层通向楼梯间的入口处有乙级防火门时可不通至屋顶）。

② 五层以上的商场宜设置两个疏散楼梯间通至屋顶。

（2）高层建筑：

① 塔楼（标准层）通至屋顶的疏散楼梯不宜少于两个（18层和18层以下的塔式住宅及顶层为外通廊式住宅除外）。

② 单元式高层住宅每个单元的楼梯均应通至屋顶。

（3）出屋顶的楼梯间不应穿越其他房间，通向屋顶的门应向屋顶方向开启。

（4）出屋顶的楼梯间，其室内地坪标高应高于室外屋顶完成面的标高，否则设置的门应开向屋顶并设挡水门槛。

（5）当无楼梯到达屋面时，应设上屋面的检修人孔或低于10m时可设外墙爬梯，并应有安全防护和防止儿童攀爬的措施。

164

建筑设计技术措施——担架电梯设计

李泽武

深圳市建筑设计研究总院有限公司

2012年8月1日实施的《住宅设计规范》（GB50095-2011）规定：12层（含）以上的住宅应设置1台能容纳担架的电梯，把担架电梯设计正式提到日程表上来了。但目前我国的电梯设计标准只有医院病床电梯，而没有担架电梯，而二者又不能简单地等同处理，因此导致设计人员一时不知所措。

笔者根据担架尺寸，用作图模拟方法提出担架电梯的设计参数，供设计人员参考。

一、设计依据

（一）担架尺寸（宽×长）

（0.55~0.60m）×（1.90~1.95m）

（二）担架进出方式

（1）竖直进出；

（2）斜进出（利用轿厢对角线）。

二、确定轿厢尺寸

（1）长方形轿厢
- 宽度A≥1.3m
- 深度B
  - 竖向（直进直出）：B≥担架长度L+(0.4~0.5)m = 2.3~2.4m
  - 横向（利用对角线）：对角线长度L≥2.65m

（2）正方形轿厢：A=B≥1.90m×1.90m

（对角线长度L=2.69m）

（3）与1000kg（15人）客梯相同进深轿厢：宽度A=2.2m，深度B=1.6m（对角线长度L=2.72m）。

三、确定井道尺寸

（1）井道宽度x
- 轿厢宽度A+(0.5~0.6)m
- 轿厢宽度A+(0.7~0.8)m（当对重位于宽度方向）

（2）井道深度y
- 轿厢深度B+(0.5~0.6)m
- 轿厢深度B+(0.7~0.8)m（当对重位于深度方向）

说明：

1. 井道的宽度和深度尺寸可对调，视建筑平面布置具体情况而定。

2. 上述尺寸有上下限之分。电梯小、速度慢，取下限；电梯大、速度快，取上限。

四、确定电梯门宽度D

（1）正方形轿厢：$D=1.0m$，开正中位置。

（2）长方形轿厢
- 竖向进出：D=1.0m，开正中位置
- 横向进出
  - 开正门：D=1.3m
  - 开偏门：D=1.1m

现将担架电梯尺寸汇总如表1所示，各类担架电梯优缺点比较见表2。

担架电梯尺寸 表1

类别		轿厢（宽×深）(mm)	井道（宽×深）(mm)	电梯门（宽）(mm)
正方形		1900×1900	(2400~2500)×(2600~2700)	正中 1000
长方形	竖向	1300×2300	(1800~1900)×(3000~3100)	正中 1000
	横向	2300×1300	(2800~2900)×(2000~2100)	正中1300，偏门1100
与1000kg客梯同进深		2200×1600	(2700~2800)×(2300~2400)	

各类担架电梯优缺点比较 表2

担架电梯类别		优点	缺点
正方形担架电梯		轿厢方正，空间感好、美观	担架进出需转弯，轿厢井道面积大，组合有凹凸
长方形担架电梯	竖向	担架直进直出，很快捷、方便，轿厢井道面积小	轿厢扁长，空间观感差，组合不规整，有凹凸
	横向	轿厢井道面积小	担架进出需拐弯，不便，轿厢扁长，组合有凹凸
与1000kg客梯同进深		轿厢空间比例较好，较美观，组合规整无凹凸	担架进出需转弯，轿厢井道面积较大

五、确定电梯厅进深

　　住宅担架电梯与医院病床电梯的使用性质不同。病床电梯天天使用，而担架电梯可能一年只用一次，甚至三年、五年也用不到一次。因此，笔者认为，可不以担架电梯轿厢的最大进深作为电梯厅的进深，而仍以乘客电梯轿厢的最大进深作为电梯厅的进深，并符合无障碍电梯厅的最小进深（1.8m）即可。这样设计并不会影响担架电梯的正常使用。如果按照担架电梯轿厢的最大进深来确定电梯厅进深，则会造成浪费面积，降低住宅面积使用率，增大公摊面积的不经济、不合理状况。

六、推荐3个担架电梯设计方案

　　这3个担架电梯设计方案的共同点，就是均与1000kg（15人）的客梯组合设计。

　　方案1：取与客梯相同进深的轿厢，为横向布置利用对角线的担架电梯，组合井道平面规整无凹凸（图1）。

　　方案2：为竖向布置，直进直出的担架电梯。担架进出快捷方便，但组合井道平面不规整有凹凸。其凹位可布置管道井（图2）。

　　方案3：为正方形担架电梯，需利用对角线，轿厢方正观感好，但组合井道平面不规整、有凹凸，且凹凸部分尺寸较小，不好布置作他用（图3）。

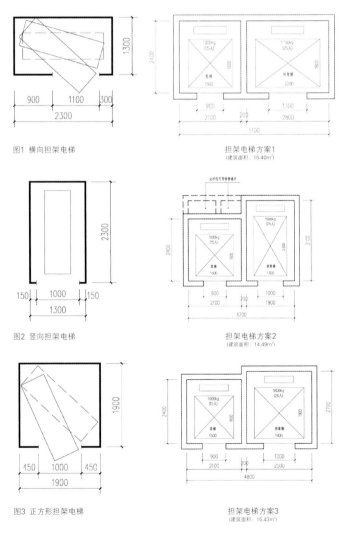

图1 横向担架电梯

担架电梯方案1
（建筑面积：15.40m²）

图2 竖向担架电梯

担架电梯方案2
（建筑面积：14.49m²）

图3 正方形担架电梯

担架电梯方案3
（建筑面积：15.43m²）

［附注］上述担架电梯是按二人手抬担架考虑，若为担架床（即有4轮的可推行担架）则上述担架电梯的进深尺寸可减少200mm。

绿色建筑专篇

叶青

深圳市建筑科学研究院有限公司

摘要：回顾国内外绿色建筑的发展历程，阐述绿色建筑在中国发展的契机和误区。深圳市作为中国改革开放的先行区，也是在高度市场经济发展和诸多资源限制因素的基础上进行生态城市建设和低碳行动的先行者，在政府主导、企业参与、标准先行、全面实践等方面，都有其典型性和参考性，尤其是提出了具有深圳特色的"共享设计"的设计理念、方法和流程，以及一系列经过实践检验和数据验证的高质量案例。

一、国内外绿色建筑发展现状

绿色建筑由理念到实践，在世界各国逐步发展完善，绿色建筑的发展也经历了由少数学者到技术从业人员，再到各相关社会组织和企业、大众广泛参与的过程。绿色建筑从最初的英国和美国，逐渐扩大到其他发达国家及地区，并向深层次应用发展，如在绿色建筑评价体系方面，继英国开发绿色建筑评价体系"建筑研究中心环境评估法"(BREEAM)后，美国、加拿大、澳大利亚、德国等国家及地区也相继推出了各自的绿色建筑评价体系。此外，逐渐有国家和地区将绿色建筑标准作为强制性规定。

技术研究方面，目前许多欧美发达国家已在绿色建筑单项关键技术研究方面取得大量的成果，同时建立了较完整的适合当地特点的绿色建筑集成技术体系。不少国家根据各自特点，通过建造各具特色的绿色建筑示范工程展示其绿色理念、技术及产品等研究成果，推动建筑的可持续发展。示范建筑的形式包括办公楼、住宅、学校、商场等，比较典型的如英国BRE的生态环境楼和Integer生态住宅样板房等。示范建筑通过精妙的总体设计，结合自然通风、自然采光、太阳能利用、地热利用、中水利用、绿色建材和智能控制等高新技术，充分展示了绿色建筑的魅力和广阔的发展前景。

（二）国内绿色建筑发展现状

自改革开放以来，特别是近20年来，中国的建筑业得到迅猛发展，但在昌盛和繁荣的背后存在巨大的浪费和破坏。自2000年左右绿色建筑理念进入中国以来，结合树立科学发展观、建设生

态文明的国策，迅速得到社会广泛认同，不仅绿色建筑示范项目势如雨后春笋，我国也于2006年4月出台了《绿色建筑评价标准》，成为国际上成体系建立绿色建筑标准为数不多的国家之一。

根据世界许多国家和组织在绿色建筑方面的相关政策和评价体系，我国的《绿色建筑评价标准》给出的绿色建筑定义是：在建筑的全寿命周期内，最大限度地节约资源（节能、节地、节水、节材）、保护环境和减少污染，为人民提供健康、适用和高效的使用空间，与自然和谐共生的建筑。

二、深圳市绿色建筑的特色发展历程及设计方法

深圳经济特区建立30年来，迅速从一个边陲小镇发展成为一座现代化大城市，创造了世界工业化、城市化和现代化发展史上的奇迹。但随着人口数量和经济总量的快速增加，资源和环境正成为制约深圳市发展的瓶颈，在面临资源能源制约、环境污染、经济转型、社会进步等问题的背景下，深圳市必须坚持走低碳生态转型发展之路。

深圳自主创新，以打造"绿色建筑之都"、建设"低碳生态城市"为核心战略，推动城市建设发展在全国率先转型，坚定不移地实施绿色建筑发展战略，在以下方面取得了阶段性进展：

1. 加强制定地方性法规，逐步形成了较为完善的建筑节能与绿色建筑政策体系。

出台了全国首部建筑节能地方法规《深圳经济特区建筑节能条例》，国内首部建筑节材地方法规《深圳市建筑废弃物减排与利用条例》，在二法的基础上探索形成了一套行之有效的管理机制和管理模式，从立项、设计、施工、验收等各个环节，确立了建筑节能全过程、全方位监管的闭合机制。颁布一个规章、三个规划、四个方案、四个办法等配套政策，逐步覆盖既有建筑节能改造、建筑节能监管体系建设、可再生能源建筑应用、预拌混凝土和预拌砂浆等重点领域，对绿色建筑示范项目通过墙改基金给予一定的财政补贴，率先在国内强制推行保障性住房按绿色建筑标准建设，并在新区试行绿色建筑全过程管理制度，基本形成了一套较完善的建筑节能和绿色建筑政策体系。

2. 重点推进本地适宜技术，逐步建立了建筑节能与绿色建筑标准体系。

以综合反映深圳气候、经济和技术特点为原则，陆续发布了《深圳市居住建筑节能设计规范》、《深圳市居住建筑节能设计标准实施细则》、《公共建筑节能设计标准深圳市实施细则》、《深圳市绿色建筑设计导则》、《深圳市绿色住区规划设计导则》及《深圳市绿色建筑评价规范》等相关标准规范。

3. 积极推进两大国家级示范城市和重点领域示范项目建设，有效提高了建筑节能与绿色建筑实施效果。

以创建大型公建节能监测示范城市为契机，全面启动既有建筑节能改造。截至目前，全市已建成和在建的绿色建筑面积达1200万m^2，总投资超过650亿元；已形成了6个绿色建筑示范区或绿色城区，其中1个为国家级绿色建筑综合示范区，实现低碳生态由单体建筑向区域延伸；有15个项目以国家绿色建筑三星级标准建设，5个项目以美国LEED金级标准建设，已有30个项目通过绿色建筑设计认证或建成后认证。以太阳能利用、可再生能源建筑应用示范城市为突破口，全市太阳能热水应用总集热面积45万m^2，建筑面积1112万

m^2，建成和在建的太阳能光电建筑应用系统总装机容量约46MW。同时，还有国家级太阳能示范项目20个。

4. 推行建筑工业化试点示范

推行绿色施工，提升施工技术水平，推广绿色施工认证，开展绿色工业化试点示范。到2013年，新建1个建筑工业化部品产业化示范基地；推广住宅建筑土建与装修工程进行一体化设计，保障性住房建筑一次性装修比率达100%。

三、共享设计

为更好地引导深圳市绿色建筑实践，近年来以深圳市建筑科学研究院为代表的单位在绿色建筑理念和策略上不断提高认识，提出了具有一定典型性的"共享设计"的理念及方法（图3）。

（一）共享设计理论基础

1. 一个核心：平衡

平衡是绿色建筑设计之本，就是要求在需求、资源、环境、经济等因素之间取得平衡。

2. 三个观点：时间观、空间观和系统观

基于全寿命周期的时间观。包括原材料开采、运输、建造、使用、维修、改造和拆除等各个环节。

全方位的空间观。既要创造空间为人所使用，又要高度关注室内外环境通过人的五官和第六感对人的生理和心智所产生的影响。

整体性的系统观。在法规、技术、市场的系统当中，在建筑、气候、文化的系统当中，在所有的技术系统当中，要做到集成和整体最优，而非"冷拼"或简单叠加（图4）。

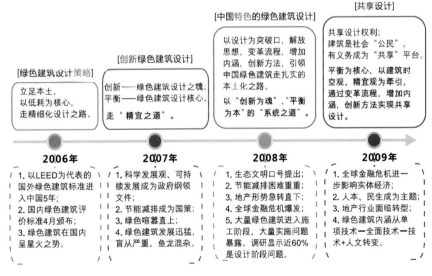

图3 深圳市绿色建筑的特色发展历程及设计方法

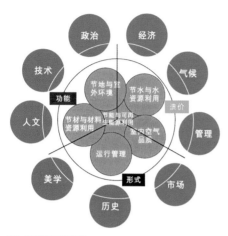

图4 共享设计理论基础

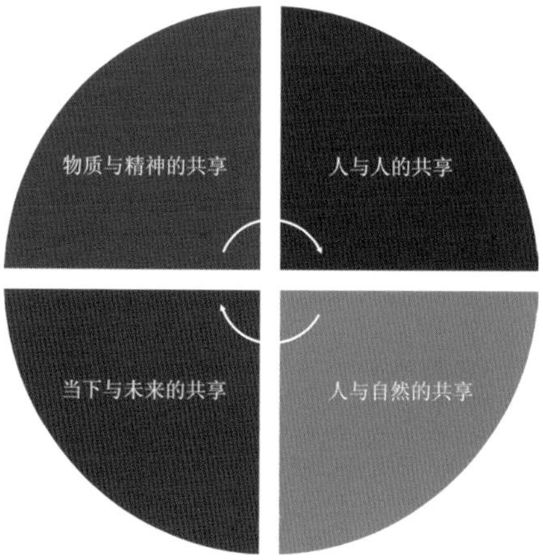

图5 绿色建筑的信念——共享

（二）共享设计核心内涵

绿色建筑的信念是共享：它是人与自然的共享，是人与人的共享，是精神与物质的共享，也是当下与未来的共享（图5）。

1. 建筑设计是共享参与权的过程，设计的全过程要体现权利和资源的共享，关系人共同参与设计；

2. 建筑本身是一个共享平台，设计结果是使建筑本身为人与人、人与自然、物质与精神的共享提供一个有效、经济的平台。绿色建筑设计不仅提供健康舒适和资源高效利用的人居环境，还要引导社会行为和人为（包括人的生活工作方式、交往方式、行为方式、思想方式）的发展方向。

3. 方法创新：实现共享的技术手段。

（三）共享设计基本内容

1. 流程变革：实现设计参与权优化

共享设计将创造设计师与业主和（或）使用者亲密对话、建筑师与工程师激情共创、建筑学科与关联学科相互融合的平台，通过全项目管理实现需求、手法和理念的共享设计和使用过程中的再设计。

2. 内涵增加：实现建筑共享平台

建筑作为人与自然、人与人、物质与精神、当下与未来的共享平台的前提，要在设计过程中赋予设计更多的内涵。包括以功能为核心到以性能为核心，开展资源平衡设计、运营设计、施工设计、提供用户手册等。

3. 方法创新：实现共享的技术手段

共享设计必然要求方法的创新，包括具体的设计思路、技术材料选取及整合方法、设计流程的管理和全寿命周期内的反馈与挑战等信息技术手段。

（四）共享设计五大步骤

1. 诊断：寻找问题、发现价值、明确需求

2. 策划：针对问题、价值、需求，寻求解决方向

3. 创意设计：遵循解决方向，探求达到目标的路径；

4. 工程设计：基于创意设计确立的路径的实施手段；

5. 评估反馈：全过程中评估校正，保证目标实现。

图6 万科中心

四、深圳市绿色建筑实践——国标绿建三星级项目

（一）万科中心（图6）

1. 工程概况

项目地点：深圳市盐田区大梅沙环梅路内湖公园

项目规模：121000m²；

设计单位：STEV HOLL ARCHTECTS

设计时间：2010年1月1日

标识星级：中国绿建运营三星，美国LEED

万科中心是万科集团总部的办公大楼，其价值意义超越建筑本身。万科中心的设计师是世界十大建筑大师之一的史蒂分·霍尔，灰调的建筑绵延着横向展开，像是从天而降，被一个个"桥墩"或土丘支撑，架空约有三四层楼高，仰面能看到它的"腹部"，其上建筑约五层高的"漂浮地平线和躺着的摩天楼"。一些金属结构的舷梯从它的"腹部"探出展开，垂到地面，这加重了周围的超现实感。建筑采用整体太阳能发电和地板送风系统，并利用地板下低压风管把冷风送到风口，可节电三成以上。此外，万科中心大量采用可以速生的竹材代替木材。整个建筑外形像一个个拼接在一起的长方形盒子，按"之"字形走势，建筑被抬高，地面是一片立体的景观园林，有高低起伏的山丘、水系，给人一丝放松之意。

2. 万科中心绿色建筑技术体系

1）向城市开放的建筑空间——建筑红线内全部景观开放给市民（图7）

功能与造型："一个位于最大化景观园林之上的水平向超高层建筑"，漂浮的水平杆状空间，化解建筑形式和功能使用之间的直接关系，带给地面层更多的活力。

2）夏热冬暖地区滨海建筑自然通风创新利用——首层全部架空，横跨主导风向（图8）

整个底层全架空，大规模绿化场地全面开放给市民。

建筑总体布局为东西方向，横跨深圳主导风向，利于自然通风利用（图9）。

3）夏热冬暖地区办公建筑超低能耗技术集成

根据计量数据空调，照明、通风、办公和动力全年单位建筑面积用电量88.6kWh/m²，能耗比

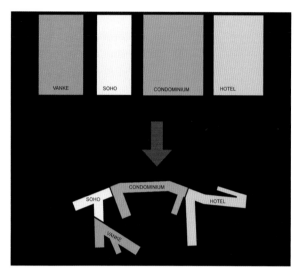

图7 万科中心平面、立面及地形

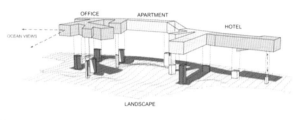

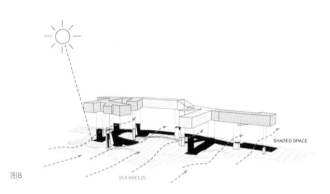

例为72.2%，综合节能率65.7%。

项目按照《公共建筑节能设计标准》GB 50189-2005中设定的参照建筑条件，采用能耗分析软件进行能耗计算可得：实际建筑，84.02 kWh/m²；参照建筑，122.71kWh/m²；能耗比例：68.4%（图10）。

4）大规模铝合金百叶水平可调外遮阳体系与建筑外围护结构节能设计及立面设计一体化使围护结构节能率达到51.7%（图11）。

5）可再生能源的建筑规模化应用——可再生能源利用比例11.9%（图12）

太阳能主体并网光伏发电系统和地下车库照明独立光伏系统。总峰值功率为282.06 kWp，系统全年总发电量为26.67万kWh，占建筑总用电量的比例为11.9%。

6）环境友好型建筑结构体系

首次采用混合框架+拉索结构体系，拉索结构为国内房屋建筑中首次采用（图13）。

方案设计阶段对钢框架+巨型钢支撑结构体系、框架+拉索结构体系（其中框架+拉索结构可分为：钢框架+拉索结构、混凝土框架+拉索结

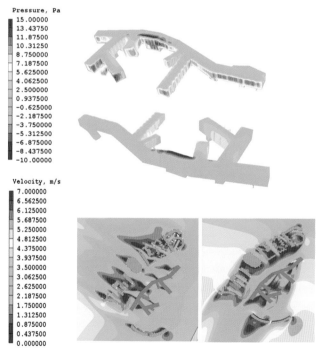

图9 夏热冬暖地区滨海建筑自然通风创新利用

图8

172

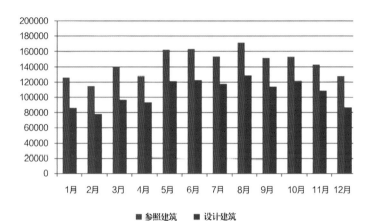

图10 夏热冬暖地区办公建筑超低能耗技术集成

太阳能光伏系统

数据监测系统

清洁对比系统

太阳能独立光伏系统

图12 可再生能源的建筑规模化应用

图11 大规模铝合金百叶水平可调外遮阳体系与建筑处围护结构节能设计及立面设计一体化

图13 混合框架+拉索结构体系

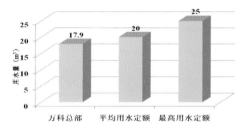

图14 万科总部用水量

图15 万科总部的节水器具

构、混合框架 + 拉索结构）进行优化分析。

7）垂直流人工湿地污水处理技术

雨水收集和污水处理，非传统水源利用率46.3%。

项目采用雨水回用、中水回用、人工湿地、场地渗透、节水器具等措施，综合节水率达到50.4%（图14、图15）。

3. 运营效果分析

1）经济效益

本项目采用一系列系统节能、节水、节材、节地等技术，经测算分析，每年可减少运行费用约88.31万元左右。

（1）节能

项目全年单位面积实际运行能耗指标（包括办公设备、照明和空调用电）为88.6 kWh/m²，与参照建筑单位面积能耗指标（包括办公设备、照明和空调用电）122.7kWh/m²相比较，全年共节约电量约49.1万kWh，按深圳市商业用电1.0元/kWh计，全年的节电费约为49.1万元。

（2）太阳能光电系统经济效益

该项目太阳能光电系统每年可产生26.67万

kWh的电量，按1kWh电量耗0.41kg标煤计算，折合109t标煤。按深圳市商业用电1.0元/kWh计算全年节省运行费用26.67万元。

（3）中水和雨水利用

本项目设计中水收集处理和雨水回收系统，中水回用于绿化浇洒等用途，每年的节水量节约费用约5万元。收集雨水用于渗透、回灌、补充地下水及地面水源，维持并改善水循环系统，每年节约水费约1万元（图16）。

（4）冰蓄冷技术

采用部分负荷冰蓄冷系统，占空调设计全日制冷总负荷的49%。根据实际运行结果，年节约运行费用为6.54万元。

2）环境效益

（1）建筑物节能设计

全年节电量49.1万kWh，节约标煤201.3t。

（2）太阳能光伏发电系统

全年节电量26.67万kWh，全年节约标煤109.3t。

整个项目年节省标煤1027.4t，每年可减排二氧化碳826.2t。

本项目水循环利用，减少每年污水排放量，所有排放水体全部达到三级水标准，减轻了市政水处理压力。

（二）建科大楼

1. 工程概况

工程名称：建科大楼（图17）

建设时间：2007年12月

项目地点：深圳市福田区上梅林梅坳三路29号

项目规模：18000m²

设计单位：深圳市建筑科学研究院有限公司

标识星级：中国绿建设计、运营"三星级"标准

建科大楼是深圳建科院融合了"本土化、低成本、低资源消耗、可复制"的绿色建筑理念自

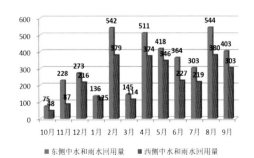

图16 万科中心（万科总部）逐月中水和雨水回用水量统计

图17 建科大楼

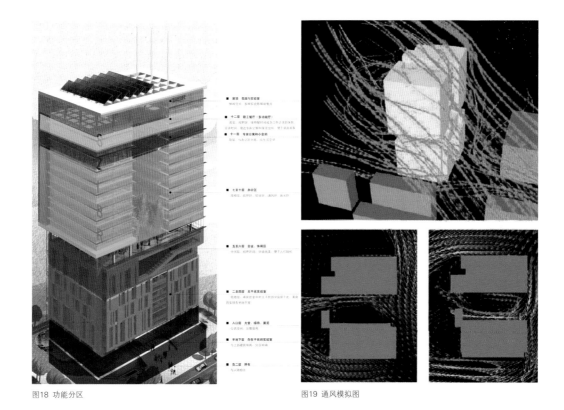

图18 功能分区

图19 通风模拟图

行研究策划、自主设计的绿色办公建筑，节能率达60%以上，融合40多项前沿绿色建筑技术，但非技术的拼凑，而是以创新性思维建设开放式绿色办公社区，是夏热冬暖地区探索具有中国特色的绿色建筑之路的体现，具有前瞻性、实验性和示范性。

2. 主要绿色技术策略

1）功能混合：拔地而起的"汉堡包"

因用地有限，采用三维立体分区的方法，将不同的功能立体叠加起来，根据各功能不同的使用性质、空间需求和相互之间的流线关系，分别将其安排在不同的竖向空间中（图18）。

2）怀抱自然："凹"形空间

通过计算机自然通风模拟、自然采光模拟等先进方法，分析各种不同的平面排布模式对自然通风、采光的利用情况，相比较"口"字形的传统矩形平面，"凹"字形布局将一个大矩形分成两

个小矩形，每个空间的进深尺寸大大减少，避免了进深过大的地方常有的"阳光照不到，风吹不到"的尴尬（图19）。

3）建筑表皮：量身定做的"外衣"

建科大楼的外立面造型比较"独特"，不仅东、西、南、北四个立面完全不同，而且垂直叠加的各个功能采用了不同的外围护结构。开窗的位置和大小也针对内部的功能布局和需求灵活布置，形成自然而有趣的外观（图20）。

4）立体绿化

（1）有生命的外衣（图21）

在大楼的西面，播下了绿色的"种子"，当"种子"长大的时候，就成为大楼厚厚的隔热层，爬藤植物会爬满墙壁，为大楼穿上了一件美丽的"绿衣"，将燥热的城市隔离。

（2）空中"生长"的"花园"

建科大楼的"空中花园"位于大楼中部的六层，层高6m，是大楼低区实验和高区办公区域的

图20 建筑表皮

图21 建筑立面

图22 空中花园

图23 员工菜地

过渡转换层。它和底层的架空绿化、顶层的屋顶花园一起，成为均匀分布在整栋大楼上的立体绿化的绿色生态框架（图22）。

（3）享受田园的乐趣

在喧嚣、拥挤的都市中，大楼的屋顶也可以有一块菜地！可种草莓、种蔬菜、种花。工作之余，辛勤耕耘，浇水、施肥、拔草、捉虫、收获，尽享陶翁"采菊东篱下，悠然见南山"的农家乐趣（图23）。

5）地下开发

（1）让地下室感受阳光

利用自玻璃水池做的光导管把阳光引入原本阴暗潮湿的地下室，让地下空间的使用者都能感受到自然的气息（图24）。

（2）雨水收集

屋顶花园和六层空中花园的雨水基本上都收集到地下室汽车坡道的小型水库。架空层的人工湿地像清洁工一样对这些雨水进行了清洁处理后，可以达到景观水质要求，将用来冲厕和浇洒绿化植物（图25）。

（3）绿色出行

作为一种健康的绿色交通方式，建科院鼓励住在大楼附近的员工骑自行车上班，在设计中也为骑车上班的人提供最大的便利（图26）。在大楼遮阳的北侧提供半地下停车场地，在办公楼每层都配套设计了由太阳能提供热水的淋浴、更衣场所，让

图24 让地下室感受阳光　　　　　　　　　图26 绿色出行　　　　　　半地下停车场地

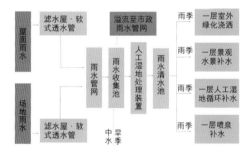

图25 建科大楼雨水收集利用流程图

中水回用于植物浇灌

图27 开放大厅　　　图28 西侧消防通道（透水砖）　　　图29 大堂与人工湿　　图30 人工湿地实景
　　　　　　　　　　　　　　　　　　　　　　　　　　　　　　　地的视线通透

人们充分享受绿色健康出行的惬意和便利。

6）城市客厅

不同于传统办公大楼封闭的室内大厅，建科大楼在规划设计之初就决定将大楼的首层架空开放，倡导一种更加开放与共享的城市空间（图27）。

（1）清凉场地

建科大楼通过高透水性与高保水性和低日照反射率的路面铺装材料（图28）、乔木阴影覆盖、露天水体，连同架空层有效降低热岛效应，创造乘凉场所。

（2）人工湿地

大楼首层的"人工湿地"中水处理系统，处理污水在达到相应的水质标准后，被送回到各个楼层的卫生间，用来冲厕，实现大楼"零污水排放"和水资源循环利用的环保目标（图29、图30）。

7）会呼吸的报告厅

在建科大楼这个巨型"汉堡包"中间，夹着一片最大的"肉片"——240座的同声翻译报告厅。报告厅两侧的外墙使用中轴旋转墙体，可根据需要调整任意的角度，一方面起到反声板的作用，将演讲者的声音更均匀地反射到观众席，减少对电声喇叭的依赖，同时引入自然的光线和通风到大厅内，观众厅完全不用人工照明和机械通风（图31）。

图31 会呼吸的报告厅

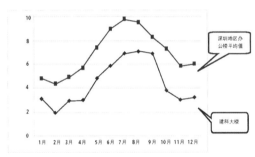

图32 照明能耗数据表

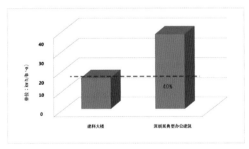

图33 空调用电量对比

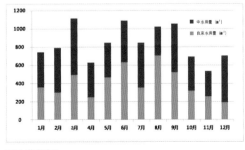

图34 节水对比

3. 综合效益

建科大楼已全面实现了最初的建设目标，取得了突出的社会效益——经初步测算分析，1.8万m² 规模的整座大楼每年可减少运行费用约150万元，其中相对常规建筑节约电费145万元，节约水费5.4万元，节约标煤610t，每年可减排二氧化碳1622t，在当今全社会的节能减排事业中贡献了自己的力量。

1）运行节能节电效果

根据实际运行中的能耗监测数据，建科大楼全年总用电比深圳同类建筑节省约40%以上，其中照明办公用电节省约75%，空调用电节省约40%。

（1）照明办公

建科大楼逐月照明办公用电为0.8~1.2kWh/(m²·月)，平均为1.0 kWh/(m²·月)，是典型办公建筑照明插座用电的18%~27%。全年照明办公用电方面，建科大楼全年照明办公用电为典型办公建筑照明办公年电耗的25%（图32）。

（2）空调用电

建科大楼全年空调用电是典型办公建筑的40%，比某典型办公建筑空调能耗低60%，这是因为建科大楼减少空调运行时间将近3个月（图33）。

2）运行节水效果

根据设计运行的监测数据，建科大楼全年用的水50%以上来自中水。实际运行过程中非传统水利用率高达52%，远高于国家《绿色建筑评价标准》中最高标准要求的40%非传统水利用率（图34）。

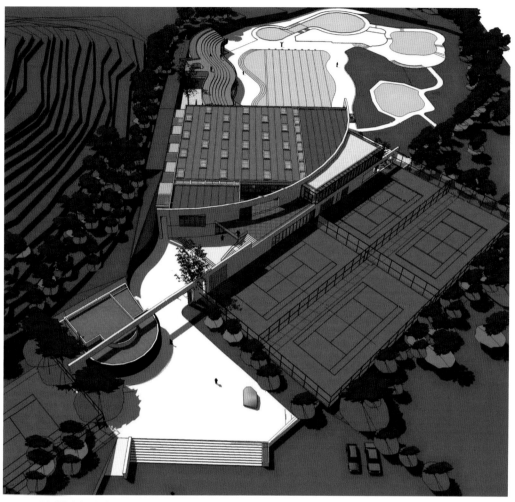

图35 深圳华侨城体育中心扩建工程效果图

（三）深圳华侨城体育中心扩建工程

工程概况

项目规模：5130.28m²

设计单位：华侨城房地产开发有限公司

设计时间：2008年1月1日

标识星级：中国绿建三星级

项目位于深圳市南山区华侨城片区内，规模5130.28m²，基地南面紧邻华侨城生态公园，西面是深圳著名旅游景点欢乐谷，东面是大片的绿林。设计策略是通过将大部分的体育活动功能放到地下4.5m的地下场馆，形成较怡人的空间尺度。通过直线和弧线形成的双重界面，有效地划分建筑体量，连接并限定城市空间和自然环境。采取积极策略，取消建筑和球场之间的隔网，使建筑成为网球场的边界，加强了使用者和户外活动空间的互动关系。将建筑外墙当做网球场边界，将网球活动与整个体育中心纳为一体，形成紧密互动关系。综合体育馆是本体育中心的重点和核心，完善的体育中心必须具备灵活性，在有限的空间内提供更多能满足需求的场地（图35）。

图36 南海意库3号楼

（四）南海意库3号楼

工程概况

项目地点：深圳市南山区蛇口兴华路6号

项目规模：16000m²

设计单位：深圳招商房地产有限公司

设计时间：2006年1月1日

标识星级：中国绿建三星级

　　南海意库3号楼位于深圳市南山区蛇口兴华路，由六栋四层的工业厂房构成，建于20世纪80年代初期，是改革开放最早的厂房之一。3号厂房改造采用钢筋混凝土框架结构，其本身就是一项令人赞叹的大创意。南海意库的规划遵循整体、创新、生态、实用的原则，在不改变现有框架结构体系的前提下，力求小区建筑群与城市环境和谐共生，成为功能相近互补、空间连接共融的整体，充分体现了可再生能源应用和建筑改造，综合考虑了个体与城市、个体与区域系统的关系。为园内企业提供创业服务的硬件平台，优越的办公环境，完善的配套设施，高速的信息平台。项目的整体规划经住房和城乡建设部与国家发改委评选为全国35项节能示范项目之一（图36）。

住宅健康性能评价标准

王晓东

深圳华森建筑与设计顾问有限公司

一、住宅健康性能评估标准体系图（初定）

见图1。

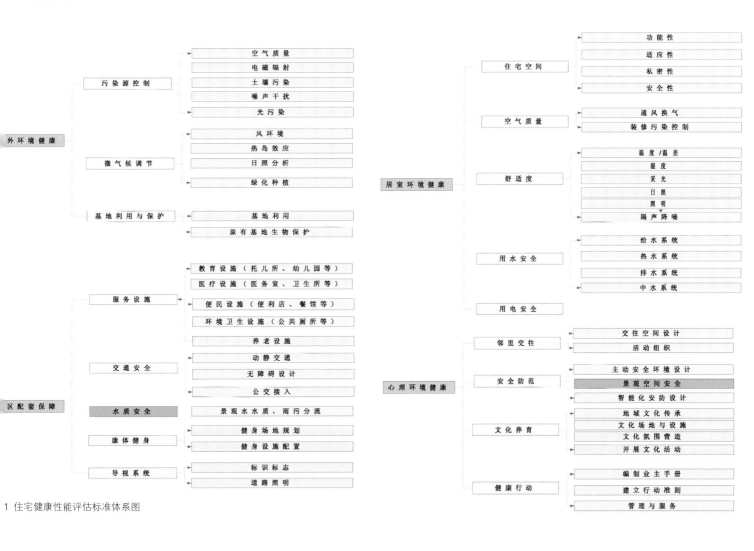

1 住宅健康性能评估标准体系图

二、室外环境健康

1. 污染源控制

见表1。

污染源控制 表1

评价项目	目标	设计指标	项目要求
空气质量	优化室外空气质量	室外空气质量满足下表的规定。 室外空气质量标准： 	参数	浓度限值（mg/m³）	备注
---	---	---
二氧化硫	0.15	日平均值
	0.50	1h平均值
一氧化碳	4	日平均值
	10	1h平均值
二氧化氮	0.08	日平均值
	0.12	1h平均值
臭氧	0.16	1h平均值
颗粒物≤10μm	0.15	日平均值
颗粒物≤2.5μm	0.075	日平均值		控制项
选址	污染源控制	建设用地选择在适宜健康居住的地区，具有适合建设的工程地质和水文地质条件，远离污染源，并避免或有效控制水污染、大气污染以及噪声、电磁辐射、土壤氡浓度超标等污染。 对可能存在健康安全隐患的场地进行土壤化学污染检测与再利用评估	控制项
室外声环境	降低户外噪声	住区噪声值满足下表规定。 住户窗外1m处等效连续噪声值（dB(A)）： | 时段	推荐值	一般值	低限值
昼间	50	55	60
夜间	40	45	50		优选项
光污染	避免日光光污染	住区内限制采用玻璃幕墙	优选项
	控制照明光污染	在居室窗户上产生的最大垂直照度、灯具朝居室窗户方向的最大发光强度符合标准的规定。 住区的照明设施避免对行人和非机动车造成眩光，夜景照明灯具的眩光限制值符合相关标准的规定	控制项

2. 微气候调节

见表2。

微气候调节 表2

评价项目	目标	设计指标	项目要求
室外风环境	优化室外风环境	住区规划布局充分考虑所在区域主导风向。建筑布局采用行列式、自由式或采用"前低后高"和有规律地"高低错落"	控制项
		采用风环境模拟软件进行预测分析	控制项
热岛效应	减少热岛效应，改善室外热环境	住区采用热岛效应模拟软件进行热岛分析；夏季典型日现场实测评价热岛强度不超过1.5℃	控制项
		采用集中供热系统，避免使用分散能源	优选项
		空调室外机的设置位置避免对行人产生热污染	

续表

评价项目	目标	设计指标	项目要求
建筑日照	日照要求	住宅满窗日照符合下表的规定，并采用日照分析软件优化设计。 **住宅满窗日照标准** <table><tr><td rowspan="2">建筑气候区号和城市类型</td><td colspan="2">Ⅰ、Ⅱ、Ⅲ、Ⅶ气候区</td><td>Ⅳ气候区</td><td></td><td rowspan="2">Ⅴ与Ⅵ气候区</td></tr><tr><td>大城市</td><td>中小城市</td><td>大城市</td><td>中小城市</td></tr><tr><td>日照标准日</td><td colspan="4">大寒日</td><td>冬至日</td></tr><tr><td>日照时数（h）</td><td colspan="2">≥2</td><td colspan="2">≥3</td><td>≥1</td></tr><tr><td>有效日照时间带（h）</td><td colspan="4">8~16</td><td>9~15</td></tr><tr><td>计算起点</td><td colspan="5">住宅底层窗台面</td></tr></table>	控制项
绿化种植	植物配置合理	植物配置以适地适种为原则。 选择抗病虫害强、无毒、易养护的乡土植物，包括能降尘、降噪、驱虫、杀菌或具有保健作用的植物品种。 植物配置比例合理。慢生树少于40%；常绿树与落叶乔木种植数量的比例在1:3~1:4之间；乔木、灌木的种植面积与非林下草坪、地被植物的种植面积的比例为7:3。 采用不同的植物种植配置区分园区不同属性的空间，如公共空间、半私密空间、私密空间等。 植物种植的位置合理避让建筑物及地下管线和高压线，保持合理间距	控制项
	提高绿色视野	植物品种选用耐旱、耐移栽、生命力强、抗风力强、易于养护、外形低矮的植物。 坡屋面植物选用贴伏状藤本或攀缘植物。 根据覆土厚度及顶板承载力合理配置地下建筑物屋顶板绿化植物。 注意屋面的承载力、防水材料的防渗防裂性能及防植物根系穿刺的能力。 屋顶及地下建筑顶板绿化设置人工浇灌、小型配管或低压滴灌系统，并设计疏排水系统。 发展垂直绿化，即阳台绿化和墙面绿化，并注意防虫及墙面保护	优选项

3. 基地利用与保护

见表3。

基地利用与保护 表3

评价项目	目标	设计指标	项目要求
基地利用与保护	地形、地貌、地物利用	合理利用住区原有地形、地貌、地物，保护基地的自然生态环境，维护生物多样性	控制项
	与周边环境协调	充分利用周边环境和景观资源。 建筑布局疏密得当，留有景观视线通廊。 采用通透式围墙，使住区景观与城市景观相互渗透。 延续街区形态，维护街区生活	控制项

三、住区配套保障

1. 服务设施

见表4。

服务设施 表4

评价项目	目标	设计指标	项目要求
教育设施	教育设施配套	住区500m范围内设有托儿所、幼儿园和小学校，并在教育设施周边配建便于人流集散和停车的设施及空间。 结合住区文化活动和住区服务设施安排课外教育、兴趣学习、职业学习等场所	控制项
医疗设施	医疗设施配套	住区医疗卫生服务机构的设立及医疗保健场地规划与住区人口数量和年龄构成、职业特点、民族文化、健康水平相协调。 70%的居住者从住所步行15min内可抵达的范围内有医疗卫生服务机构	控制项
		人口在3万~5万的大型住区设立卫生服务中心；卫生服务中心难以便捷覆盖的区域，设立卫生服务站或医疗急救站。卫生服务中心的业务用房使用面积不小于400m²，卫生服务站或医疗急救站的业务用房使用面积不少于60m²	优选项
便民设施	便民设施配套	结合住区出入口或公交站点设置便利店、超市、餐馆、药店等便民设施，服务半径在400m范围内。 便民设施避免在噪声、气味、环境卫生、灯光等方面对居住环境产生不利影响。 便民设施的货运交通与住区生活流线、城市交通避免产生交叉干扰	控制项

评价项目	目标	设计指标	项目要求
环境卫生设施	垃圾收运与处置	生活垃圾采用袋装分类收集。 垃圾房位置隐蔽，设于常年主导风向的下风向处，周围采取绿化措施。 住区活动空间和主要道路两侧设置垃圾箱，间距80~100m。楼栋垃圾箱服务半径不超过70m	控制项
	公共厕所	在住区人流集中处建设公共厕所，每1000户设一处公共厕所，每处建筑面积大于60m²。 独立式的公共厕所外墙与相邻建筑物距离一般不小于5m，周围设置不小于3m的绿化带	控制项
养老设施	在宅养老	住区设置老人活动中心和室外活动场地，建筑面积和场地面积均大于300m²。 老人室外活动场地至少有1/2的面积在标准的建筑日照阴影线以外。位置选择在向阳避风、通风良好的地段，并设置花廊、亭、榭、桌椅等小憩设施	控制项
	集中养老	结合老年人活动中心设置托老所，提供老年人午餐、休息、娱乐等功能。 结合住区规划设置为老年人服务的人员居住用房	优选项

2. 交通安全

见表5。

交通安全 表5

评价项目	目标	设计指标	项目要求
动静交通	交通组织	车行道系统设计主次清晰、分级明确、功能合理。 （1）车行道系统做到顺而不穿、通而不畅，并避免对住户产生干扰。 （2）车行道路满足消防通道无障碍要求。穿越建筑物的专用消防通道下方不埋设需要检修的管道，或采用地下管廊等措施防止管道检修时影响消防车的通行。 （3）宅间路宽度不小于2.5m，若宅间路兼消防路，消防车可通行宽度不小于4m。	控制项
		住区步行道连续贯通。通行净宽不小于1m	控制项
	停车组织	住区停车全部采用地下停放方式时，地面道路满足消防、急救车辆的通行要求。 停车场（库）的位置和出入口选择在不妨碍居住者正常生活和景观环境的地点，结合公建、住宅以及绿地合理布置。 住区内设置自行车停车位，停车点距建筑入口不大于200m。平均每套住宅不少于2个自行车停车位	控制项
无障碍设计		住区内无障碍通路具备良好的可达性和可视性，贯穿所有生活设施与场地	控制项
公交接入	站点设置	住区有较高的公交可达性和服务水平，公共交通站点距住区出入口位置不超过300m	控制项

3. 水质安全

见表6。

水质安全 表6

评价项目	目标	设计指标	项目要求
雨水排放	雨污分流、雨水有组织排放	室外采用雨污分流系统。 屋面雨水有组织排放。 空调冷凝水有组织排放	选择项
		地下室和低洼区域有排涝措施，保证20年一遇洪水不淹没。 室外地面采用渗透排放一体系统、采用明沟、采用透水铺装	优选项
景观绿化水质	水质安全	喷泉及与人接触的娱乐性景观环境用水不能采用污水源中水。 封闭式景观水设置生态生化水处理措施。 采用中水水源时采用微灌、滴管等措施，不采用喷灌	控制项

4. 康体健身

见表7。

康体健身 表7

评价项目	目标	设计指标	项目要求
健身场地	健身场地要求	健身场地的面积和位置根据住区的规模、布局和周边配套设施的分布进行规划。老年人与儿童的健身场所不应布置在风速偏高和偏僻区域。 建立室内和室外、分散和集中、会所和广场多种形式结合的健身场地，包括室内健身空间、楼间健身空间、广场空间和健身会所四个层次。住区应设置连续闭环的慢跑道。 健身环境的空间尺度、色彩、距离等符合老年人和儿童的心理、生理需求。老年人健身区域避免地面高差，儿童健身区域采用色彩鲜明的软性地面铺装。 球类场地和儿童游乐场与住宅主要开窗面间距在10m以上，并有相应保护措施	控制项
	健身设施配置	健身设施的配置兼顾全面性、针对性和拓展性的需求，考虑不同年龄、性别、民族以及经济收入的特点，注重以老年人、儿童为主体，兼顾残疾人群、慢性疾病患者的需求。 健身设施周边适当位置放置标牌，明示锻炼方法、作用及其安全事项。 儿童游乐场地面采用弹性地面。 健身场地和慢跑道考虑夜间照明	优选项

5. 导视系统

见表8。

导视系统 表8

评价项目	目标	设计指标	项目要求
道路照明	照度	住区人行道路按道路流量大、流量中、流量小规定路面平均照度、路面最小照度、最小垂直照度。 流量大的道路路面平均照度10lx，路面最小照度3lx，最小垂直照度2lx	控制项
	眩光	灯具安装高度不低于3m。 不把裸灯设置在使用者的水平视线上	控制项
标识标志	—	楼栋和单元号标识应清晰，并应有夜间辨识措施。较大住区应设置楼栋位置标志牌。 标志牌与周边环境、建筑风格相协调；位置设置恰当、格式统一、内容清晰	优选项

四、居室环境健康

1. 住宅空间

见表9。

住宅空间 表9

评价项目	目标	设计指标	项目要求
功能性	空间布局合理	住宅套内功能完善，布局合理，尺度适宜，空间使用效率高。 住宅套内功能公私分区、洁污分区、动静分区。 住宅各功能空间布局紧凑，套内交通不穿行起居室、卧室。 住宅套内设置生活阳台，具有晾晒功能。 住宅套内入口处设置"过渡空间"，为布置鞋柜、存挂外套及存放雨具提供专门的空间	控制项
	面积标准适宜	住宅各功能空间面积和层高符合《住宅设计规范》（GB50096-2011）各项要求。空间布置充分满足家具、设备设施和人体活动的基本需求	控制项
		起居室、卧室、厨房、卫生间等主要功能空间面积配比合理。双人卧室使用面积不小于9m²，单人卧室使用面积不小于5m²，起居室使用面积不小于10m²	控制项
		套型平面设计有独立的储藏空间或者为全装修预留储物空间。储藏空间容积不小于8 m³。 起居室、卧室、餐厅长短边之比小于等于1.8	优选项

续表

评价项目	目标	设计指标	项目要求
功能性	厨卫功能适用	厨房应为微波炉、热水器、洗碗机、冰箱等现代生活设施进入厨房预留设置和接口，并宜进行综合设计。 厨房使用面积不小于4m²。单排布置的厨房其连续墙面长度不小于2.7m，净宽不小于1.7m。 卫生间使用面积不小于2.5m²。 卫生间位置不能直接布置在下层卧室、起居室、厨房和餐厅的上方。 卫生间按干湿分区，洗浴间和便器间的门宜外开，便于卫生间内发生意外时的救援	控制项
适应性	结构与设备管网体系的适应性	结构与设备管网的布置有利于室内空间的改造。 采用厨房、卫生间直接排烟排气设计。 住宅采用结构与内装分离的技术体系	优选项
私密性	避免噪声干扰	住宅的体形、朝向和平面布置有利于室外环境噪声的控制。 当电梯与卧室或起居室等紧邻布置时，必须采取有效的隔声和减振措施。 同一楼栋各住户单元平面设计时，在分户墙相邻两侧布置功能用途近似的房间。 同一单元平面设计时，将卧室、起居室、书房等噪声敏感房间与厨卫、餐厅等噪声不敏感房间有效分区	控制项
	避免视线干扰	相邻住宅之间避免发生对视，并避免公共交通空间对套内空间的视线干扰。 首层住宅设计避免来自单元入口以及小区道路的视线干扰	控制项
安全性	无障碍设计	住宅套内空间采用通用性设计，不设台阶和错层，必要的部位设置扶手、护栏、防滑地面等无障碍设施。 针对老年人和残障人士使用的户型，套内空间设计符合通行无障碍、操作无障碍、信息感知无障碍的使用要求，并合理布置套内轮椅旋转变向的空间。 高层住宅每单元至少有一部可进出急救担架的电梯	控制项
	防坠落措施	住宅阳台和外窗符合防坠落的设计要求，栏杆有防止儿童攀爬的措施。 住宅窗户采用内开启形式。 空调架位置采取防攀爬措施	控制项

2. 空气质量

见表10。

空气质量

表10

评价项目	目标	设计指标	项目要求
空气质量	优化室外空气质量	室外空气环境质量满足下表的规定。 室外空气环境质量标准 <table><tr><td>参数</td><td>浓度限值（mg/m³）</td><td>备注</td></tr><tr><td>二氧化硫</td><td>0.15</td><td>日平均值</td></tr><tr><td></td><td>0.50</td><td>1h平均值</td></tr><tr><td>一氧化碳</td><td>4</td><td>日平均值</td></tr><tr><td></td><td>10</td><td>1h平均值</td></tr><tr><td>二氧化氮</td><td>0.08</td><td>日平均值</td></tr><tr><td></td><td>0.12</td><td>1h平均值</td></tr><tr><td>臭氧</td><td>0.16</td><td>1h平均值</td></tr><tr><td>颗粒物不大于10μm</td><td>0.15</td><td>日平均值</td></tr><tr><td>颗粒物不大于2.5μm</td><td>0.075</td><td>日平均值</td></tr></table>	控制项
通风换气	居室通风	住宅空间充分利用自然通风。住宅门洞、窗口位置设计有助于套内功能空间的通风顺畅。当无法确认自然通风的可行性时，可采用风环境模拟技术对平面布局、门窗位置及开启面积等参数进行优化设计。 采用自然通风的房间，通风开口面积符合下列规定： （1）卧室、起居室（厅）、明卫生间不小于其地板面积的1/20。 （2）厨房不小于其地板面积的1/10，且不得小于0.60m²。 （3）厨房和卫生间的门，在下部设置有效截面积不小于0.02m²的固定百叶，或距地面留出不小于30mm的缝隙。 外窗不适宜开启的居室安装能调节的换气装置或新风系统。室内新风量不小于30m³/(h·人)	控制项

评价项目	目标	设计指标	项目要求
通风换气	厨卫通风	住宅内设有2个及以上卫生间时，至少有1个卫生间设有外窗。 针对暗卫生间设置防止回流的机械通风设施或预留机械通风设置条件。 厨房、卫生间等污浊空气的排放口位置远离住宅窗户。 厨房、暗卫生间设置垂直风道时在屋顶设置排风设备。 居室设置通风换气装置或新风系统，室内新风量不小于30m³/(h·人)	控制项
装修污染控制	控制装修污染浓度改善室内空气质量	土建装修一体化，在选用住宅建筑材料、室内装修材料以及选择施工工艺时，控制有害物质的含量	优选项
		室内空气质量在土建装修完成后进行检测，并满足下表中的规定。 室内环境污染物限值 {污染物表}	控制项

室内环境污染物限值

污染物	限值
氡	≤100Bq/m³
游离甲醛	≤0.08mg/m³
苯	≤0.09mg/m³
氨	≤0.20mg/m³
总挥发性有机物（TVOC）	≤0.50mg/m³

3. 舒适度

见表11。

舒适度　　　　　　　　　　　　　　　　　　　　　　　　　　　　　　　　　　　　表11

评价项目	目标	设计指标	项目要求
温度/温差、湿度		室内温度、相对湿度、空气流速、热舒适PMV指数和换气次数符合下表的规定。 室内热环境参数指标 {热环境参数表}	控制项

室内热环境参数指标

热舒适度等级 I		
参数	标准值	备注
温度（℃）	24~26	夏季制冷
	22~24	冬季供暖
相对湿度(%)	40~60	夏季制冷
	≥30	冬季供暖
空气流速(m/s)	≤0.25	夏季制冷
	≤0.2	冬季供暖
PMV指数	−0.5~+0.5	−
换气次数（次/h）	1.0	夏热冬冷、夏热冬暖地区
	0.5	寒冷、严寒地区
热舒适度等级 II		
参数	标准值	备注
温度（℃）	26~28	夏季制冷
	18~22	冬季供暖
相对湿度(%)	≤70	夏季制冷
	−	冬季供暖
空气流速(m/s)	≤0.3	夏季制冷
	≤0.2	冬季供暖
PMV指数	−1~−0.5	−
	0.5~1	−
换气次数（次/h）	1.0	夏热冬冷、夏热冬暖地区
	0.5	寒冷、严寒地区

采用集中供热和集中空调的住宅，实行分户计量和配备室温自动调控装置

外围护结构采取保温隔热措施，并采用适当的遮阳方式或外遮阳装置，其热工性能和暖通设计符合相应地区节能标准的规定。

屋面、地面、外墙和外窗的内表面在室内温、湿度设计条件下无结露现象，在自然通风条件下，满足《民用建筑热工设计规范》（GB 50176–1993）的要求

评价项目	目标	设计指标	项目要求
建筑采光	采光要求	住宅建筑的卧室、厨房有直接采光。 住宅建筑的卧室、起居室（厅）侧面采光的采光系数不低于2.0%	控制项
	安全要求	厨房的采光窗洞口的窗地面积比不低于1/7。 厨房侧面采光的采光系数标准值和室内天然光照度标准值符合标准的规定	控制项
	舒适性要求	卫生间、过道、楼梯间、餐厅侧面采光的采光系数标准值符合标准的规定	控制项
		卧室、起居室（厅）、厨房的采光有效进深3m；卫生间、过道、楼梯间、餐厅的采光有效进深4m	优选项
建筑照明	健康需求	起居室、厨房、卫生间的照度标准值符合标准的规定	控制项
	安全要求	楼梯、电梯间的照度标准值不低于75 lx，走廊的照度标准值不低于50 lx，照明控制安装双控延时开关	控制项
	舒适性要求	室内照明开关高度设置在距地1.0~1.2m之间。 住宅玄关空间内设置一般照明总开关	优选项
防止居室内噪声干扰	室内噪声满足要求	卧室、起居室（厅）、书房等空间关窗时室内允许噪声级符合下表的规定。 住宅室内允许噪声标准（dB(A)） | 房间名称	时段	推荐值	低限值
起居室、卧室、书房	昼间	40	45
	夜间	30	35		控制项
	防止电梯噪声干扰	电梯机房、电梯井不与卧室、起居室等噪声敏感房间紧邻布置	优选项
	防止机房、水泵、风机、变压器等设备设施的噪声干扰	机房、水泵、风机、变压器等设备设施不与卧室、起居室紧邻布置	优选项
居室隔声	外墙隔声	外墙空气声隔声量Rw+Ctr不小于45dB	优选项
	户（套）门隔声	户（套）门空气声隔声量Rw+C不小于25dB	优选项
	分户墙、楼板空气声隔声	卧室、起居室（厅）、书房与邻户房间之间的分户墙、楼板的空气声隔声计权标隔声量Rw+C大于50dB	控制项
	楼板撞击声隔声	卧室、起居室（厅）、书房的分户楼板规范化撞击声压级Ln,w小于65dB	控制项
	外窗隔声	临交通干道的卧室、起居室（厅）的外窗（包括未封闭阳台的门）空气声计权隔声量Rw+Ctr不小于30dB	控制项
	室内设备噪声	卫生器具、给水排水管道、排风排气装置等设备在卧室中产生的瞬时噪声不大于45dB(A)	优选项

4. 用水安全

见表12。

用水安全　　　　　　　　　　　　　　　　　　　　　　　　　　　表12

评价项目	目标	设计指标	项目要求
给水系统	水质安全	生活饮用水水质符合现行国家标准《生活饮用水卫生标准》（GB 5749－2006）的有关要求。 防水质污染措施符合现行国家标准《建筑给水排水设计规范》（GB 50015－2003）（2009年版）的有关要求。 设备、管道、附件、材料等满足国家或国际认证标准和卫生安全标准的有关要求。 二次供水设计、施工、管理符合《二次供水工程技术规程》（CJJ140）的有关要求	控制项
	用水舒适性	控制户表进水压力不大于0.2MPa。若超过0.2MPa，户内水表设置带过滤器的减压装置	控制项
	私密性保护	给水立管和分户水表设置于户外	控制项
		水表设在户内时，采用远传水表或IC卡水表等智能化水表	控制项
热水系统	水质保护	采用闭式热水系统，避免由热水箱直接供应热水；采用开式热水系统时，采取消毒技术措施	控制项
	热水设施保障	设置供应生活热水的设施	控制项
		设置太阳能热水系统或热泵热水机组	优选项
	热水水温与舒适度	热水供水温度、水量满足《建筑给水排水设计规范》（GB 50015－2003）（2009年版）的有关要求。 集中热水系统热源供水端供水温度不低于55℃；热水末端出水温度不低于45℃，热水出水时间不少于15s。 热水系统保证冷热水压力平衡	控制项

续表

评价项目	目标	设计指标	项目要求
排水系统	排水降噪	采用优质管材合理控制排水噪声不大于15dB。 排水立管不能放在卧室和起居室内。 雨水排水立管不能设置在套内	控制项
	排水能力及卫生性能	排水能力、通气管设置、地漏设置满足《建筑给水排水设计规范》（GB 50015－2003）（2009年版）的有关要求。 洗衣机和淋浴设置专用地漏。 隔层排水采用直通式地漏，不能采用钟罩直通式地漏	控制项
	私密性保护	排水支管以本户为界	控制项
	室外排水与环境卫生	采用生活污水和雨水分流制排水系统。 排水检查井合理设置并采取安全措施	控制项
		排水管材采用埋地排水塑料管和塑料检查井，接口严密，污水管道无渗漏。 当城市污水管网下游设有集中处理水厂时，住区不设化粪池	优选项

5.用电安全

见表13。

用电安全
表13

评价项目	目标	设计指标	项目要求
电气系统	供电安全	配变电所不能设在住宅建筑地下的最底层，住户的正上方、正下方，贴邻和住宅建筑疏散出口的两侧	控制项
	用电安全、可靠性	设置了防止电气火灾剩余电流动作报警装置，将报警声光信号送至有人值守的值班室	优选项
		卧室、通道和卫生间的照明开关选用带夜间指示灯的面板	优选项
		每套住宅设自恢复式过、欠电压保护电器	优选项
		当电源线缆导管与采暖热水管同层敷设时，电源线缆导管敷设在采暖热水管的下面，并不与采暖热水管平行敷设。 电源线缆与采暖热水管相交处没有接头。 与卫生间无关的线缆导管没有进入和穿过卫生间。卫生间的线缆导管没有敷设在0、1、2区内	控制项
		高层住宅建筑中明敷的线缆选用低烟、低毒的阻燃类线缆	控制项
		公共疏散通道的应急照明采用低烟无卤阻燃线缆	控制项
	用电合理性	带有淋浴或浴盆卫生间的照明回路，设置剩余电流动作保护器	优选项
	用电舒适性	室内照明开关高度设置在距地1.0~1.2m之间。 照明、插座布置合理安全，电源插座带安全门。 厨房、卫生间插座考虑防水措施。 卧室、通道和卫生间的照明开关选用带夜间指示灯或夜间发光的面板。 洗衣机、空调器、电热水器、厨房采用带开关的电源插座。 应急照明采用节能自熄开关控制，在应急情况下，设有火灾自动报警系统的应急照明自动点亮；无火灾自动报警系统的应急照明集中点亮	控制项
		过道设置脚灯。 住户入口过渡空间内设有照明总开关且开关容量满足要求	优选项
	私密性保护	分户电表设置于户外	控制项
		强弱电分别设置竖井且易维护。强电竖井净深大于0.8m。多层住宅弱电竖井净深大于0.35m，7层及以上住宅弱电竖井净深大于0.6m	优选项
信息化应用系统		设置物业运营管理系统、信息服务系统、智能卡应用系统、信息网络安全管理系统、家居管理系统	优选项
公共安全系统	火灾自动报警系统	符合国家标准《火灾自动报警系统设计规范》（GB 50116 1998）的有关要求	优选项
	电子周界防护系统	设置周界安全防范系统。与周界的形状和出入口设置相协调，不留盲区。 预留与住宅建筑安全管理系统的联网接口	优选项
	电子巡查系统	设置离线式或在线式的电子巡查系统	优选项
	视频安防监视系统	设置视频安防监控系统，监视住宅建筑的主要出入口、主要通道、电梯轿厢、地下停车库、周界及重要部位。 预留与住宅建筑安全管理系统的联网接口	优选项

续表

评价项目	目标	设计指标	项目要求
公共安全系统	停车库管理系统	设置停车库(场)管理系统。 对住宅建筑出入口、停车库(场)出入口及其车辆通行车道实施控制、监视、停车管理及车辆防盗等综合管理。 住宅建筑出入口、停车库(场)出入口控制系统与电子周界防护系统、视频安防监控系统联网	优选项
	访客对讲系统	设置访客对讲系统	控制项
	紧急求助报警装置	设置紧急求助报警装置。要求每户至少安装一处紧急求助报警装置,紧急求助信号能报至监控中心	控制项
	入侵报警系统	设置入侵报警系统,在住户套内、户门、阳台及外窗等处,选择性地安装入侵报警探测装置。 预留与住区安全管理系统的联网接口	优选项
防雷系统	防雷	建筑高度为100m或35层及以上和年预计雷击次数大于0.25次的住宅建筑,按第二类防雷建筑物采取相应的防雷措施	控制项
		建筑高度为50～100m或19～34层和年预计雷击次数大于或等于0.05次且小于或等于0.25次的住宅建筑,按不低于第三类防雷建筑物采取相应的防雷措施	控制项
		强弱电进户线设置电涌防护器	控制项

五、心理环境健康

1. 邻里交往

见表14。

邻里交往　　　　　表14

评价项目	目标	设计指标	项目要求
交往空间划分		住区交往空间结合文化、健身、景观、绿化等功能统筹安排,实现住区、组团、楼栋多层级交往空间的协调设计。	控制项
交往空间环境设计	环境设计	环境设计具有宜人的空间尺度、领域感的空间构成、人性化的材料和色彩	控制项
	提高公共空间利用率	交往空间结合住区边缘空间统筹设计;交往空间与其他功能空间等融合利用;楼栋侧墙与围墙之间的空间可设计成慢跑道或散步休闲小径	控制项
交往设施	设施配置	交往设施包括健身娱乐设施、遮阳避雨设施、环境小品、户外休闲桌椅等。交往设施类型和数量结合住区规模、居住人群年龄构成比例及经济支配能力确定	控制项

2. 安全防范

见表15。

表15

安全防范

评价项目	目标	设计指标	项目要求
主动安全环境设计	领域划分	领域空间划分为公共领域、半公共领域、半私有领域及私有领域。 领域划分采用空间围合、地坪高差、地面铺装材料及纹理变化等手法。 根据领域属性选择围墙的形式、高度及其辅助设施	控制项
	自然监视	合理布置住区公共空间内的建筑、景观及其他设施,并避免视线阻挡或空间死角。 组团空间的绿化整齐有序,边界采用虚实结合的隔断。 地面停车场布置在居住者视线可到达的范围内	控制项
智能化安防设计（电环境）		住区智能化系统应根据实际投资状况、管理和服务需求以及住区建筑规模,进行不同程度的集成	优选项

3. 文化养育

见表16。

文化养育　　　　　表16

评价项目	目标	设计指标	项目要求
文化养育	地域文化传承	住区在建筑造型、体量、色彩及材料的选择、小品的设置等方面体现地域文化特色	优选项
文化场地与设施		住区根据规模及其与社区中心的距离设立文化活动中心或文化活动站,并能对住区外开放。 文化设施配置能满足不同居住者的需求	优选项

合作设计管理模式的研究
——从西部通道工程谈合作设计管理模式

丁建南、许红燕、宁坤、归素川

深圳市建筑设计研究总院有限公司

摘要：在中国加入WTO、CEPA实施和国内更大程度地开放建筑设计市场的背景下，本文通过深港西部通道工程设计实践的分析和总结，就内地和香港合作设计中，在设计分工、设计协调、项目管理、有效沟通管理策略等方面，提出合作设计的管理模式。同时，通过对两种设计模式的分析和比较，提出中国设计企业的应对措施。

关键词：合作设计，设计协调，项目管理

一、概述

随着我国建筑市场的快速发展，内地与香港、澳门及国外建筑师事务所的合作越来越密切。深港西部通道项目由于其特殊的地理位置、功能使用要求，为我们与香港建筑师事务所提供了深度与广度方面的密切的合作机会。

深港西部通道是联系香港和深圳以及广大内地的第四条公路跨境通道，是国家干线公路网连接香港特区的唯一高速公路通道，通道连接深圳蛇口和香港新界西北。西部通道口岸是国内第一次采用深港联合的"一地两检"模式，建成后的深圳湾口岸是世界上最大规模的跨境陆路口岸。由于西部通道工程特殊的地理位置，建设期间及建成后的属地原则，其设计必须由内地设计院与香港设计顾问共同完成（图1）。

二、合作设计管理模式分析

（一）香港设计管理模式分析

20世纪60年代前，香港同内地一样，一家设计院往往包括各种专业，但在激烈的市场竞争中，单一专业的事务所模式因为配置单一、易于生存、便于优化组合而成为设计市场主流。设计总承包往往由建筑事务所担任，业主只和设计总包有合同关系，再由建筑事务所组织各专业分包单位，共同完成设计项目。在这样的体制下，建筑事务所除了完成设计，还包含大量的工程管理工作和与各分包的技术协调工作。香港建筑师的工作范围包含项目策划、编制计划、方案、施工图设计、参与招标投标、工程管理等方面。

与内地有所不同，香港是没有工程监理制度，工程管理一般由建筑师进行。建筑师有义务替业主制订总体计划、参与招标投标，建筑师不仅要对图纸负责，还要对工程总体效果负责，这能够使建筑师的设计思想始终最好地得以贯彻执行。

（二）深圳湾口岸工程采用顾问合作设计模式的原因

在西部通道口岸项目中，工程统一由深方设计，建成后港方管区应交付香港方管理。因此，在设计上为了满足深港双方的法规、规范和

图1 深港西部通道

使用要求，我们聘请了香港的设计顾问公司协同设计。在港方项目的设计上，不仅设计要符合香港建筑署拟定的部门运作要求，材料、标准应符合英标规定，各阶段设计文件均要由香港审批，同时也要满足内地的法规、规范，在两者冲突时执行更严格的标准，同时即使在设计表达上，都必须沿袭香港惯例，这使得在项目的合作设计中，深度和广度与国内其他合作项目有很大的不同。

（三）合作设计中的分工、协调、项目管理、有效沟通管理策略

结合深圳湾口岸项目设计全过程，我们从建筑师在项目中的作用出发，分阶段探讨在设计过程中，如何从分工、协调、项目管理、有效沟通方面有效地展开设计工作，以各尽所长，趋利避害，完成项目建设。因此，提出合理的界面划分方法及设计管理策略。

1. 设计分工

大量的设计工作以深方为主进行，顾问公司根据设计的不同阶段，提供法规、创意、细部设计、港方审批方面的顾问合作。在计划创意阶段，香港资讯发达，国际开放性高，设计理念上很注重可发展性，对新技术、新材料的运用程度比较纯熟，对节能环保设计积累了较多经验，这些优势利于项目设计理念的准确表达。这也是国内寻求合作设计的主要目的所在。但是由于经济发展的不同，造价和工期的考虑，是创意合作阶段必须认真处理好的。在施工图设计阶段，香港公司由于广泛地参与国际竞争，在特殊条件下的技术设计更富经验，建筑材料运用更娴熟，法规、规范的执行力方面更加自觉，在细节设计上更注重人本化要求。比如在精装修设计、幕墙设计、钢结构设计等方面具有不可比拟的优势，在项目中，顾问公司广泛参与这些方面的深化设计和审批工作，不仅使设计更好地满足港方使用的要求，也使设计的人性化程度得以提高。特别值得注意的问题在于，港方设计的专业化程度高，设计分包环节比较多，所以在设计周期有限的情况下，应该注意专业配合的紧密性，这在项目设计中是有很多教训的。同时，在设计表达和细部

节点运用上，也要尽可能周密地安排，防止程式化的设计破坏设计质量和预定的建筑效果。

2. 设计管理策略

1）策略一：人员架构与高素质团队

按深圳市领导指示要求，对西部通道口岸工程要充分认识跨境基础设施的政治意义、社会意义和要"高度重视，严密组织"的精神，我院成立了以院长为首的项目领导小组和最强阵容的高素质复合型人才架构的优秀设计团队。

2）策略二：多层面沟通平台与互动设计

由于深港西部通道口岸工程深港双方使用和管理单位、部门多，管理层次多，有大量的设计问题需要在设计过程中及时联系，协调、沟通处理，因此必须利用多层面平台进行沟通和互动设计机制。

主要沟通平台如下：

深方与港方沟通平台：
深港联合技术小组会议。

深方沟通平台：
深港西部通道工程建设办公室会议。
深圳市口岸办公室会议。
深方设计评审会。
深方技术研讨会。

港方沟通平台：
香港建筑署工程设计研讨会。
香港建筑署工程设计审批会。

电传信息网络平台：
与深方沟通网络，与港方沟通网络，与设计单位及顾问单位沟通网络。

沟通平台连接深方主要单位：

深圳市深港西部通道工程建设办公室、深圳市人民政府口岸办公室、深圳海关、深圳出入境边防检查总站、深圳出入境检验检疫局。

深圳市政府主管规划、国土、建设、公安、消防、交通等各有关局。

沟通平台连接港方主要单位：

香港建筑署、屋宇署、消防署、环境运输及工务局、土木工程署、运输署、路政署、水务署、渠务署、机电工程署、香港海关、入境事务处、警务处、渔农自然保护署、食物环境卫生署。

沟通平台互动设计主要问题："一地两检"口岸工程设计依据资料，各子项设计任务要求；确认各阶段设计文件；协调解决设计中的重大技术问题；设计反馈信息，设计修改。

3）策略三：关键设计问题与突破措施

（1）港方关键设计问题

主要是香港方的口岸设计。

深港西部通道口岸工程设计的难点是口岸设施的"一地两检"。香港口岸设计的难点是香港的法律和技术标准、建设管理模式等与深方不同。

（2）港方设计要求

①必须符合香港相关法律及内地法律，符合有关公共卫生及安全标准的规定；确保港方的口岸设施功能达到港方要求；确保港方口岸设施耐用、方便维修保养，减少对环境造成的不良影响。

②港方要求设计执行香港政府在建筑、结构、机电、设备、消防、保安等方面的技术规范、标准共计82个。

③港方设计工作由六个阶段构成：方案设

计、初步设计、施工图设计、施工准备（编制建造招标文件及招标审核）、施工阶段、保修阶段。

④港方政府部门规定从方案到施工图文件四次报建审批。

⑤港方建筑采用的材料、设备、技术工艺等与深方不同。

（3）针对港方设计问题，我们采取的突破措施

①设计人员研究学习掌握香港建筑设计法律、法规、标准；研究学习掌握香港政府建筑设计报建审批程序。

②考察、研究香港及国外口岸建筑、设施（香港、美国、加拿大、日本等）。

③高价聘请境外设计公司并学习香港有关设计技术知识和经验（聘用香港关善明建筑师事务所、奥雅纳工程顾问公司、澧信工程顾问有限公司等）。

④部分设计工作与专业公司合作完成。

⑤在向港方政府主管部门建筑署等报建审批过程中及时与港方有关人员沟通，根据反馈意见修改完善设计。

⑥调整我院专业管理（机电设备等）及专业技术措施以满足港方设计质量和技术管理要求以及设计任务范围要求。

⑦重大技术问题聘请专家顾问召开技术研讨会。

（4）深方关键设计问题

主要是部分设计依据不足，不能满足深方工程设计需要。

深港西部通道口岸是我国首个"一地两检"的口岸设施，也是世界上前所未有的和最大的口岸设施，是"一国两制"的首创。

口岸主体建筑"旅检大楼"一栋建筑采用两

国规范、标准，深方为中国标准，香港方为英国标准，口岸旅检区和货检区亦均由深港双方口岸工程设施构成，没有可供设计借鉴的先例和遵循的模式。因此，对某些项目和系统的设计依据要求，甲方难以及时提出满足设计任务需要的使用要求、资料。

（5）针对深方设计依据不足，我们采取的突破措施

①由院内技术骨干及专家组成专项设计组。

②与建筑和项目使用、管理单位有关人员结合，调查研究，收集设计要求、资料。

③利用沟通平台、互动设计机制：

提出使用功能、规模、标准及设施系统等技术任务要求初步意见；同甲方使用单位和管理部门多方面、多层次沟通，确认设计依据要求；提出前期设计方案。

④聘请业内专家多次研讨、论证和评审。

⑤甲方确认设计依据、资料。

⑥按设计程序设计，并在设计施工中配合修改变更服务。

4）策略四：设计质量控制与技术创新

（1）设计质量控制

深圳市政府对深港西部通道口岸工程质量有严格的要求，我们在设计产品质量控制方面严格执行我院质量管理体系，对设计工作进行全过程的程序控制，确保达到质量目标和具体质量要求。在具体控制方面重点加强以下环节的控制：

①策划方面确保人员岗位的能力要求，进度满足市政府"倒排计时、保证工期"的要求。

②设计输入控制，加强总师事先指导和评审满足深港双方的任务条件要求和港方法规、标准要求。

③加强对设计输出、设计评审和设计验证的控制，特别设置一审和复审，严格控制设计质量。

④在设计确认控制程序中重点应对港方报建审批及执行审批意见，满足港方设计法规、标准、深度和质量、技术要求。

⑤设计更改控制，西部通道是口岸工程首个"一地两检"的项目，深港双方建设单位对使用要求的变化非常多，设计必须及时作出调整。

⑥现场设计服务，是本工程特别重要的工作，除常规交底外，设计有关负责人和现场负责人，长期在现场办公中解决施工中的各种重大技术问题。

（2）设计技术创新

深港西部通道口岸工程设计的质量目标是设计精品、优秀作品和获奖设计作品，因此在技术上必须创新。主要技术创新内容：

建筑：满足深港西部通道口岸建筑"一地两检"使用功能，建筑内部平面、空间的设计创新。"一地两检"建筑造型特色和标志性、建筑艺术的创新。生态、节能建筑技术的创新。

结构：巨型钢结构的设计创新和配合制作、施工、安装单位采取先进施工技术创新。

设备：节能、节电、节水采用先进工艺、技术和设备、材料。

弱电：世界一流口岸智能化和信息化系统设计创新。

其他节能、减排、环保技术。

5）策略五：管理观念更新与和谐运作管理

（1）管理观念的更新

根据设计体制和机制改革以及设计市场的发展，特别是深港西部通道口岸工程的复杂性、时间性和深港两地制度不同的情况，设计管理观念需要及时转变和更新。

由单纯的管理设计转变为主动地为设计工作服务。

由原来单纯自上而下的管理转变为主动服务于设计工作，做好设计需要的对外、对内的协调工作。为保证设计工作顺利进行服务，为保证设计质量和创新、创优服务。

管理设计工作，项目负责人必须参与各设计阶段的具体工作，亲力亲为，在设计工作中与设计人员共同研究和解决遇到的各种复杂、重要问题，在技术方面要把设计事先指导同"把关"更密切地联结起来，杜绝设计后期重大修改并减少常见问题的修改。

（2）和谐运作管理

深港西部通道口岸工程是国家和深圳市的重大工程，设计管理要协调好与政府的关系。对政府和建设主管部门我们本着诚信的态度，履行承诺的合同条件，执行政府主管部门的指示要求，遵守深港双方的法律、法规和设计审批意见，并要求设计工作和服务超越合同条件，做到让工程建设主管部门满意。

管理工作应保证与参加工程建设的有关设计、施工、安装、监理、质检等单位的合作融洽，对工程设计及现场问题处理要实事求是、科学严谨、认真负责、服务及时，单位之间互相支持、密切配合、团结协作，保证设计和工程建设按计划进度顺利进行。

设计管理应有全局观念、整体思维，为政府和建设主管单位以及使用单位服务，为设计工作基层服务，根据客观需要不断地及时调整管理思想观念和方法，保证深港西部通道口岸工程设计和建设工作始终处于持续和谐的状态进行并取得最后成功。

3. 合作设计协调机制

合作设计的沟通协调机制对于项目的成功是

至关重要的。项目经理是沟通协调环节的核心。由业内的资深人员担任，不仅对专业熟识，且具备其他专业知识，懂施工、会管理。在各设计阶段都由合作设计双方拟订一个进度计划，根据进度计划中的双方分工，共同展开工作。定期定次举行由双方主要设计人员参加的例会，随时讨论解决遇到的设计问题，并提出改进意见，落实在计划中，并对下次例会内容和进度作出一个大致的安排。会后应总结整理达成的结果，尽快落实并形成纪要，由双方确认。

西部通道口岸工程的使用和审批牵扯到的部门和机构庞大，设计中不仅要向西通办，深方的边检、海关、国检等部门了解需求，还要和香港的多个部门进行沟通，包括建筑署、入境事务处、香港海关、警务处、渔农署、卫生署、机电工程署、路政署等。而项目审批更是包括方案设计图、初步设计图、消防审批图、港方排水审批图、港方结构审批图等。即使一个很小的子项设计都要经过设计及顾问出图、提交建筑署审核、返回修改意见、确定修改、提交业主的复杂过程。所以，设计协调工作不仅限于合作设计双方之间，更广泛地需要在甲方、用家、审批机构之间进行，因为项目地域的特殊性，对于日常的沟通协调，除定期的例会外，快捷的函件沟通平台成为最主要的协调方式之一，函件的往来已成为西通口岸设计中最频密的协调措施，一直持续到施工阶段。因此，做好函件的处理、分类、归档是保证技术信息有效流动的关键。

4. 有效沟通

在合作设计中，人际沟通是专业技术协作的前提。由于文化的差异，我们需要的是一种建立在坦诚和协作基础上的沟通氛围，那是建立在技术层面的求同存异的氛围。在密切合作的工程项目中，意识到哪些是属于工作范畴、是重要的，因为文化观念的碰撞往往使人迷失而对立。在合作设计的前提下，因为沟通无处不在，责任机制却很明晰，所以清楚划分人际沟通和技术协作，就可以使双方免除不必要的矛盾和责任，为项目合作创造良好的沟通环境。

三、合作设计背景下的国内设计企业应对措施

由于国内外设计理念、设计技术、专业服务的差异，在我国加入WTO承诺开放设计市场的前提下，顾问合作设计市场前景远大，在这样的背景之下，我们认为，国内设计企业的应对措施应包括以下两个方面。

（一）现阶段我国设计体制的探究和分析，探寻更加有效的设计机构发展模式

通过在深圳湾口岸工程中与多个港方设计顾问的合作，我们对比意识到在中国大陆目前的建筑设计机构中，存在着个体、合伙人、股份公司和国营设计院等多种组织形式，它们适应着不同的业主和社会需求。但就中国整体的建筑市场和在世界建筑行业中的地位而言，中国主流建筑设计机构更应该朝着"公司化、专业化、规模化、职业化"的方向发展，才能更好地与国际接轨，参与国际竞争。

建筑设计因有其艺术性的一面，使得很多人以为可以撇开"公司化"，大步迈入"工作室"。诚然，工作室是不可缺少，但要想在中国大的范围内推动建筑业发展，仅仅凭"工作室"仍显苍白。建筑是一门应用科学，其中涵盖社会、人文的因素，而建筑实际上是应用技术的发

挥，看似普通，其实对整体要求甚高。

目前的问题是，国内缺乏能很好地满足国内原创的、大型的综合建筑市场的大型建筑设计机构，而社会分工状况又不提供这样的基础。设计企业人员规模的增长，最大的制约就在于管理水平和机制的瓶颈。如果不正视这个问题，想在短期内使中国建筑业有很大的改善是不太现实的。传统的国营大院，实际上受到了内部机制的制约，未能占有国内原创的、大型的综合建筑市场，但他们在建筑业的综合发展方面作了很大贡献。因此，这个规模的问题，也就是走向"规模化、专业化、职业化"的问题。

专业化、规模化的一个最基本的要求就是职业化。这不是指拥有一份职业即是职业化。职业化首先要求的是摆正建筑师自己的位置，一定要具备外部客户、团队合作理念、专业质素、社会责任等综合因素。这不仅关系职业道德问题，而且属于职业操守范畴。职业化不只是具备专业知识，更是在职业生涯中对操守行为规范的把握，是作为一个专业人士对工作的热情、恒心、专业能力以及团队合作精神等。

时下，国家在能力与技术储备不足的情况下，不允许我们仅凭个人喜好去设计建筑，而必须严谨地去完成每一个项目。在大兴土木的城市化时代，不能没有相应规模的公司去应对。当然，我们也提倡在先锋的、实验的模式下进行理论探讨，但在当前的国情下，中国建筑设计机构跨入"规模化、专业化、职业化"的行列才实属当务之急。

（二）在新形势下，提高服务意识及职业化水平，参与建筑设计的服务输出

通过西部通道项目与港方顾问的深入合作，我们意识到国内合作设计模式的提高主要在设计服务意识和专业化水平提高方面，建筑师应该站在业主的立场发挥更大的协调和管理作用，通过更专业的策划和经营管理减少业主的责任与风险，有效控制建筑效果和使用效果，这也是国内设计企业参与新形势下建筑设计市场竞争的重要途径。

四、结语

近年来的国内建筑设计市场竞争激烈，特别是中国更大程度地开放设计市场后，更多的境外设计机构参与进来，诸多的地标建筑都是合作设计的结果。但是在合作模式上，一般是境外设计机构负责创意和前期方案设计，而由国内的设计机构负责施工图设计。而西部通道口岸工程则采用了由深方主导，港方顾问参与的合作设计模式，因此合作设计模式在广度和深度上均有所突破。在顾问合作的模式下，我们更加看清了国内和国际设计模式的不同，以及在不同领域、不同设计阶段各自的设计优势，从而提出了合作设计的管理模式。这对于中国设计企业扬长避短、有选择地开展合作设计、创造设计精品具有特别的意义。同时在这样的背景下，本文通过西部通道的设计实践，也提出了在广泛合作的设计模式不断出现的今天，国内设计机构的发展策略和方向，以利于中国设计机构与国际接轨，更好地参与设计市场的竞争。

参考文献：
[1] 深港西部通道"一地两检"港方口岸设施设计要求及技术规范[S].
[2] 深港西部通道港方旅检货检区方案设计报告[R].
[3] 香港设计模式在内地工程的应用[Z].

档案建筑的创新与发展

范瑜、钟锦招

筑博设计股份有限公司

主创设计师：俞伟、赵宝森

设计团队：马镇炎、陈天泳、钟锦招、范瑜、朱旭、张焕辉、漆永星、谢晓燕、林丽锋、郭桐江、毛墨丰

设计时间：2009年3月～2010年9月

施工时间：2010年6月～2013年7月

工程地点：深圳市福田区梅林中康片区

项目概况：

　　深圳市档案中心是深圳市的重大工程项目，由深圳市公共档案馆，方志馆及其他44家进驻单位构成。实行"集中存储、分类管理、资源共享、行政监督"的管理模式，项目定位为全国规模最大、资源综合性最强，服务层面最立体，专业层次最高的档案集中存储与对外公共服务中心。项目分四个地块，通过市政路的划分实现天然的馆库分离，符合现代档案馆的发展趋势。

主要经济技术指标（一期）

用地面积：18517.61m²

建设用地面积：18517.61m²

总占地面积：7697.00m²

总建筑面积：92278.00m²

地上建筑面积（计容积率）：78718m²

地下建筑面积（不计容积率）：13560m²

建筑容积率：4.30

建筑覆盖率：50.2%

建筑层数：地上24层，地下1层

建筑高度：93.9m

绿化率：30%

停车位：410个

功能分析/FUNCTION ANALYSIS

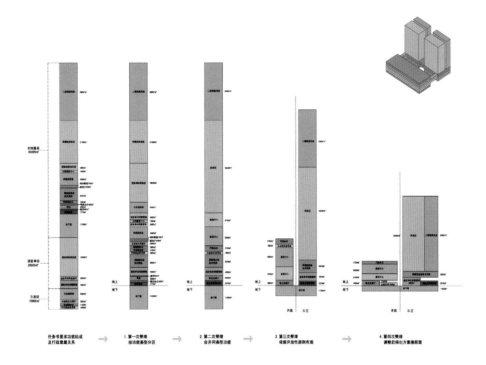

在改革开放和社会经济全面发展的新形势下，城市信息化和电子商务不断推进，这对城市的档案工作提出了更高的要求，"十五"期间我国各地掀起了档案馆更新建设的新高潮，如何打造顺应时代发展、与时俱进的新型档案馆成为我们设计讨论的重要课题。

一、功能布局与空间设计的新发展

随着城市的发展，城市公共建筑在城市中承担着越来越多的社会责任，其社会职能也日趋多元化。我们希望屹立于此的不仅仅是一座档案馆，同时也是城市魅力的一座展台，在这里不仅装载着这个城市的过去，也上演着这个城市的现在，还展望着这个城市的未来……

传统档案馆的功能定位和时代特性影响到空间布局的设计定位，其功能性单一，封闭性强，与城市是一种对立的关系，不易被公众所认知。因此，我们提出了档案馆的新模式——开放性与封闭性共存的模式。我们从档案馆的功能中分离

出一部分开放给公众，通过这部分功能使档案馆与社会和城市建立直接的联系，让人们更多地了解档案馆或者通过档案馆更多地了解深圳这座城市，从而使档案馆作为城市的文化会客厅存在于城市之中。

我们将任务书中的功能要求进行了四次整理：

第一次整理——确定地下部分功能。

第二次整理——合并同类型功能。

第三次整理——依据开放性前后分区。

第四次整理——根据使用便捷性水平分区。

档案馆空间设计为各种开放活动提供实质性的建筑空间，营造休闲式空间环境，实现档案馆建筑真正意义上的开放。同时，建筑设计中的功能分区、平面布局与交通组织必须考虑到档案的保密因素。由于基地的特殊性，整个建设用地被两条垂直相交的市政道路分割成四块，所以在规划的层次上自然由水平方向分为南北两区，明确划分了公共开放区及私密封闭区，实现馆、库分类管理，馆、库分离也是目前国内外新型档案馆发展的趋势。

南侧两地块与规划中市政绿化公园相邻，设计为公共开放区，首层大面积架空，并进行环境设计，与规划城市中心花园一道全天候开放供市民使用。行政办公门厅与公共服务门厅分开设置，方便节假日展厅、培训教室对市民独立开放。功能严格划分，将可能对档案库房造成安全隐患的功能完全隔离在库房区以外，例如，餐厅、厨房、配套服务设施以及行政办公等，完全设置在公共服务区。

北侧私密区根据任务书要求的档案管理及保密级别的不同，又将市档案局库房与方志馆库房、44家进驻单位库房分设两栋相对独立的塔楼，进一步对库区实现分类管理。技术处理用房相对集中，合中有分，资源共享。进驻单位除一般性的档案整理用房相对独立外，专业性的技术处理用房可利用档案局的资源，从而节约成本，提高效率，达到资源共享的目的。档案局及44家进驻单位公共服务部分共享查询大厅，适当划分各自独立区域，共享服务配套功能。档案中心的培训、展览功能与方志馆展览功能相对集中，形

成展览、培训中心，便于集中管理，实现公众社会效益最大化。

二、高效运作的流线设计新思路

安全、通畅、便捷成为流线设计的重要目标。通过对功能的整理分区，以及城市文化会客厅概念的嵌入，将整个项目的流线分为六条流线：

（1）档案流线：档案接收及提取工作均设计在北面档案库房底层，利用竖向的垂直运输便捷传送，一方面保证了档案保管的保密性，另一方面满足了档案调档查档的便捷性。

（2）查阅流线：查阅人流由东南侧地块公共大厅进入，由二层跨市政道路的连廊分流至北侧地块的档案局档案查询大厅及进驻单位档案查询大厅，流线清晰便捷。

（3）展览流线：展览空间设置在东南侧地块二、三层，相对开放，具有较高的公共性，参观人流由东南侧地块公共大厅进入，可利用垂直交通直接到达展厅，更加体现了新型档案

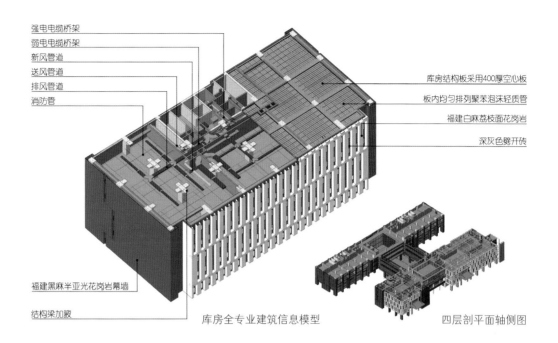

强电电缆桥架
弱电电缆桥架
新风管道
送风管道
排风管道
消防管

库房结构板采用400厚空心板
板内均匀排列聚苯泡沫轻质管
福建白麻荔枝面花岗岩
深灰色劈开砖

福建黑麻半亚光花岗岩幕墙
结构梁加腋

库房全专业建筑信息模型　　　　　　四层剖平面轴侧图

中心的开放性特色。

（4）培训流线：培训用房设计在东南侧地块五层，相对独立又与办公区域相连，内部培训人员可由办公区直接进入，外部培训人员可由公共大厅乘垂直交通到达，提供了多样性的使用方式。

（5）办公流线：档案中心主要办公空间设计在西南地块，工作人员由西南侧办公主入口进入，可通过二至四层跨市政道路的连廊便捷地到达档案库区及培训区域。

（6）配套服务流线：为保证档案存储的安全性，配套服务用房均设计在半地下室及一层，使用流线独立分开，在保证使用方便的基础上与其他流线均不交叉干扰。

由于项目用地的特殊性，被市政道路划分为四块，为了满足大型建筑的完整性及各流线的使用便捷，在二层以上设计了跨市政道路的连廊，局部还根据功能要求设计了休息区等辅助空间。各条流线之间相互联系又互不干扰，流线清晰、便捷，有完善的无障碍设计，通达性良好。设计了高效、安全的疏散走道，便于公众集散。

现代化垂直运输系统形成了便捷、高效的

流线网。公共区域内配置垂直电梯和自动扶梯，有利于人群分流疏散。库房区域配置客货电梯，保证库房管理人员接收和调整档案存放位置时使用，库区标准层中部设两部电梯，实现人、档分流。档案传送采用智能化的轨道传送方式。

三、存储空间生态节能的新技术

以"四节一环保"为准则构建一个绿色生态体系。

首先，在设计中结合档案馆建筑的文化特性，造型应该具备一种永恒而庄重的特质，塔楼简洁纯净的体量上以一种有序的手法雕刻出档案馆的立面肌理，深深的窗洞所产生的浓重阴影不但呼应了档案馆的建筑性格，同时也符合档案馆自身的遮阳要求。建筑体形方正，立面的开窗形式便于遮阳，从建筑功能要求和形体本身提供了绿色节能的先决条件。其次，在技术方面选用高性能的围护体系，降低外墙的热负荷。建筑南北朝向充分考虑自然通风，自然风驱散室内热积蓄。并利用热压原理，使热风排出。玻璃幕墙使

用双层中空玻璃，减少能量的损耗。通过天井、中庭设计了可调节的天窗，馆、库都充分利用自然采光与自然通风，降低能耗，局部采用光导纤维技术采光，减少人工照明。设置雨水收集和中水处理系统，减少市政用水。采用生态节能屋顶，营造绿色环境，并减少对城市的热岛效应。

四、可持续发展的分期新模式

为跟上城市信息化建设日益发展的脚步，该项目的设计目标是建成后可满足全市各市直机关单位至少30年的档案储存需求，但是随着档案存储量的不断增大，可持续发展的建筑设计成为新型档案建筑的另一发展方向。

传统的分期加建模式一般为预留场地另外加建单体档案库房，这种形式虽然可以控制加建成本独立核算，但从分期的土地利用和整体建筑形象方面有一定的局限性。经过分析研究，我们提出了一种新型的加建方式：在一期建成档案库房塔楼的基础上用"贴饼式"的加建方式，根据档案存储量的实际需求进行加建。这种方式不但有利于提高土地使用效率，降低加建的建设成本，避免浪费，同时也保证了一期建成后整体建筑形象方面的完整性。

参考比较经济的标准层面积为1100～2000m²，因此我们按照一、二期库房面积比例确定一期标准层面积约为1240m²，二期标准层面积约为750m²。核心筒置于一期库房北面中间，一期、二期库房只需各自设置一条走道便可以经济高效地解决标准层的交通与疏散。一、二期建筑结构体系自成一体，中间连廊设缝脱开以避免不均匀沉降等问题。独立的结构体系也有利于加建工作的展开，可将施工中对一期已建成部分的影响降低到最小。

前海核心区（启动区）城市设计

冯果川

筑博设计股份有限公司

主创设计师：冯果川

设计团队：尹毓俊、肖扬、贾耀东、苏晋乐夫

设计时间：2010年6月~2011年9月

工程地点：深圳前海片区

合作单位：JCFO建筑事务所

主要经济技术指标

总用地面积：20000m²

总建筑面积：1200000m²

项目概况：

　　前海位于珠江入海口咽喉要地，蛇口半岛西部，是深圳西部待开发地区。依山面海，土地及自然资源条件十分优越。长期以来，前海一直属于深圳西部边缘地带，并非开发建设的重点地区。主要发展港口、仓储、物流等功能。2000年：人们的目光开始聚焦此地，物流中心、高新园区、总部基地、城市新的中央商务区⋯⋯前海地区的发展从城市的"后院"走到"前台"。

　　前海地区应当成为深港现代服务业合作区，成为深圳提升国际影响力、实现滨海生活梦想的城市中心区。前海将围绕创新金融、现代物流、信息网络、科技服务、专业服务、总部经济等重点领域深化深港合作，发展高端服务业。

　　实践创新

　　探索人本主义规划——以前海核心区城市设计为例。

一、现行城市规划的弊端

　　自改革开放以来，我们的规划思想一直是以产业为导向，带有计划经济色彩和经济至上的特点。概括起来有这样几个方面：

　　（1）重视经济和产业规划，轻视人的生活需求和文化培育。

　　（2）重视抽象数据，轻视具体感受。

　　（3）以刚性的计划和数据来指导规划，缺乏弹性，难以适应现实的变化。

　　（4）重视宏观，轻视微观。喜好大尺度空间和地标，忽视人性空间和细节。

　　规划是自上而下的长官意志表达，缺乏多种社会主体参与，缺乏对城市自发力量的鼓励和包容。

　　表面上看，我们的规划似乎非常科学：充满了数据和计算。但这是一个误区，因为精细的数据并不能代表科学。科学性在于是否能准确地预见未来，这要靠现实结果来印证，而不是精细的数据来扮演。从结果来看国内30年的城市建设中

这种规划创造了城市化速度的奇迹，同时更造成了很多深层次的城市问题：千城一面，城市缺少性格和文化内涵，建筑品质差；生硬的功能分区导致城市中心缺乏活力，上下班交通量过大，日常生活不便；由于城市空间尺度过大给人冷漠疏离的感觉，等等。可以说我们的城市建设充斥着量的胜利，同时不乏质的失败。这说明我们的规划是不够科学的。

　　20世纪70年代后，随着现代主义的大规划思想在西方的衰落，规划界已经越来越认识到貌似逻辑、系统、科学的大规划，其实是政府意志自上而下的落实，是排除了社会多方利益的封闭的决策体系。但是这种强调功能分区的自上而下，照蓝图实施的大规划却至今仍在国内盛行。

二、人本主义规划

　　大规划在国内的地位一定程度上也是国内行政决策体制的结果，西方现在采用的由多种社会主体共同参与的协作性规划现在还不能为国内现有体制所接受。

　　我们推行一种人本主义的规划，尽可能在现有体制下从价值观和方法论两方面修正国内现代主义大规划的一些缺陷，并且试图通过规划的创

新影响体制的改良。

在价值观上我们坚持从人的感受和需求出发的人本主义规划，注重人和城市的和谐关系和可持续的发展。我们认为营造高品质的、便捷的、舒适的城市生活和城市环境，更能促进现代服务业合作区的建设和升级。

方法论上的调整主要有以下几个方面：

以人为本，从城市中人的视角、感受、习惯等出发，进行规划和设计。

重视开放性和系统性的平衡。在城市规划和设计层面将城市控制的要素限定在公共系统中，为民间开发者的意志和利益留出一定空间。重点设计各街区之间的公共空间、景观、交通、市政等公共系统，以及街区的界面。对街区内部的开发只作有限的规定和引导，为开发者留出调整的空间。

重视弹性。不以刻板的蓝图为规划的结果，而是以一套灵活品质控制的导则指导城市建设。

强调功能的混合，并在不同区域内根据定位和氛围的不同给出不同的混合建议。

三、水城——前海核心区城市设计

我们的团队本身是建筑师背景，相对在空间感受、人性尺度、生活需求等方面更加敏感。

当我们有机会与美国FO公司合作完成前海核心区城市设计时，我们就借此机会探索和实践人本主义的规划模式。

前海是深圳未来之梦的重要载体，在关于前海重要性的官方表述中这样写道：开发建设前海深港现代服务业合作区，是国家在深圳经济特区建立30周年的重要历史节点上作出的一项重大战略决策，是广东省在国家对外开放格局中战略地位的又一次提升，承载着深圳未来30年继续先行先试、担当科学发展排头兵的历史使命……按照产城融合发展的理念，努力把前海打造成"产业

活力之城"、"紧凑集约之城"、"滨水个性之城"、"低碳生态之城"。

如此的表述固然美好，但是其中的自上而下的霸气依然不减，前海建设的重要性毋庸置疑，但是如何能打造出一个精彩的前海，一个世界级的现代服务业合作区，却是一道难题。

我们将人本主义重视空间体验的设计手法与美国FO公司所提倡的景观都市主义相融合。重点提出以下策略。

我们强调营造人性尺度的城市空间。在我们两家合作进行前海核心区城市设计时，强调采用符合人们步行感受的小街区、窄街道形成人性化的城市肌理，既凸显了对人性的尊重，避免前海

成为大尺度的汽车城市，也为前海建设的精耕细作打下了基础。

我们也强调大与小的辩证关系。城市既要重视宏观的空间架构，也要注重微观的城市体验。在关注小的同时，我们也在大的方面有所作为，我们首先从建构整个前海的生态结构入手规划了壮观的滨海休闲带和水廊道公园让城市与绿地水体交织在一起形成独特的现代水城，大尺度的公园也衬托出城市的壮丽，为城市提供极目远眺的机会。

鼓励慢行城市。慢行城市不是低效城市，设计慢行系统的同时规划了多种公交系统，并注意实现无缝换乘。为了在地面营造一个安全舒适的

慢行城市氛围，我们与其他设计机构一起合作设计前海复杂高效的立体交通网络，将穿越前海的快速车流由地下车道进行分流。

我们强调通过混合功能激发城市的活力。将多种功能进行有机的混合，保证了城市生活的高效便捷，绚烂多彩，提高了城市空间的使用效率，打造24h不落幕的活力都心。混合功能策略也舒缓了由于功能分区导致的交通压力，有利于营造低碳城市。

我们还采用了紧缩城市的理念，推崇集约使用土地，在保证高品质公共空间的同时尽量实现高密度的开发。

我们通过丰富的肌理和街区空间形态设计，

不同的肌理可以引发不同的城市生活和氛围，通过多种不同肌理的设计，让不同的区域拥有自己独特的性格，让人们能在前海体会到多元化的城市生活氛围，提升前海的魅力。

四、小结

前海核心区城市设计的人本理念已经被很多人接受并成为前海规划的DNA。它所制定的骨架体系和灵活的空间策略也已经融入了前海的各个层次的规划和设计中，我们相信新的方法会带来新的结果。我们期待一个新的深圳，一个不一样的前海。

现代医院设计实践

卢昌海、王秋萍

CCDI 中建国际设计

随着综合国力的不断增强和人民生活水平的不断提高，尤其是当社会从温饱型向小康型转变过程当中，人们对健康和医疗保健的要求越来越高。这就直接促使医院建设进入了一个大发展的时期。进入21世纪以后，我国政府为了解决"看病难"这一社会问题。不断地加大医院疗建设的投资力度，各地新建及改扩建的医院越来越多，发展迅速。

医院的设计是一项极其复杂的系统工程，是多学科、多专业的集大成者，涉及项目策划，总体规划设计、建筑设计、医疗工艺流程设计、机电系统工程设计、医疗设施设备设计、室内设计、景观环境设计、智能化设计以及物流传输、污废处理等。最近几年，随着国家大力推行节能降耗的政策，医院的设计也开始推广和普及绿色医院设计。

医院是诊治病人，为患者提供服务的场所。一般的综合医院包括七大功能系统，即：门诊、急诊、住院、医技、行政办公、后勤保障、院内生活。如何在医院设计中，遵循"以人为本，可持续发展"的设计原则，体现生态化、人性化、智能化的设计理念，建构一所功能合理，环境和谐，舒适、高效、先进的现代化医院，是设计师面临的新挑战。

下面是我们最近几年所创作的几所三甲综合医院的工程实践。

实践一：
滁州市第二人民医院城南新院区

主创设计师：蔡珺

设计团队：卢昌海、黄启峰、刘大治、陈萍、曾建良、刘柳、马琪、王红梅、黄斤

设计时间：2010年

施工时间：2011年

工程地点：安徽省滁州市

主要经济技术指标

用地面积：89346m²

总建筑面积：148260m²

地上建筑面积（计容积率）：123428m²

地下建筑面积（不计容积率）：24832m²

建筑容积率：1.38

建筑覆盖率：22.01%

建筑层数：地上23层，地下1层（局部2层）

建筑高度：98.85m

绿化率：35.83%

停车位：982个

项目概况

项目基地位于滁州市新规划的城南新区南大门，东临永乐路，南靠醉翁路，西北临城市规划路，地势平坦，环境优美，是一处绝佳的医疗用地。

本项目为三级甲等综合医院，日门诊量为3000人次，1000床位（含ICU 20床），规划用地89346m²，总建筑面积148260m²，其中地上建筑面积123428m²，地下总建筑面积24832m²，地上最高层数23层，高度98.85m，地下局部2层。本项目包括门诊、医技、住院、行政后勤保障等功能用房。

一、建筑创新理念

上善若水规划结构——"一轴，双景，三组团"

一轴：以垂直轴线，串起整个院区；双景：巧妙利用粉坊水库，与中都大道借景形成丰富的院内景观广场；三组团：结合功能分区，形成"门诊、医技、住院"三大建筑功能体量。功能分区明确。

模块化：在设计中采用统一的模块，统一的柱网，以及统一的平面组合形式，理性和谐，施工便利，节约建设成本。

均衡布局：采用基本对称的方式，在中轴线的方向上，主体建筑和大小庭院相继展开；建筑与庭院沿中轴线向两边生长，形成建筑与庭院交融共生的规划结构形式。

设计流程：按照我国综合医院设计规范，设"门诊、急诊、医技、住院、行政科研、后勤保障及生活"六大模块。在传统医疗模式基础上根据资源配置能力逐步适度开辟专科医疗中心，如心脑血管中心、妇儿中心、健康体检中心，部分实现按病分区，大综合、小专科，灵活可变。保障供应体系与各医疗用房实现地下地上连通、风雨无阻，洁污物流分离。

绿色建筑：回归自然、生态、节能、降耗的设计理念，崇尚自然的采光通风，最大限度地减少建筑的能耗。各建筑之间均留出宽敞的绿色庭院，保证有足够的通风、日照间距。

二、建筑的功能布局

医患分流明确。利用医疗街、中庭建立清晰明确的交通空间及诊疗空间。简单便捷的水平交通及垂直交通设计。花园渗透建筑内部，使超过80%的房间实现自然通风和采光的门诊模块。候诊空间洒满阳光，体现对医患的人性化关怀。

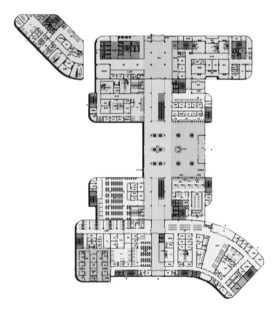

（1）门诊部：前广场形成建筑与城市之间的缓冲，满足人流集散要求；透过四层通高的门诊大厅的落地玻璃，可看到庭院景色。

（2）急诊部：120入口独立，病人可直接进入抢救室；旁边是大面积花园和停车场，足以应对突发性公共卫生事件。

（3）医技部：医技楼位于医院中央，设影像中心、检验中心、超声中心、中心手术部、ICU、净化机电设备中心，与门急诊和住院部保持相对较近的距离，为全院共享。大型设备集中，

方便病人寻找。便于大设备集中维护，方便技师管理维修，共用USP不间断电源。

（4）住院部：折线型板式建筑体，位于院区西北，包括双护理单元的住院楼，以实现模糊二级分科，每层为一个95床大型护理单元，可以分成两个40～45床的护理单元，使同病种内科外科可分可合，共设病床1000张。

（5）分区停车：采取地上地下相结合——分区停车的方式。各个功能模块都拥有独立的地面停车区域，员工、探视、病患，地下停车场全院贯通，实现风雨无阻的地下交通。

三、建筑的立面处理

沿主干道的门诊、医技、住院综合楼与行政科研楼相互呼应以整体形态出现，提升院区临街形象。在色彩及体量构成方面，以滁州传统建筑为基础，顺应折线体量，以简洁造型，结合窗、墙、洞、室外平台，形成黑、白、灰、点、线、面的有机构成，突出群体建筑错落有致、层次丰富的整体形象。反映功能的虚实对比，减弱其体积感，摆脱传统医疗建筑呆板敦厚形象，营造亲切和谐的整体氛围。

实践二：
贵港市中心医院

主创设计师：卢昌海、蔡珺

设计团队：欧阳霞、潘雯、杨婧、陈萍、曾建良、刘郴、钟燕平、刘加美

设计时间：2011年

施工时间：2012年

工程地点：广西壮族自治区贵港市

主要经济技术指标

用地面积：151048.62m²

总占地面积：37216m²

总建筑面积：406532.7m²

地上建筑面积（计容积率）：333433.2m²

地下建筑面积（不计容积率）：73099.5m²

建筑容积率：2.21

建筑覆盖率：24.6%

建筑层数：地上17层，地下1层

建筑高度：100m

绿化率：40.2%

停车位：2157 个

项目概况

　　贵港市中心医院项目选址于贵港市城北新区仙衣路东、桂林路北、郁林路南、民生路西；项目占地151048.616m²，一期设计床位1000张，建筑面积约15万m²。定位为集医疗、科研、教学、预防保健等功能为一体的三级甲等综合医院。为所在地区及周边县市提供综合性诊疗服务。并且按1800张病床建设规划预留发展空间。

实践创新

　　人车分流——建立院内的外环路，车流基本上靠外环路行驶，内部为人行交通，达到人车分流；门急诊楼与医技住院综合楼之间的空间在紧急情况下作为消防车通道，平时则为花园庭院。

　　洁污分流——药品、货物有独立的出入口和独立的运送通道；而院内各大楼的污物、尸体等则通过专门的污梯下运到地下室收集，并通过专门的出入口从南部的区间道路转运。院内的物流运输实现了有效的洁污分流。

　　医患分流——院区出入口实现"内外分开"，医护、行政、后勤工作人员也有独立的内部出入口，与病人出入口分开，医院的各大楼均设有独立的医护入口，医患流线互不交叉。建筑的布局突破传统医院形态，通过建筑间的间隙强化公共空间与环绕基地的水面的联系，增强整体布局的舒适性，使所有单体建筑都各有特点又动态统一。

一、总体规划布局设计

总体规划布局运用水的柔美流畅，阐述生生不息的主题。总体构思采用了医院典型水平脊骨式布局模式，建筑的布局将门诊、医技、住院、行政、后勤、科研及教学功能简化、整合，一期由六栋建筑组成：门、急诊楼、医技住院综合楼、康复楼、行政后勤综合楼、传染楼、教学

楼。门、急诊楼沿桂林路展开，分散就医人流，同时又自然划分了院区内的人行和车行空间。医技住院综合楼位于门、急诊楼北侧中央位置，两侧分别是行政后勤综合楼和康复楼。再往北就是教学楼和传染楼。二期由住院医技综合楼、核医学与放射治疗中心、科研楼及两栋专家周转楼等五栋建筑组成。全院所有建筑通过功能走廊串联,形成脊骨式连接，组织起简洁通畅的医疗流

线，促进了建筑的交通循环。沿东西轴线，建筑布局顺应东北风的主导风向，充分利用自然采光和通风。

二、建筑设计理念

(一)平面创新设计

（1）建筑平面以实用为原则，采用外弧内方的平面形式；大弧线平面，内部依然方正实用，最大限度地追求表现力的同时，保证了经济性、可实施性。对有明确使用功能的空间，平面布局满足使用要求，公共空间和交通空间，如入口大堂、多层通高的中厅、长廊等没有明确使用功能的空间，结合造型和环境一体化设计。

（2）本设计强调公共空间的多样性，营造不同尺度的开放空间，形成逐渐向城市开放的空间形式。绿色空间在整个医院随处可见（有些绿色空间被设计成"软空间"），用于未来医技的扩建；每个屋顶花园都蕴涵了不同的主题：治疗、康复、沉思以及水。

（二）建筑材料及立面

建筑立面以简约时尚为设计原则，适当结合地域特色，在强调整体性的前提下，充分表现个性。所有建筑体量如一群抽象雕塑，围绕庭院伸展，动态统一。

各单体立面肌理均匀、连续，尺度、韵律相近，有强烈的整体感，同时各有特色。表皮肌理虚实变化赋予建筑独特的表情，既延续城市界面，又成为视觉的焦点，加上光影的微妙变化，使之从周围众多的建筑中脱颖而出，阐述"生生不息"的主题。

实践三：
重庆市渝北区人民医院

主创设计师：王秋萍

设计团队：卢昌海　肖波　陈萍　曾建良

设计时间：2010年

施工时间：2012年

工程地点：重庆市渝北区

主要经济技术指标

用地面积：89346m²

总建筑面积：148260m²

地上建筑面积（计容积率）：123428m²

地下建筑面积（不计容积率）：24832m²

建筑容积率：1.38

建筑覆盖率：22.01%

建筑层数：地上23层，地下1层

建筑高度：100m

绿化率：35.83%

停车位：982个

项目概况

重庆市渝北区人民医院是一所集医疗、教学、急救、康复、科研、预防等为一体的综合性国家三级甲等医院，建设规模为1500床，一期规划为1000床。建设内容包括急/门诊综合系统、医技系统、住院系统、后勤保障系统、行政办公系统、科研教学系统、停车库、景观、环境绿化等建设内容。

实践创新

作为直辖市重要医疗规划建筑，重庆市渝北区人民医院总体规划建立在对音乐的创造性理解，运用五线谱的流畅感增加建筑的韵律感上。在平面上运用了医疗街的概念，高效地统筹了医院模块，创造了医患、患患分流的理想流线模式，在立面上秉承了医疗建筑独特的横线条的流畅立面造型设计特色，遵循与重庆市渝北区空港新城整体风格相协调的原则；创造性地处理并利用了场地高差，形成良好的内外环境，建造了一座科学的花园式医院，为医院建设开辟了绿色节能的新篇章。

一、规划原则

规划设计体现人性化、特色化、现代化、开放化、生态化、景观化理念；整体设计，充分发掘医院内部有限资源，整合医院内部秩序，提供完善的整体解决方案；强调建筑模块式划分与功能的完善，有利于日后医院发展的灵活性和可持续性；提高规划院区的土地利用率，为以后发展预留空间；明确院区的功能划分，探寻医务作业流程的最优化，以达到最佳的人性化设计；合理利用建筑朝向、通风、采光、建筑材料等，以达到最佳的生态节能设计；有效组织道路交通，按综合医院的流程要求合理划分人、车及洁、污流线；创造合理的分期建设规划。

二、建筑创新理念

本项目充分利用台地创造各种不同形式的空间。结合科学与自然设计一所花园式医院。

设计方案的中心是融合自然，将医院和花园作为彼此不可分割、紧密联系的整体，这不仅是对可持续建筑设计的引入，同时也是健康生活中科学和自然的一种平衡。在场地和景观设计策略中，将这种治愈性的环境既设置为花园中的医院，同时也是医院中的花园。

公共空间（医院街）、病患空间（门诊、医技单元）、医护空间（门诊、医技单元端部）分区明确。病患、医护通道相互独立，既关怀了病患，同时也保护了医护人员，体现了医院设计中以人为本的设计理念。

三、总体交通、环境设计

（一）流线设计

设计中充分考虑院内复杂的流线，使其互不干扰。本着医患分流、洁污分流、人车分流的原则布置以下流线：机动车流、步行流两种流线分离，互不交叉。西侧机动车直接进入地下车库，东侧机动车从广场东面的地下车库入口进入地下车库，在地下车库下客后，人流通过自动扶梯直

接进入门诊内部。北侧住院探视车流及行政后勤车流停靠在院区北面停车场，其他各个入口附近均设置临时停车位，车流不在院区内穿行。北面设置人车空间分层，车行入口在下，人行入口在上，最大限度地保障院区内步行流线不被干扰。

（二）环境设计

（1）规划设计通过点、线、面绿化组合，形成一个轻松自然的诊治工作环境。方案充分利用融合后院区的大片绿地。为求每一座建筑，每一个房间都可以获得良好的视觉景观。局部架空，形成连续贯通的花园，通过精心的设计，安排各种富有地方特色的植被，为患者带来舒适的空间享受。中心花园与内庭院的景观设计充分体现绿色医院、园林医院的特色。

（2）本案用地整体变化较大，西南低、东北高，之间有高差约为15m，在设计中，我们按照建筑层数关系把场地分解为四个台地，从西到东、由南至北逐级抬高5.5m、4.5m、4.5m。

（3）我们将院区一期建筑的正负零标高设置于第二台地上，并且让该台地顺畅地连接用地南侧人行主入口，并且充分考虑到西侧车行入口，设置地下交通空间；急诊急救广场以及后勤楼和住院综合楼的正负零标高则设置在用地东侧第三台地上；住院综合楼入口为立体交通设计，第三台地上为车行流线入口广场，第四台地上为人行流线入口广场；三期医疗中心和传染楼则设置在北侧第四台地上，相对独立。在保证消防车能顺利到达各级台地，满足消防需求的同时，利用景观步道、草坡、踏步等连接各个台地，使得院内景观错落有致、层次丰富。

泳池安全系统解决攻略

陈梅湘

戴思乐集团

泳池安全分为三大部分，一是游泳时的人身安全，二是泳池的水质安全，三是泳池的空气质量安全。游泳时的人身安全主要包括溺水、漏电、触电安全，其他安全伤害及隐患。

一、溺水

溺水，可分为两种：吸入式溺水和缺乏安全监管的溺水。

（一）吸入式溺水

因底排缺失、脚部吸入、回水部件吸住身体部位、缠发和夹发、吸入并夹住手指是造成吸入式溺水的几种主要原因。为避免此类危险的产生，需从系统设计、设备材料选择、安装维修等源头上尽可能避免危险源的存在，并对此提出了以下针对性的建：

1. 循环系统设计

水循环系统设计尽可能采用逆流式或真空式过滤方式，以减少吸附源头的产生。

2. 设备材料选择

美国：回水口装置应满足ASHE/ASNI A112.19.8；吸污口应满足IAPMO SPS4。

英国和欧盟：应满足BS EN 13451-3:2001(游泳池设备安全要求和布局测试方法)。

3. 定期检查维修

游泳池、儿童池和按摩池的安全运行取决于好的检查和维修。所有设备、把手和排水口要定期检查、防止其出现腐蚀、恶化、缺损或其他潜在的危险元素。

（二）缺乏安全监管的溺水

从商业类人工游泳池需配置救生人员的标准出发，针对目前未开放运营型室外度假式别墅游泳池和已开放运营型室内外公共游泳池缺乏溺水报警的现状，为大家重点推荐了瑞典生产的SenTAG泳池安防系统及美国生产的SonarGuard系统。

二、漏电、触电安全隐患

（一）由于游泳池空间是特别潮湿的，这种场所充满潮气并常有凝结水出现，易使灯具绝缘水平下降造成漏电或短路，人体阻抗也因皮肤浸湿而显著降低，电击危险大大增加。因此这种场所的电气安全应予以足够重视，避免漏电、触电的事故发生。

（二）对于所有泳池中的金属配件或附件，包括金属地漏，金属扶梯，金属的水疗设备，金属的健身器材（水下）等，一定要进行等电位连接。

三、其他人身安全伤害及隐患

（一）游泳池周围应选用专用的防滑型溢水篦子（GPM 高分子材料）、专业溢流槽及池边石。

（二）池面有明显的水深度、深浅水区警示标识，或标志明显的深、浅水隔离带，浅水区水深不得超过1.2m。

（三）池底和池壁无凸起台阶和管件，以防绊倒游泳者。

（四）踏步台阶中心用深浅色材料标明，防止入池和出池时踏空，由于折射和水面晃动，引起台阶位置难于确定。

（五）游泳者全部戴泳帽，可避免缠发和夹发风险，还能减少泳池的有机污染。

（六）泳池的台阶、斜坡和跳板要参考相关的标准和规范进行设计和安装。

（七）患有严重的心脏病、高血压病、癫痫病者和酗酒者不得入池游泳；当进行剧烈运动之后，入水后易抽筋者，要在入池前做一些活动，以防溺水。

（八）游泳池要有防护围墙、围栏、上锁的安全门、安全池盖等设施，等等。

除此之外，同时还需设置产生此类型危险的应急措施，包含设计负压释放系统和急停按钮的设置。

没有绝对的安全，任何的安全措施，都只是安防措施之一。

2013 年香港建筑师学会海峡两岸和香港、澳门
建筑设计论坛

主办机构
香港建筑师学会

协办机构
深圳市注册建筑师协会
台北市建筑师公会
澳门建筑师协会

论坛主题：地域·文化·现代化·Next……
日期：2013年3月16日(星期六)
时间：9:30 ~ 17:30
地点：香港中区金钟道 88 号太古广场香港JW万豪酒店

主礼嘉宾：香港特别行政区行政长官梁振英先生

讲者：大会从海外、海峡两岸和香港、澳门等地邀请讲者

确定出席的讲者如下(排名不分先后)：
钟华楠先生 (钟华楠建筑设计事务所)
何镜堂先生 (华南理工大学建筑学院)
姚仁喜先生 (大元联合建筑事务所)
马若龙先生 (Marreiros Arquitectos associados)

旨意

　　进入新世纪，海峡两岸和香港、澳门的建筑处于一个高速发展的过程。亚洲建筑迈向国际化，在20世纪60年代始于日本、印度和中国香港等地。但是随着近年经济增长，海峡两岸和澳门的建筑出现了一种能融合新技术和历史文化的发展。海峡两岸和香港、澳门的建筑各有特色，并各自努力阐释和展示其独特的文化，这对文化传承作出了重大的贡献。同时更包括了对社会的责任，生态的考虑，以具前瞻和创造性的设计回应地球日益减少的资源。这正快速成为海峡两岸和香港、澳门新的建筑设计方向和生态。

　　香港建筑师学会海峡两岸和香港、澳门建筑设计论坛是一个重要交流平台，邀请来自海峡两岸和香港、澳门拥有丰富经验及杰出地位的建筑师担任讲者，旨在互相切磋及交流，致力将海峡两岸和香港、澳门的建筑设计提升和进一步向世界展示。

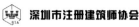 

2013 年香港建筑师学会海峡两岸和香港、澳门
建筑设计大奖

主办机构
香港建筑师学会

协办机构
深圳市注册建筑师协会
台北市建筑师公会
澳门建筑师协会

日期及时间. 2013年3月16日(六), 19: 30
地点: 香港中区金钟道88号太古广场香港JW万豪酒店

旨意
　　进入新世纪, 海峡两岸和香港、澳门的建筑处于一个高速发展的过程。亚洲建筑迈向国际化, 在20世纪60年代始于日本、印度和中国香港等地。但是随着近年经济增长, 海峡两岸和澳门的建筑出现了一种能融合新技术和历史文化的发展。海峡两岸和香港、澳门的建筑各有特色, 并各自努力阐释和展示其独特的文化, 这对文化传承作出了重大的贡献。同时更包括了对社会的责任, 生态的考虑, 以具前瞻和创造性的设计回应地球日益减少的资源。这正快速成为海峡两岸和香港、澳门新的建筑设计方向和生态。

　　香港建筑师学会海峡两岸和香港、澳门建筑设计论坛是一个重要交流平台, 邀请来自海峡两岸和香港、澳门拥有丰富经验及杰出地位的建筑师担任讲者, 旨在互相切磋及交流, 致力将海峡两岸和香港、澳门的建筑设计提升和进一步向世界展示。同时举行的海峡两岸和香港、澳门建筑设计大奖为海峡两岸和香港、澳门的建筑师带来一个互相观摩的机会。

建筑类别
a. 高层住宅 (9层或以上)
b. 低层住宅 (8层或以下)
c. 商业办公大楼
d. 商场 / 步行街
e. 小区、文化及康乐设施
f. 酒店
g. 运输及基础建设项目
h. 未兴建项目: 建筑方案设计

奖项
每项建筑类别最多设有1个金奖、2个银奖及4个优异奖。

提名资格
提名竞逐香港建筑师学会海峡两岸和香港、澳门建筑设计大奖的建筑物必须于10年内建于海峡两岸和香港、澳门等地区。

第(a)至第(g)类别之所有提名建筑物或作品须于2002年10月1日～2012年9月30日期间完成 (即于2002年10月1日～2012年9月30日期间, 入伙纸或完工证已获签发或该建筑物经已送交业主并获得业主同意)。

第(h)类别未兴建之作品只需取得业主的正式书面任命或委托, 即符合提名资格。

国际评判团
Doctor Liane LEFAIVRE, Chair of History and
Theory, University of Applied Art, Vienna
Professor Alan J. PLATTUS, Professor of Yale
School of Architecture
Professor Alexander TZONIS, Professor Emeritus,
Chair of Architectural Theory and Design Methods
at the University of Technology of Delft, Netherland
Professor Sarah WHITING, William Ward Watkin
Professor and Dean of the Rice School of
Architecture

设计大奖活动流程

日期	活动
2012年10月5日	- 宣布设计大奖及开始接受公开提名
2012年11月23日	- 截止接受提名
2012年12月7日	- 截止接收参赛文件资料
2012年12月中旬	- 国际评判团开始进行第一轮参赛遴选
2013年1月中旬	- 入围作品将获通知呈交补充资料
2013年3月13至15日	- 国际评判团选出得奖作品及名次
2013年3月16日	- 建筑设计大奖颁奖典礼 (晚宴)

利安建筑顾问集团

利安公司于1874年在香港成立，是一家机制健全、信誉良好的国际性设计公司。利安所提供的高质素设计和工程管理服务遍及了中国香港、中国大陆及海外大量的公共及私人发展项目，并且在下列多元化的建筑类型方面具有专业的设计经验：

总体规划、办公室、零售、酒店设施、教学建筑、居住建筑、医疗设施、基建设施、娱乐设施、马术设施、特别建筑、室内设计、可持续发展设计。

拥有138年历史的利安顾问有限公司(利安)，是一间大型及国际化的建筑设计事务所并于中国香港设有总公司，办事处更遍布中国和中东地区。利安是首间建筑设计公司在香港获得ISO 9001，ISO 14001及OHSAS 18001的认证。

利安现为美国绿色建筑协会（USGBC）企业会员、中国香港绿色建筑议会（HKGBC）Gold Patron会员和中国绿色建筑与节能(香港)委员会(CGBC(HK))创会会员。在利安的可持续发展团队中，有17位员工获得 LEED (Accredited Professional)，21位获得香港绿色建筑议会绿色专才(BEAM Pro)及6位获得绿色建筑设计标识的绿色建筑培训合格证书。

利安设计的项目除了拥有时尚风格外，亦荣获多于20个环保奖项并在多个国际性环保建筑设计比赛中屡获殊荣。

利安顾问有限公司于2012年优质建筑大奖颁奖典礼上荣获"优质建筑师奖项"及"优质建筑大奖境外建筑（非住宅）项目奖"两项大奖。这对我们一贯坚持的高素质创意设计服务是嘉许也是鼓励。利安集团人才济济，员工的专业技能涵盖广泛的工作范畴和深入的技术层面。由概念构思设计到现场施工管理均由具有经验的团队专业操作，集团更积极推动先进的设计工具和建筑技术的应用，及时迅速地回应近年来建筑模式的转型及客户对环保的诉求。

利安与众多国际顾问专家建立了积极的伙伴关系，在建筑领域共同寻求创新的技术及突破可持续发展设计理念的实践，在满足客户项目发展目标的同时，也注重项目长期的社会影响及经济活力。

利安公司在中国大陆从事大型项目的设计历史已近30年，在北京、上海及福州分别设有办事处及合资公司，在各主要的城市都有当地及海外的业主委托设计的多种项目，并与当地许多设计院建立了良好和长期的合作关系。

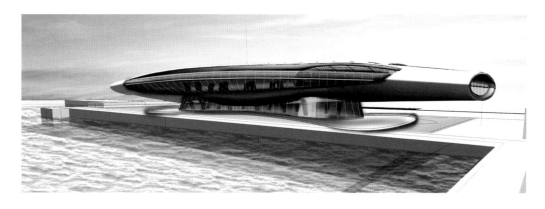

香港 DCA 戚务诚建筑师事务所
广东省国际工程建筑设计有限公司
深圳丹尼尔建筑顾问有限公司

牛潭尾私人住宅发展计划——峰景豪园 (10000m²)

香港戚务诚建筑师事务所创立于1990年。首席合伙人戚务诚董事为香港注册建筑师并具有中华人民共和国一级注册建筑师资格及25年处理中国香港及中国大陆之建筑设计及工程策划的丰富经验。

公司一贯秉承专业而可靠的建筑策略，诚意于指定的资金成本及时间内，设计一套高素质兼着重多功能及符合经济原则的设计方案。

公司主要的业务范围，包括提供任何规模的建筑设计及策划、结构及机电设计、进行土地发展可行性研究、成本计算和室内设计之专业服务。

为配合国内建筑工程发展，公司早于1992年在北京设立了一所持有国家甲级牌照的建筑设计院 ——北京奥思得建筑设计有限公司，因此我们能够在中国不同省市县直接及更有效率地提供不同类型的建筑设计服务。

深圳人的一天——竞赛中选 (60000m²)

香港韩国国际学校——竞赛中选 (10000m²)

澳门妈阁海滨国际酒店 (50000m²)

广发证券大厦——竞赛第二名 (150000m²)（联合投标体）

广州和平绿岛温泉酒店 (70000m²)

山东济南泉城路环境设计——竞赛中选 (第二名)

东莞第一国际酒店配套城

四川彩电中心 (50000m²)

杭州市拱墅区长板巷地块20号总体规划 (180000m²)

四川广汉市城北5号地景汉豪庭——竞赛入围 (300000m²)

四川广汉市城北5号地景汉豪庭——竞赛入围 (300000m²)

广州和平家园

广州和平大厦 (55000m²)

成都熊猫商城 (500000m²)

山东济南35中住宅小区

成都冠城花园三期 (50000m²)

无锡太湖新城一号地——竞赛中选 (1500000m²)

广东清远索特丽豪大酒店 (120000m²)

上海华润时代广场——立面及商场改造 (55000m²)

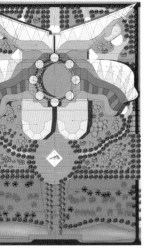

北京京乐门——竞赛中选 (75000m²)

南宁国际大酒店 (45000m²)　　　桂林宾馆——第二期工程　　　　　　惠州东江明珠花园 (200000m²)

浙江金华东方国际中心——竞赛中选 (120000m²)

城设（综合）建筑师事务所有限公司
城设园林设计有限公司

城市规划

建筑设计

园林设计

挑选项目

1 长沙水岸新都
2 鞍山新世界花园
3 成都河畔新世界
4 鞍山新世界花园
5 武汉商住发展
6 江阴住宅发展
7 成都河畔新世界
8 成都河畔新世界
9 东莞住宅发展
10 长沙水岸新都
11 惠州佳兆业5号地块
12 珠海美丽湾二期

平面设计

环保设计

荣获设计奖项目 (选录)

深圳上品雅园	2010，华人住宅与住区设计—住区景观设计奖
	2008，中国国际花园社区综合类大奖
东莞石龙帝景湾	2009，最佳建筑设计奖
深圳龙岗水岸新都	2005，中国国际花园小区综合类大奖
深圳桂芳园	2008，华人住宅与住区景观设计奖
	2004，国际花园社区人造类金奖
深圳可园	国际花园小区类建筑规划设计类金奖

空间韵律　场地设计起伏多变，善于利用地形、植物和园林硬景元素分隔空间，追求步移景异和强烈的虚实对比空间效果。

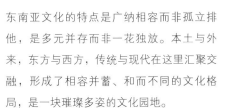

艺术情调

东南亚文化的特点是广纳相容而非孤立排他，是多元并存而非一花独放。本土与外来，东方与西方，传统与现代在这里汇聚交融，形成了相容并蓄、和而不同的文化格局，是一块璀璨多姿的文化园地。

园林建筑

东南亚风情建筑最大的特色是对遮阳、通风、采光等条件的关注。

水体

水是娱乐的音符，是建筑的语言，是花园景观中的精华。

景观小品　景观小品为东南亚地区民间生活场景的浓缩与剪影，
　　　　　　巴厘岛园林更是神秘和浪漫的代表。

地面及硬景材质

乡村特色的材质，追求自然、质
朴的地面，信手拈来的自然材料
其实也是朴素的生态理念。

植物

如果"碧水"是热带园林景观的
灵魂，那么"浓绿"就是热带园
林景观的底色。

色彩、光影

东南亚风格主要以宗教色彩浓郁
的深色系为主，而植物色彩除了
浓绿外，更讲求色彩强烈对比，
长日照气候带来光与影的变幻。

高密度城市的宜居性
——香港宜居性发展模式的探讨

符展成

梁黄顾建筑师（香港）事务所有限公司

摘要：本文旨在以香港这一国际一线大都市为例，通过分析香港集约型发展模式下的过去、现状及未来，探讨这一典型的高密度城市在其发展过程中如何同时追求宜居性，试图找出一种最适合的集约型与宜居性兼顾的发展模式，为同类城市或地区的可持续发展提供借鉴和参考。

香港，作为国际金融、航运中心之一，以其繁荣的金融、服务业及工商业，逐步从一个渔村发展成为现代化国际大都会，在世界经济舞台上扮演重要角色。2008年1月，《时代杂志》首次提出"纽伦港"[1]的概念，将香港与纽约、伦敦两大国际一线城市齐名，进一步确立了香港在全球化发展中的卓越地位。过去的几十年中，香港一直从高密度城市的角度出发不断摸索适合本地城市发展的道路和方向，积累了丰富的发展经验，本文将从香港发展的机与危、政府应对、香港全貌以及展望未来发展这四个方面，对香港的集约型发展模式进行探索，以追求宜居性城市为目标，找寻一条更完善、可行度更高的可持续发展道路（图1）。

图1 本图出自 DAVID ILIFF (License: CC-BY-SA 3.0)

首5位	世界级城市名册 (Globalization and World Cities Research Network) 2010	金融发展指数 Financial Development Index (FDI) 2011	全球金融中心指数 (Global Financial Centre Index 11) 2012	世界竞争力年报 (World Competitiveness Yearbook) 2012
1 2 3 4 5	伦敦 纽约 **香港** 巴黎 新加坡	**香港** 美国 英国 新加坡 澳洲	伦敦 纽约 **香港** 新加坡 东京	**香港** 美国 瑞士 新加坡 瑞典
其他	东京 (6) 上海 (7) 北京 (12) 广州 (67) 深圳 (106)	日本 (8) 中国 (19)	上海 (8) 北京 (26) 深圳 (32)	英国 (18) 中国 (23) 日本 (27)

资料来源:Globalization and World Cities Research Network,世界经济论坛(World Economic Forum),Z/Yen Group及瑞士洛桑国际管理发展学院(International Institute for Management Development)

图2　以上数据参考2011年世界经济论坛及瑞士洛桑国际惯例发展学院相关研究

首5位	世界最佳居住城市 Mercer's Quality of Living Survey 2011	全球最佳生活城市 Economist Intelligence Unit's Global Liveability Survey 2011	最宜居城市名单 Monocle's Quality of Life Survey 2011
1 2 3 4 5 6	维也纳 苏黎世 奥克兰 慕尼黑 杜塞尔多夫 温哥华	墨尔本 维也纳 温哥华 多伦多 卡尔加里	赫尔辛基 苏黎世 哥本哈根 慕尼黑 墨尔本
其他	新加坡(25) 伦敦(38) 东京(46) 纽约(47) **香港(70)** 上海(95) 北京(109) 广州(119) 深圳(132)	东京(18) **香港(31)** 新加坡(51) 伦敦(53) 纽约(56) 北京(72) 上海(79) 深圳(82) 广州(89)	东京(9) 新加坡(15) **香港(17)**

资料搜集自相关网页(Mercer, Economic Intelligence Unit, Monocle)及多处其他来源，未经有关机构证实，只作一般说明用途

图3　以上数据参考2011美世咨询公司公布的经济学人智库相关研究

一、香港发展的机与危

据全球化与世界级城市研究小组与网络的调查报告显示，香港位于2010年世界级城市名册[2]第3位，仅次于伦敦和纽约，并远高于其他中国地区上榜城市；世界经济论坛及瑞士洛桑国际管理发展学院统计数据也显示，2011年金融发展指数排名首位；2012年全球金融中心指数第3位；2012年世界竞争力年报排名第1位。作为国际金融中心之

一，香港社会经济的高度发达毋庸置疑（图2）。

然而与此同时，高度发达的经济体也带来了高密度的城市形态，如果将环境因素列入主要考察指标之一，香港的排名就有明显下降。例如，2011年的三项调查中显示，香港位于世界最佳居住城市排名第70位，全球最佳生活城市排名第31位，全球最宜居城市排名第17位，这些数据让我们不得不思考：高度发达的经济是否一定要以牺牲城市宜居性为代价（图3）？

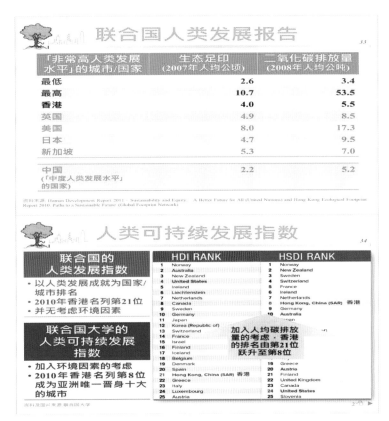

图4 以上数据参考联合国大学2010年相关研究数据

2010年，联合国开发计划署人类发展指数[3]，根据平均预期寿命、识字率、国民的教育和生活水平计算来衡量各国社会经济发展程度，香港排名第21位，这一指数中并未将环境因素纳入计算；在同年的联合国大学人类可持续发展指数中，环境因素——人均碳排放量作为一项重要指标被计算在内，香港则　跃升至第8位，成为亚洲唯一晋身前十的地区。这让我们欣喜地看到，香港的高速发展并未将环境完全舍弃，虽然高度发达的经济让我们感受到高密度发展所带来的环境危机，但我们仍然有理由相信，这将是一条机与危共存的道路，只要我们把握好新的机遇，就一定会找到一种合理的可持续发展模式，帮助我们达到高速发展的经济和宜居性生活品质的最终平衡（图4）。

二、政府应对

香港政府前行政长官曾荫权在2007～2008年的施政报告中，首次提出了"优质城市，优质生活"[4]的理念，倡导在发展经济的过程中，要以进步发展观来主导一个可持续、均衡和多元的发展方向，不单要追求发展，也要追求整体进步，除了要取得经济效益外，也要取得文化、社会及环境的效益，目的是把香港建设成为优质的全球性城市。

在此基础上，提出将改善宜居性作为主要的目标，并从梳理发展密度、优化海滨发展、文物保育、轨道交通导向发展、绿化工程等多个方面入手，最终将香港建设成为一个更宜居的城市。

我们必须明确，香港目前已经是一座高密度

的城市。高密度本身具有其独特的优势，但高密度的同时也会带来诸多环境问题，关键在于如何在此高密度的状态下，将香港发展成为宜居城市。

近几年，香港为了更好地治理环境，统筹发展与环境的协调共营，先后成立了一系列统筹发展办公室，包括：

海滨事务委员会——主要职责是在构想、规划、城市设计、市场推广及品牌建立、发展、管理及营运海滨用地及设施方面，持续无间地担当倡导、监察及咨询角色；就海滨规划、城市设计、发展及管理工作方面作出整体统筹及监督，以确保能有效整合这些主要范畴的工作；以及透过采用与私营界别（包括社区、社会企业及非政府机构等）不同类别的合约委托／合作安排，以促进及推动海滨的发展、管理及保养。[5]

发展局文物保育专员办事处——为发展局局长提供专责支援，以便推行文物保育政策，并经常检讨政策、推展行政长官于2007年10月10日施政报告所宣布的一系列文物保育措施，以及担任本港和海外的联络人。以适切及可持续的方式，因应实际情况对历史和文物建筑及地点加以保护、保存和活化更新，让我们这一代和子孙后代均可受惠共享。在落实这项政策时，应充分顾及关乎公众利益的发展需要、尊重私有产权、财政考虑、跨界别合作，以及持份者和社会大众的积极参与。[6]

"绿化·人·树共融"，绿化、园境及树木管理组——政府于2010年3月在发展局工务科之下成立绿化、园境及树木管理组，倡导新的策略性绿化、园境及树木管理政策，使香港持续发展更绿化的环境。

启动九龙东办事处——"香港的传统核心商业区已无法满足经济增长对写字楼的需求，我们必须开拓另一个核心商业区——九龙东"。[7]这个办事处由多类专业人士组成，包括城市规划、设计方面的专家，负责督导和监察九龙东区这项极为重要的策略性发展，致力于打造全新九龙东中心商业区，实现九龙东愿景。这一旧城改造项目，将进一步实践香港在旧城活化、海滨治理、绿化环境等各方面的尝试和探索，为今后香港的环境保育工作提供借鉴和参考。

这些机构对政府在环境保育方面的一系列政策给予了高度支持，并有效地执行了各类保育举措，大大提高了环境保育的成效，也从一个侧面进一步肯定了香港政府在过去几年中对环境保育工作的大力推动和发展。

三、香港全貌

1. 土地利用概况

香港的土地面积约为1100km²，地形主要以山体为主，平地资源相对较少，总人口约710万。从土地利用率来看，目前香港的都市及已建土地占到总面积的23.9%，山林、灌丛、草地以及其他土地仍然占据高达约76%。与纽约、伦敦、新加坡等其他国际性地区已开发土地占到该地区总土地面积五成以上相比较，香港的已开发土地只略高于内成，而休憩用地及绿地却高达四成，这充分说明了香港能在更小的土地上产生更大的效益。

2. 集约用地的发展模式

香港的高密度现状是对有限资源进行利用最大化的一种必然结果，这种发展模式被称为集约用地的发展模式。铁路为本及郊野公园保育两方面的同步有效发展，使得我们在高密度发展的强度下，仍然能够保持较好的经济与生态环境的平衡。

（1）铁路为本的发展模式

所谓铁路为本的发展模式，是指于铁路沿线形成以车站为核心的发展群，在铁路或轨道交通站上盖或周边容纳高密度、高层及混合用途的发展。

在这一模式下，铁路、轨道交通沿线将会随着交通设施的逐渐成熟，在以车站为核心的500m范围内，形成新兴经济圈，从而带动周边商业、餐饮、服务业的联动发展，以此产生巨大的连锁经济效益。香港的铁路、轨道交通建设，经过几十年的建设与发展，已经在全港范围内建成四通八达的铁路轨道交通网络，这些星罗棋布的站点上盖，衍生出了各自独立又互相协作的不同特色的商业圈，形成香港特色的铁路经济。据统计，截至2011年，全港商业及办公楼面积的75%，以及住宅单位面积的42%，都分布在铁路轨道站点的500m经济圈内；由此可见，铁路为本的发展模式在香港经济发展中的作用不容小觑。

铁路为本的发展模式也将香港运输用地效率最大化，使得香港运输用地占整体土地百分比降至最低比例的5.1%，远低于新加坡的12.4%和伦敦的13.4%；集体运输（包括铁路、巴士、电车）占整体交通形成百分比的80%；在人均本地生产总值水平相近的前提下，香港的人均私家车拥有率仅占到9%以下，同样远低于伦敦、纽约、东京等发达地区。这些数据充分证明了铁路为本这一发展模式的独特成功之处。

同样值得一提的还有城市交通流动性指数，这是一项以11项准则评估全球66个城市在交通流动性方面的发展及表现的指标。2011年，香港在这一指标评审中，以公共交通系统占行程次数的比例高，与交通有关的人均二氧化碳排放低以及人均车辆登记数字低这些明显优势在评选中荣登榜首，成为当之无愧的成功城市，成功超越伦

敦、纽约、新加坡等发达地区。

（2）郊野公园保育

郊野公园保育也是在香港集约型发展的环境下逐渐形成的香港特色的环境保育成果。在过去几十年的经济发展过程中，香港政府从来没有忽视过环境保护的同步性和重要性。通过持续不断的保育工作，我们可以自由亲近山水相连、风光如画的大浪西湾、望鱼角；享受草坡茂林、群山叠岭的昂坪山、鹿鼎山、马鞍山；探索怪石嶙峋、千变万化的世界地质公园；陶醉于碧波荡漾、鸟语花香的湿地公园。这些山水缠绕的迷人景色，为香港高速发展的道路两边增添了独特的风景线，让我们在忙碌的生活中仍然拥有停留休憩的一方清净之地。

值得一提的是，香港的郊野公园与中心商业区做到了完美融合。经过多年的有序规划与发展，全港的市民们都能够在30min内，轻松远离中心商业区的纷繁拥扰，转而投入惬意的大自然；休闲享受不再局限于周末，亲近自然完全可以近在咫尺，这对于习惯了快节奏生活的香港市民，显得尤为珍贵（图5）。

郊野公园的保育，帮助我们更好地应对气候变化，大面积的绿化，大量吸收二氧化碳，从而达到调节气温的作用；自然生态得到保育，使得独特的地质、地貌遗产得以完整地保存，为多种多样的生物提供适宜繁衍生长的肥沃土地；四散分布的公园，也为广大香港市民提供丰富的康乐设施，并为专业人士提供教育及演习的理想场所。

上述铁路经济及环境保育的成果，充分肯定了香港在可持续发展方面的先进理念和实践经验，让我们有信心继续沿着这条可持续发展的道路前进，打造更美好的香港。

图5 香港地质公园及香港湿地公园，本图出自香港渔农自然护理署

四、展望未来发展

香港的现状让我们欣喜于过去的成就，也同时认清了前进的方向，我们可以从以下几方面继续努力，为香港打造一个高密度与宜居性协调发展的未来。

1. 梳理发展密度

如前所述，高密度本身并不可怕，只要合理梳理，就能在宜居性平稳发展的前提下将发展效益最大化。目前，香港政府主要着力于以下三个方面对高密度进行梳理。

（1）保护山脊线

香港四面环山，要对高密度进行有序梳理和编排，首要任务就是要深入研究延绵不绝的山脊线。山脊线就是大体上沿分水岭布设的路线，是城市设计要素之一，以山脊线作为梳理工具，对各类建筑进行有序编排，就能有效控制高密度。

香港政府规划署于2006年7月于《城市设计指引》中在提到发展建筑高度轮廓时指出，"山脊线是香港的珍贵资产，因此在城市开发进程中应对山脊线进行额外考虑，加以保护。在香港采用发展高度轮廓，目的正是要维持并加强城市与天然景色，特别是与山脊线／山峰的关系。为保护维港两岸的重要山脊线／山峰和山峦的景观，从主要和人流汇聚的瞭望点望向的山脊线应维持一个不受建筑物遮挡地带。《都会计划(1991年)》所载的指引建议设立一个20%～30%的山景不受建筑物遮挡地带，可作为初步依据，但对个别情况可灵活放宽，以及容许在适当地点出现地标建筑物以突出山脊线。"[8]

众所周知，香港岛的几幢地标性建筑（包括中环广场、中国银行大厦以及国际金融中心二期）已经成为香港明信片的一部分，成为城市的标志性轮廓。规划署指出，"港岛北岸发展应配合扯旗山和其他山脊线／山峰，以保护从九龙（特别是从拟议的西九龙文化艺术区、尖沙咀的文化场馆及东南九龙发展的拟议海滨长廊）望向的景观。在上述这些瞭望点的观景廊内，应避免无限制高度及破坏'不受建筑物遮挡地带'的发展。"[9]因此，除去已超标的标志性建筑之外，在建或即将兴建的所有建筑，都将严格遵守"20%山景不受建筑物遮挡地带"的相关规定进行审批和申报，以确保山脊线的延绵不断，进一步控制建筑物高度和集结程度，使得城市核心区域的建筑发展更趋多元化。

以西九龙文化区为例，在规划该区域的改造工程之前，政府规划方面就选取了西营盘中山纪念公园以及中环码头为视点，参照西九龙区现有的建筑物及山脊线高度，分成三个区域进行规划，分别规定基准水平面以上50m、70m和100m

为不同区域的建筑高度限制，令到西九龙的轮廓线能够与现有建筑物和谐一致，从而进一步保护山脊线的完整性。

（2）梯阶式高度设计

梯阶式高度设计，就是越近海边的建筑物高度越低。较高的建筑物应建于内陆地区，而较低矮和低密度的建筑物则应分布在海边地区，以避免海边充斥高楼大厦，并同时增加从市区眺望海景的可观度。而在城市心脏（中心城区），则可以通过降低公共建筑（比如学校和医院）的高度，来达到降低整个城区高密度的目的。

以香港西环地区主要建筑物分布为例，从沿海区域一路延伸至内陆区域，建筑物高度逐渐从100m过渡到120m，再从140m发展至160m，最高的220m建筑位于最内陆地区，这种平稳过渡、逐渐上升的建筑物分布，使得海边地区景色得到较为完整的保留，拓宽了市区的海景视觉通道，从而在一定程度上降低了高层建筑对自然景观的影响。

（3）通风设计

香港全城清洁策划小组在2003年8月提出建议，"为改善城市楼宇布局，要求规划署研究把空气流通评估列为所有大型发展或重建项目及未来规划的其中一个考虑因素。因此，规划署进行了'空气流通评估方法可行性研究'，并于2005年完成该项研究"。[10]空气流通评估可就不同设计方案对空气流通的影响作出分析比较，并及时发现潜在的问题，从而在设计初期进行改善。

在香港这一典型的高密度且炎热潮湿的城市，为改善空气流通的情况，在城市规划设计中应将通风廊的设计作为必要考虑因素之一。沿主要盛行风的方向开辟通风廊，并增设与通风廊交接的风道，能够使空气有效地流入市区范围，从而进一步驱散热气、废气和微尘，改善市区局部密集地区的微气候。

同时，对某一特定区域内的批量建筑物进行适当排列，也可有效地调整建筑物附近的空气流向。例如，当建筑物的中轴线与盛行风的方向平行或不超过30°，或对建筑物进行一定的交错排列，都能减低对空气流通的阻碍，改善室内外的天然通风。

2. 优化海滨环境

香港的海岸线蜿蜒曲折，景致迷人，维多利亚港更是港人引以为傲的活力之港，以其醉人的夜景成为世界著名的观光点之一。然而，多年来不断新建的高楼，却在不知不觉中破坏了维港两岸的天然景观，使得越来越多的人士开始关注维多利亚港的保护。

为此，香港政府近年来不断推出各类举措，着力于以下六个方面对维港环境进行保护和治理。

（1）海滨行人通道

通过建造四通八达的行人天桥，连接内港居住区与海边地区，形成不受地面交通影响的海滨行人通道，为市民提供更安全、便捷的人性化亲水捷径。

（2）海滨综合运用

通过全面规划，将商业、餐饮业、零售业、休闲教育类等不同功能区域进行合理布局；沿海边多分布文娱、旅游相关，康乐和零售用途区域；内港区多分布商务、政府机关或其他公共设施；力求做到有机结合，以打造充满活力、多元化的海滨综合区域。

（3）海滨景观通廊

通过协调规划，建设连贯的海滨休闲长廊，将新修葺区域与原有的历史文化景观有机结合，尽可

图6　西九龙海滨长廊，图片出自旅行家旅游网　http://www.lxjia.net/guide-lxjia-gonglue12152.html

能延长海岸线，打造绿色活力海滨通道（图6）。

（4）适当规划道路

在海边区域，以通达性和亲水性为主要前提，尽可能避免建造可视的主要道路，转以地下隧道等取而代之，从而减少对沿海景观的视觉遮挡。

（5）取缔不协调用途

避免会破坏海岸连贯性的建筑规划，适时取缔已有的非必要障碍功能区，如货物装卸码头，从而保护维港两岸绵延不断的海滨长廊。

（6）文化遗产保育

香港有丰富的文化遗产，既有欧陆风格的优雅建筑，又有独具香港本土特色的历史建筑，还有各种具有悠久历史价值的文物（石刻、纪念碑等）及古树。这些文化遗产是城市的重要地标，体现了香港深刻而独特的历史文化，其中亦蕴涵了广大香港市民的美好回忆，是对香港发自内心

的自豪感和归属感的源泉（图7）。

因此，如何在此状态下，对现有的文化遗产进行有效保护，成为了香港高速发展进程中的一大课题。令人欣慰的是，香港政府在这方面的政策是值得肯定的，政府一直大力倡导："鼓励保存具历史意义、建筑特色及文化价值的建筑物，使香港的文化和历史得以流传。这些建筑物的翻新和改变用途，应与周围的环境相协调。历史建筑物应该有适当的新用途。[11]"

案例1："蓝屋"改造计划——"蓝屋改造，留屋留人"

蓝屋位于香港湾仔旧城区，具有特殊的历史意义和文化价值，因此，这一改造计划的核心并不是硬件上的外观翻新，而是如何在软件层面

245

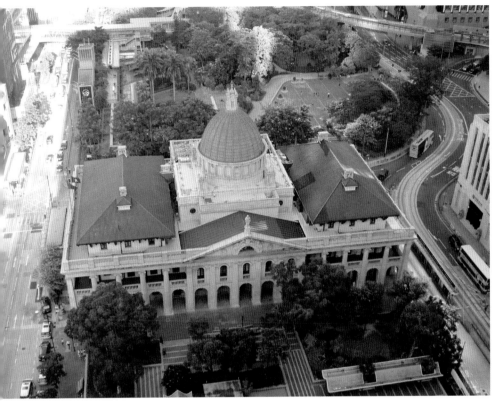

图7　香港立法会大楼，图片摘自百事通自由行网 http://114.com.hk/information/detail.jsp?id=a_61719

上，最大限度地保留蓝屋作为香港珍贵历史文化遗产的深层次意义。梁黄顾特取"活化历史"为核心，希望通过合理改造，在达到加固建筑本身的硬件要求下，尽可能完整地保留原建筑特有的历史风貌和社区特色，继承和发扬团结互助、同舟共济的社区参与精神。

项目以改善生活为目标，旨在提升蓝屋居民的生活质素，更好地鼓励社区参与；鼓励居民及持份者，分享时间、才能和经验，从而使新住户能以低于市场价的租金租到空置单位，帮助他们在生活上得到他人的支持和认同；通过保育唐楼的生活模式，使得历史建筑和有关文化研究价值得到较完整的保存，从而能与下一代分享曾经在狮子山脚下辛勤劳作、开拓进取的香港故事。

通过修复和活化，蓝屋能保留20个住宅单位，2间商铺，2间餐厅，一定范围的展示区、活动区和办公室，以及面积不少于220m²的公众休憩用地；并通过2部外部楼梯以贯通该三座独立建筑物的架空连接桥和其他配套设施。

这一项目是活化再利用历史建筑，以社会企业方式落实可持续发展的成功实践；"留屋留人"的开发模式，也为今后长远的历史建筑活化提供了高价值的参考和借鉴（图8）。

轨道交通导向发展

一张八达通走遍全香港，香港一直以来都以其四通八达的城市交通体系而闻名。我们已清楚地认识到，只有继续坚持以轨道交通为导向的城市交通网络发展模式，才能确保香港在支撑高密度发展的同时，又满足低排放的需求，从而进一步向宜居性城市的目标迈进。

在已建成的项目中，调景岭站上盖和九龙站

图8 香港湾仔蓝屋，图片出自梁黄顾建筑师（香港）事务所有限公司

上盖，都是高密度混合用途与轨道交通有效结合的成功案例，通过风雨连廊连接铁路站点，保证了市民出行不受恶劣天气影响，又大大缩短了交通时间，并通过商业、住宅等混合用途的发展，推动了地区经济的增长。

目前，仍有多条铁路轨道交通线仍在建设中，并将于未来2~3年内建成通车。预计到2020年，香港的铁路总长度将达到270km；全线多达99个铁路站及68个轻铁站；车站1km范围，将覆盖香港境内70%的人口居住区并满足80%人口的就业需求。铁路建设带来的推动效益毋庸置疑。

案例2：旧城改造——东九龙计划

香港经过40多年的发展，已经迈入中年城市行列，没有大量的新鲜土地供应，因此只有坚

持"绿化，景观，保育"的可持续发展方针，才能在现有基础上推陈出新，为香港的发展注入源源不断的活力。正在建设中的东九龙旧城改造计划，就是一次影响深远的实践和改革。

东九龙地区是香港旧启德机场的所在地，整个改造项目约占320万m²，预计容纳86000居民。计划通过建设游艇码头、商场、星级酒店、开放式公园、低密度住宅及政府机构办公楼等，将东九龙打造成维多利亚港沿岸又一现代化高品质综合性社区。

目前的九龙塘工业区，仍留有大量的工业大厦，其中不乏一些久负盛名的老品牌企业，如九龙面粉厂。这些造型独特的工厂大厦，记录了香港人民几十年来勤勤恳恳、艰苦创业的辛劳与汗水，具有非常重要的纪念价值，因此将最大限度地得以保留和修葺。

政府将继续遵循轨道交通导向的发展模式，通过建设地铁和环保连接系统线路，在低碳排放的前提下，满足这一区域的交通需求；建筑规划上，也将继续采用阶梯式高度设计，由内港至沿海，逐渐降低建筑物高度，最大程度上保证景观视觉通道及海滨长廊的建设；同时，所有的规划都将严格遵守山景不受建筑物遮挡的相关高度限制标准，保证狮子山山脊线的完整性。

案例3：东涌新城建设发展计划

东涌，作为香港西面最接近香港国际机场的大型综合社区，经过了多年的持续发展，已由原来的郊野地区逐步发展成为集居住、商业、休闲娱乐为一体的综合性特色社区；大屿山天坛大佛，昂坪360缆车线，东荟城大型一站式休闲购物中心，早已成为各方游客来香港的必经站点。

在未来的几年中，政府将着力推动以香港机场为导向的东涌再开发工程，希望通过这一区域，向世界各地的游客展示香港特色的历史文化和人文风情。北大屿郊野公园的开发，也将继续增加香港休憩用地面积，为市民开辟又一休闲、康乐、亲近大自然的理想场所，让香港向着宜居性城市迈进。

总结："包容并蓄，香港精神"

几十年来，受中西方文化的交汇影响，香港从一个小渔村式的无规划低密度发展，逐渐转向集约型有规划的高密度发展，从而铸就了今日的香港，一个多元化的丰富多彩的社会。这一路上，有香港政府的高执行力和高效管理的成果，但更多地应归功于香港在开放市场下不断进行自我调节的自主式发展模式。香港人民的灵活睿智，帮助香港一次又一次把握住世界经济浪潮中的宝贵机遇，为香港高速发展的城市建设提供了源源不断的动力。

在未来的发展过程中，我们仍将秉承香港包容豁达、积极进取的精神，继续发挥香港自由市场的高度灵活性和自主调节性，以可持续发展为最终方向，力求在实践中不断调整，完善出一套独具香港特色的集约型与宜居性相结合的发展模式，也为同类城市或地区的可持续发展提供借鉴和参考。

参考文献：
[1] A Tale Of Three Cities [J] 时代杂志，2008.
[2] Globalization and World Cities Study Group and Network，GaWC的世界级城市名册 [EB/OL] http://www.lboro.ac.uk/gawc/world2010t.html.
[3] Human Development Report 2011 − Human development statistical annex. "Human Development Report" HDRO (Human Development Report Office "United Nations Development Programme" United Nations Development Program: 127−130, 2 November 2011.
[4] 香港特别行政区2007～2008年度施政报告，2008年6月26日.
[5] 海滨事务委员会职权范围 [EB/OL] http://www.hfc.org.hk/sc/terms_of_reference/index.html.
[6] 香港历史文物保育专员办事处 [EB/OL] http://sc2.devb.gov.hk/gb/www.heritage.gov.hk/tc/about/commissioner.htm；
[7] 香港特别行政区发展局. 启动九龙东 [EB/OL] http://www.devb.gov.hk/filemanager/sc/content_769/CBD2_pamphlets.pdf.
[8] 香港政府规划署. 6.2/(2)发展建筑高度轮廓 [Z]. 城市设计指引，2006.
[9] 香港政府规划署，6.2/(2)/(a)香港岛的指引 [Z]. 城市设计指引，2006.
[10] 香港政府规划署，11空气流通意向指引 [Z]. 城市设计指引，2006.
[11] 香港政府规划署，6.2/(6)文化遗产 [Z]. 城市设计指引，2006.

附录一

2012年首届深圳市优秀总建筑师、优秀项目负责人 优秀注册建筑师获奖名单

编者按：2012年5月10日，深圳市注册建筑师协会召开了2012年首届深圳市优秀总建筑师、优秀设计项目负责人、优秀注册建筑师颁奖大会。这是深圳经济特区建立30余年来，第一次对注册建筑师进行表彰，在全国也属首次。评优每两年一次。

一、优秀总建筑师10名（国家一级注册建筑师）

宋　源	深圳华森建筑与工程设计顾问有限公司
张　晖	深圳华森建筑与工程设计顾问有限公司
张道真	深圳大学建筑设计研究院
马旭生	深圳奥意建筑工程设计有限公司
朱翌友	中建国际（深圳）设计顾问有限公司
全松旺	深圳机械院建筑设计有限公司
叶宇同	深圳市同济人建筑设计有限公司
唐志华	深圳市华阳国际工程设计有限公司
祖万安	深圳市汇宇建筑工程设计有限公司
忽　然	深圳中深建筑设计有限公司

**二、优秀设计项目负责人20名
（国家一级注册建筑师）**

谷再平	深圳华森建筑与工程设计顾问有限公司
陈　炜	深圳奥意建筑工程设计有限公司
赵嗣明	深圳奥意建筑工程设计有限公司
宁　琳	深圳奥意建筑工程设计有限公司
沈晓恒	深圳市建筑设计研究总院有限公司
林镇海	深圳市建筑设计研究总院有限公司
何敏鹏	深圳市同济人建筑设计有限公司
白　艳	中建国际（深圳）设计顾问有限公司
林彬海	深圳市清华苑建筑设计有限公司
黎　宁	深圳大学建筑设计研究院
梁绿荫	深圳市和华博创建筑设计有限公司
张　镭	深圳市镭博建筑设计咨询有限公司
侯　军	深圳市建筑设计研究总院有限公司
郭赤贫	深圳机械院建筑设计有限公司
蒋红微	深圳机械院建筑设计有限公司
王　晴	深圳机械院建筑设计有限公司
陈　颖	深圳机械院建筑设计有限公司
李朝晖	深圳机械院建筑设计有限公司
廉树欣	深圳市汇宇建筑工程设计有限公司
王亚杰	深圳市华阳国际工程设计有限公司

三、优秀注册建筑师34名（国家一级注册建筑师）

艾志刚	深圳大学建筑设计研究院
陈　方	深圳大学建筑设计研究院
杨文焱	深圳大学建筑设计研究院
肖　蓝	深圳华森建筑与工程设计顾问有限公司
石海波	深圳奥意建筑工程设计有限公司
陈晓然	深圳奥意建筑工程设计有限公司
张凌飞	深圳市同济人建筑设计有限公司
顾　锋	深圳市同济人建筑设计有限公司
张　玮	深圳市建筑设计研究总院有限公司
冯　春	深圳市建筑设计研究总院有限公司
苏剑琴	中建国际（深圳）设计顾问有限公司
张震洲	中建国际（深圳）设计顾问有限公司
白　汝	中建国际（深圳）设计顾问有限公司
何南溪	深圳市深大源建筑技术研究有限公司
刘传海	深圳市深大源建筑技术研究有限公司
龙　武	深圳市广泰建筑设计有限公司
陈卫伟	深圳市广泰建筑设计有限公司
韩新明	深圳市华森建筑工程咨询有限公司
刘建平	深圳市华森建筑工程咨询有限公司
刘　丹	深圳市建筑科学研究院有限公司
黄瑞言	深圳市清华苑建筑设计有限公司
陈　竹	深圳市清华苑建筑设计有限公司
陈　蓉	深圳市清华苑建筑设计有限公司
卢　捷	深圳市清华苑建筑设计有限公司
张　涛	深圳市清华苑建筑设计有限公司
吴科峰	深圳中海世纪建筑设计有限公司
林　文	深圳市方佳建筑设计有限公司
周　鸽	深圳市方佳建筑设计有限公司
吴　超	深圳市建筑设计研究总院有限公司
唐世民	深圳市大唐世纪建筑设计事务所
王丽娟	深圳市建筑设计研究总院有限公司
唐　谦	深圳市宝安建筑设计院
丁　荣	深圳市博艺建筑工程设计有限公司
温震阳	艾奕康建筑设计（深圳）有限公司

附录二

2012年深圳市注册建筑师会员名录（含香港与内地互认注册建筑师会员）

深圳市注册建筑师协会2012年单位会员名录

1. 深圳市建筑设计研究总院有限公司	16. 深圳市新城市规划建筑设计有限公司
2. 深圳市建筑设计研究总院有限公司第一分公司	17. 深圳市欧博工程设计顾问有限公司
3. 深圳市建筑设计研究总院有限公司第二分公司	18. 深圳市鑫中建筑设计顾问有限公司
4. 深圳市建筑设计研究总院有限公司第三分公司	19. 深圳市国际印象建筑设计有限公司
5. 深圳大学建筑设计研究院	20. 深圳市物业国际建筑设计有限公司
6. 深圳华森建筑与工程设计顾问有限公司	21. 深圳市博万建筑设计事务所
7. 深圳奥意建筑工程设计有限公司	22. 深圳市东大建筑设计有限公司
8. 筑博设计股份有限公司	23. 深圳市大唐世纪建筑设计事务所
9. 深圳市清华苑建筑设计有限公司	24. 深圳市汇宇建筑工程设计有限公司
10. 深圳机械院建筑设计有限公司	25. 深圳市陈世民建筑设计事务所有限公司
11. 中建国际(深圳)设计顾问有限公司	26. 艾奕康建筑设计（深圳）有限公司
12. 深圳市同济人建筑设计有限公司	27. 深圳市天合建筑设计事务所有限公司
13. 北京市建筑设计研究院深圳院	28. 深圳市梁黄顾艺恒建筑设计有限公司
14. 深圳市华阳国际工程设计有限公司	29. 深圳中深建筑设计有限公司
15. 深圳市精鼎建筑工程咨询有限公司	30. 深圳市市政设计研究院有限公司

深圳市注册建筑师协会2012年会员名录

1. 深圳市建筑设计研究总院有限公司 114人				SZ0692	罗晓	SZ0693	麦毅峰	SZ0714	谢扬

ZS035	范晖涛	ZS032	黄晓东	ZS015	张一莉	SZ0695	聂威	SZ0696	宁坤	SZ0340	晏卫东
ZS029	李泽武	ZS007	陈邦贤	ZS023	楚锡璘	SZ0728	韩启连	SZ0697	沈晓恒	SZ0718	杨洋
ZS024	黄厚泊	ZS031	梁焱	ZS034	陈福谦	SZ0699	孙文静	SZ0700	邰仁记	SZ0720	苑宁
SZ0724	张雪梅	SZ0373	郑昕	SZ0725	赵似蓉	SZ0726	郑亚军	SZ0703	涂宇红	SZ0558	张欢
ZS 032	黄晓东	SZ0686	刘冠豪	SZ0687	刘金萍	SZ0704	万兆	SZ0705	王超	SZ0723	张玮
SZ0685	刘白华	SZ0727	周德成	ZS034	陈福谦	SZ0707	王堃	SZ0708	王丽娟	SZ0374	王则福
ZS023	楚锡璘	ZS040	李泽武	ZS041	梁焱	SZ0688	刘巍	SZ0709	王荣	SZ0712	吴旻
SZ0653	陈更新	SZ0654	陈广林	SZ0655	陈慧芬	SZ0689	刘志辉	SZ0710	王子驹	SZ0715	许红燕
SZ0656	陈建宇	SZ0657	陈险峰	SZ0658	陈一川	SZ0691	罗伟	SZ0713	谢超荣	SZ0343	杨玮琳
SZ0659	陈云涛	SZ0660	谌礼斌	SZ0377	邓惠豪	SZ0694	那向谦	SZ0716	许懋瑜	SZ0527	叶美嫦
SZ0661	范慧敏	SZ0662	方锐	SZ0663	冯春	SZ0375	丘刚	SZ0717	杨艳	SZ0721	岳红文
SZ0664	高方明	SZ0665	高国芬	SZ0730	张杨	SZ0698	孙辉	SZ0719	袁方方	SZ0722	张琳
SZ0731	程正义	SZ0666	关仙灵	SZ0667	郭非	SZ0701	汤照晖	SZ0288	曾俊英	SZ0344	张文清
SZ0668	郭世强	SZ0669	韩斌	SZ0670	韩庆	SZ0376	万军	SZ0321	张凌	SZ0706	王光中
SZ0671	何植春	SZ0672	贺江	SZ0673	洪绍军	**2. 深圳大学建筑设计研究院 30人**							
SZ0674	侯军	SZ0675	黄冠亚	SZ0676	黄旻	ZS030	张道真	ZS033	高青	SZ0056	孙颐潞
SZ0677	黄小薇	SZ0732	刘小义	SZ0678	姜红涛	SZ0057	吴向阳	SZ0058	何川	SZ0059	赵阳
SZ0679	金峰	SZ0680	金建平	SZ0378	蓝江	SZ0060	李勇	SZ0061	黎宁	SZ0062	龚维敏
SZ0690	李丹麟	SZ0289	李长兰	SZ0545	李伟民	SZ0589	蔡瑞定	SZ0064	宋向阳	SZ0065	陈佳伟
SZ0563	李文鑫	SZ0681	李信言	SZ0682	李旭	SZ0066	傅洪	SZ0067	俞峰华	SZ0068	马越
SZ0683	梁文流	SZ0162	林绿野	SZ0684	林镇海	SZ0069	朱继毅	SZ0070	殷子渊	SZ0071	杨文焱
SZ0729	张英豪	SZ0549	刘争	SZ0342	王玥蓁	SZ0072	钟波涛	SZ0073	饶小军	SZ0074	夏春梅
SZ0690	柳军	SZ0341	罗韶坚	SZ0711	吴超	SZ0075	李智捷	SZ0076	陈方	SZ0077	黄大田

SZ0078	赵勇伟	SZ0079	朱文健	SZ0080	孙丽萍
SZ0081	王鹏	SZ0082	邓德生	SZ0520	钟中

3. 深圳大学建筑与城市规划学院　1人

ZS003	艾志刚

4. 深圳市市政设计研究院有限公司　2人

ZS021	李明	SZ0514	蔡旭星

5. 深圳市城市规划设计研究院有限公司　3人

SZ0025	赵映辉	sz0651	陈一新	sz0652	王昕

6. 深圳华森建筑与工程设计顾问有限公司　17人

ZS 004	宋源	SZ0121	肖蓝	SZ0122	李舒
SZ0123	郭智敏	SZ0124	常发明	SZ0125	徐丹
SZ0127	王晓东	SZ0129	张晖	SZ0130	谷再平
SZ0132	代瑜婷	SZ0133	喻晔	SZ0134	谢东
SZ0135	胡光瑾	SZ0629	万友吉		

7. 深圳奥意建筑工程设计有限公司　14人

ZS 016	赵嗣明	SZ0622	程亚珍	SZ0290	陈炜
SZ0291	陈晓然	SZ0292	陈泽斌	SZ0294	罗蓉
SZ0295	马旭生	SZ0623	郑旭华	SZ0297	宁琳
SZ0624	罗伟浪	SZ0300	石海波	SZ0301	孙明
SZ0302	袁春亮	SZ0625	梁伟		

8. 筑博设计股份有限公司　29人

ZS 020	孙慧玲	ZS038	俞伟	ZS 040	赵宝森
SZ0176	刘卫平	SZ0177	毛墨丰	SZ0178	孙立军
SZ0179	万文辉	SZ0180	王棣	SZ0181	王旭东
SZ0182	徐蓓蓓	SZ0183	杨晋	SZ0184	杨为众
SZ0185	姚亮	SZ0186	姚阳	SZ0188	张宇星
SZ0189	钟乔	SZ0190	周杰	SZ0617	孙卫华
SZ0173	顾斌	SZ0174	刘瀚	SZ0610	梁景锋
SZ0611	刘建红	SZ0612	刘晓英	SZ0613	马以兵
SZ0614	佘赟	SZ0615	杨鹫	SZ0616	陈琪
SZ0172	戴溢敏	SZ0618	王京戈		

9. 香港华艺设计顾问（深圳）有限公司　29人

ZS2013	盛烨	SZ0345	陈日飙	SZ0346	郭文波
SZ0347	郭艺端	SZ0348	黄鹤鸣	SZ0349	黄宇奘
SZ0350	蒋昱	SZ0351	雷冶国	SZ0352	林毅
SZ0353	卢永刚	SZ0354	鲁艺	SZ0355	陆强
SZ0356	马艳良	SZ0357	潘玉琨	SZ0358	钱欣
SZ0359	司徒雪莹	SZ0360	宋云岚	SZ0361	孙剑
SZ0362	陶松文	SZ0363	万慧茹	SZ0364	王璐
SZ0365	魏玮	SZ0366	张玲	SZ0367	张楠
SZ0368	赵晖	SZ0369	赵强	SZ0370	周戈钧
SZ0371	周新	SZ0372	邹宇正		

10. 深圳市清华苑建筑设计有限公司　26人

ZS012	李维信	SZ0259	林彬海	SZ0260	江卫文
SZ0261	黄瑞言	SZ0262	李念中	SZ0263	卢捷

SZ0264	陈竹	SZ0265	陈蓉	SZ0266	葛铁昶
SZ0267	韩志刚	SZ0268	张涛	SZ0269	卢杨
SZ0270	个粤炜	SZ0271	雷美琴	SZ0272	周芳麟
SZ0273	李兆慧	SZ0274	马群柱	SZ0275	华勤增
SZ0276	李增云	SZ0277	丘亦群	SZ0278	赵星
SZ0594	罗锦维	SZ0281	刘尔明	SZ0593	崔颖
SZ0279	叶佳	SZ0280	张生强		

11. 深圳机械院建筑设计有限公司　15人

SZ0309	陈颖	SZ0311	郭赤贫	SZ0312	姜庆新
SZ0313	蒋红薇	SZ0314	李朝晖	SZ0315	李旭
SZ0316	梁二春	SZ0317	卢燕久	SZ0318	全松旺
SZ0319	王晴	SZ0320	许锐	SZ0282	曹汉平
SZ0572	陈乐中	SZ0573	肖锐	SZ0574	张晓丹

12. 中建国际（深圳）设计顾问有限公司　13人

ZS008	庄葵	ZS018	司小虎	SZ0405	关巍
SZ0410	朱翌友	SZ0422	郭宇鹏	SZ0423	苏剑琴
SZ0424	伍涛	SZ0425	夏波	SZ0426	谢芳
SZ0428	颜奕填	SZ0429	禹庆	SZ0430	张震洲
SZ0431	朱宁				

13. 深圳市中建西南院设计顾问有限公司　4人

SZ0447	邵吉章	SZ0448	杨东明	SZ0449	张斌
SZ0450	邹志岚				

14. 北京市建筑设计研究院深圳院　2人

SZ0499	陈知龙	SZ0500	马自强

15. 深圳市同济人建筑设计有限公司　12人

SZ0104	叶宇同	SZ0105	邓伯阳	SZ2107	陈文春
SZ0108	高泉	SZ0109	顾锋	SZ0110	徐罗以
SZ0111	龙蔓	SZ0112	赵新宇	SZ0113	乐玉华
SZ0114	何敏鹏	SZ0115	张凌飞	SZ0548	陈德明

16. 中国建筑东北设计研究院有限公司深圳分公司　8人

SZ0632	任炳文	SZ0633	刘战	SZ0634	郝鹏
SZ0635	杨海荣	SZ0636	张强	SZ0637	刘泽生
SZ0638	陈正伦	SZ0639	吴伟枢		

17. 深圳市大正建设工程咨询有限公司　5人

SZ0141	吴斌	SZ0142	郭甲英	SZ0143	方尤
SZ0144	刘小秋	SZ0145	刘春春		

18. 深圳市华阳国际工程设计有限公司　18人

ZS019	唐志华	SZ0451	江泓	SZ0540	赵雪
SZ0453	杨昕	SZ0454	周放	SZ0155	朱行福
SZ0456	符润红	SZ0457	江伟	SZ0459	梁琼
SZ0460	孙逊	SZ0461	王亚杰	SZ0462	翁苓
SZ0463	吴昱	SZ0464	谢泽强	SZ2465	徐洪
SZ2466	尹宇波	SZ0467	郑攀登	SZ0539	陈晨

19. 深圳市北林苑景观及建筑规划设计院有限公司　18人

SZ0053	刘筠	SZ0054	章锡龙	SZ0055	何倩

zs009	毛晓冰	sz654	张惠锋	sz655	朱毅军
sz656	温震阳	sz657	王帆叶	sz658	褚彬
sz659	胡恩水	sz660	王一旻	sz653	金逸群
sz661	王越黎	sz662	沈利	sz663	梁新平
sz664	蒋宪新	sz665	钟兵	sz666	关钊贤

20. 深圳市电子院设计顾问有限公司　1人

SZ0298	欧阳军

21. 深圳市宝安规划设计院　4人

SZ0387	范依礼	SZ2476	黄曼莉	SZ2477	赖志辉
SZ0630	李向阳				

22. 深圳市华森建筑工程咨询有限公司2人

SZ0047	刘建平	SZ0048	韩新明

23. 深圳市园林设计装饰工程有限公司1人

SZ0146	王辉

24. 深圳供电规划设计院有限公司2人

SZ0535	窦守业	SZ2547	吕书源

25. 深圳左肖思建筑师事务所有限公司3人

ZS010	左肖思	SZ0561	李晞	SZ0562	温娜

26. 中国建筑科学研究院深圳分院2人

SZ0591	刘标志	SZ0592	杨雪军

27. 深圳市燃气工程设计有限公司1人

SZ0032	吴艳萍

28. 深圳市都市建筑设计有限公司3人

SZ0605	李琦	SZ0606	文毅	SZ0607	符永侠

29. 深圳市精鼎建筑工程咨询有限公司2人

SZ0003	梁梅	SZ0004	黄亮棠

30. 深圳市华鼎晟工程设计顾问有限公司2人

SZ0005	杨凯	SZ0006	甄依群

31. 深圳市中航建筑设计有限公司7人

SZ0336	付苓	SZ0337	石东斌	SZ0338	刘鹏
SZ2339	靳波	SZ2567	赵怀军	SZ0569	彭韶辉
SZ0568	宋桂清				

32. 深圳艺洲建筑工程设计有限公司　4人

SZ0027	唐谦	SZ0643	方巍	SZ0644	韩嘉为
SZ0645	黄迎晓				

33. 哈尔滨工业大学建筑设计研究院深圳分院2人

SZ0194	智益春	SZ0195	智勇杰

34. 深圳市粤鹏建筑设计有限公司3人

SZ0398	宋洪森	SZ0399	周志宏	SZ0400	卢立澄

35. 深圳迪远工程审图有限公司2人

SZ0043	黄敏	SZ0044	张蒨

36. 深圳钢铁院建筑设计有限公司3人

SZ0215	罗清	SZ0216	许淳然	SZ0217	庄莉

37. 深圳雅本建筑设计事务所有限公司3人

SZ0013	沈桦	SZ0014	费晓华	SZ0380	徐中华

38. 深圳市利源水务设计咨询有限公司　1人

SZ0094	朱东宇

39. 深圳市广泰建筑设计有限公司　5人

SZ0154	陈卫伟	SZ0155	龙武	SZ0156	何冀
SZ0583	胡磊帆	SZ0584	陈可		

40. 深圳市建筑科学研究院有限公司　9人

ZS005	叶青	SZ0509	沈驰	ZS037	王欣
SZ0505	刘丹	SZ0506	孙延超	SZ0507	魏新奇
SZ0508	杨万恒	SZ0627	侯秀文	SZ0628	洪文顿

41. 深圳市新城市规划建筑设计有限公司　5人

SZ0021	路凤岐	SZ0023	何建恒	SZ0024	李滨
SZ2557	陈莉	SZ0015	朱少威		

42. 深圳市华筑工程设计有限公司　3人

SZ0085	李晓霞	SZ0086	梅宁	SZ0087	李长明

43. 深圳市欧博工程设计顾问有限公司　10人

SZ0411	丁荣	SZ0412	冯秀芬	SZ0413	康彬
SZ0414	龙卫红	SZ0415	涂靖	SZ2416	王持真
SZ0417	谢军	SZ0418	叶林青	SZ0419	张长文
SZ0420	张厚珄				

44. 深圳市方佳建筑设计有限公司　3人

SZ0517	林文	SZ0518	林青	SZ0519	周鸽

45. 深圳市天华建筑设计有限公司　5人

SZ0098	苏亚	SZ0099	伍颖梅	SZ0100	郭春宇
SZ0101	叶兴铭	SZ0581	王皓		

46. 深圳市协鹏建筑与工程设计有限公司　6人

SZ0529	叶景辉	SZ0559	张志强	SZ0560	周静
SZ0284	董善白	SZ0285	郑晖	SZ0287	朱希

47. 深圳星蓝德工程顾问有限公司　1人

SZ0045	黄澍华

48. 深圳市宗灏建筑师事务所有限公司　3人

SZ0564	于春艳	SZ0565	何军	SZ0590	于雪梅

49. 深圳市瀚旅建筑设计顾问有限公司　2人

SZ0196	陈丽娜	SZ0197	吕之林

50. 深圳市鑫中建建筑设计顾问有限公司　1人

SZ0049	方金荣

51. 深圳市梁黄顾艺恒建筑设计有限公司　2人

SZ0620	王君友	SZ0621	曾繁

52. 深圳华新国际建筑工程设计顾问有限公司　6人

SZ0381	邓枢城	SZ0382	黄薇	SZ0383	林劲峰
SZ2384	刘苹苹	SZ0385	罗林	SZ2386	汪茹萍

53. 深圳市城建工程设计有限公司　1人

SZ0501	罗展帆

54. 深圳市蓝森建筑设计有限公司　5人

SZ0206	裴峻	SZ0207	郭梅红	SZ0208	卢峰
SZ0209	范大焜	SZ2100	关京敏		

55. 深圳市广汇源水利勘测设计有限公司　3人					
SZ2088	刘灼华	SZ2089	邓 平	SZ2090	刘 欣

56. 深圳市国际印象建筑设计有限公司　6人					
SZ0330	黄任之	SZ0331	李建荣	SZ0332	李德明
SZ0333	李新华	SZ0334	梁瑞荣	SZ0335	徐春锦

57. 深圳市物业国际建筑设计有限公司　4人					
SZ0028	朱能伟	SZ0029	李志平	SZ0030	薛琨邻
SZ2031			喻文学		

58. 何显毅建筑师楼　1人		
SZ0001		聂光惠

59. 深圳市农科园林装饰工程有限公司　1人		
SZ2491		王乐愚

60. 深圳中咨建筑设计有限公司　3人					
SZ0242	吴 朋	SZ0243	刘 滨	SZ0244	张小花

61. 深圳中深建筑设计有限公司　2人			
SZ0102	余 加	SZ0103	忽 然

62. 深圳天阳工程设计有限公司　4人					
SZ0249	黄 欣	SZ0250	俞 昉	SZ0251	邓伯钧
SZ0252	刘 全				

63. 深圳市筑道建筑工程设计有限公司　3人					
SZ0390	陈一丹	SZ0393	谭 竣	SZ0397	韦志强

64. 中信建筑设计（深圳）研究院有限公司　5人					
SZ0528	刘 晖	SZ0522	周才贵	SZ0523	韩 辉
SZ0609	卢红燕	SZ2521	段 方		

65. 深圳市华蓝设计有限公司　1人		
ZS025		高磊明

66. 深圳市三境建筑设计事务所　3人					
SZ0226	许安之	SZ0227	胡 异	SZ0228	段敬阳

67. 深圳市深大源建筑技术研究有限公司　3人					
SZ0050	刘传海	SZ0051	李晓光	SZ0052	何南溪

68. 深圳市中汇建筑设计事务所　4人					
SZ0041	张中增	SZ0042	赵学军	SZ0157	肖 楠
SZ0158			谭玉阶		

69. 深圳市朝立四方建筑设计事务所　7人					
SZ0147	陈德军	SZ0148	何永屹	SZ0149	孔力行
SZ0150	李 笠	SZ0151	张伟峰	SZ0152	赵国兴
SZ0153	赵晓东				

70. 深圳市镒铭建筑设计有限公司　3人					
SZ0444	韩 曙	SZ0445	李 颖	SZ0446	王 承

71. 深圳市博万建筑设计事务所　7人					
ZS039	陈新军	SZ0468	陈 伟	SZ0470	李亚新
SZ0471	吴 健	SZ0472	肖 唯	SZ0473	姚俊彦
SZ0474			于清川		

72. 大地建筑事务所（国际）深圳分公司　2人			
SZ0170	李 岩	SZ0171	刘 筱

73. 深圳市库博建筑设计事务所有限公司　5人					
SZ0008	邱慧康	SZ0009	何光明	SZ0010	彭光曦
SZ0011	范纯青	SZ0012	向大庆		

74. 深圳市东大建筑设计有限公司　9人					
SZ0218	陈 玲	SZ0219	满 志	SZ0220	苏琦韶
SZ0221	汤健虹	SZ0222	韦 真	SZ0223	袁 峰
SZ0575	胡 静	SZ0576	揭鸣浩	SZ0577	朱 斗

75. 中铁工程设计院有限公司　1人		
SZ0246		唐 炜

76. 西安建筑科技大学建筑设计研究院深圳分院　2人			
SZ0038	赵越林	SZ0039	王东生

77. 深圳合大国际工程设计有限公司　3人					
SZ0602	黄 河	SZ0603	负 娜	SZ0604	陈治新

78. 深圳大学城市规划设计研究院　1人		
SZ0083		冯 鸣

79. 深圳市大唐世纪建筑设计事务所　4人					
ZS036	郭怡淬	SZ0040	唐世民	SZ0230	臧勇建
SZ2232	龚 伟				

80. 深圳市水木清建筑设计事务所　7人					
SZ0595	林怀文	SZ0596	张维昭	SZ0597	朱鸿晶
SZ0598	庄绮琴	SZ0599	麦浩明	SZ0600	陈怡姝
SZ0601	刘国彬				

81. 广东建筑艺术设计院有限公司深圳分公司　2人			
SZ0530	郭恢扬	SZ0531	江慧英

82. 深圳奥雅景观与建筑规划设计有限公司　2人			
SZ2163	李凤亭	SZ2164	申云安

83. 深圳市汇宇建筑工程设计有限公司　9人					
ZS001	刘 毅	ZS017	祖万安	SZ0200	廉树欣
SZ0201	王桂艳	SZ0202	周松华	SZ0204	王 臣
SZ0205	银 峰	SZ0203	曾昭薇	SZ0626	汤介璇

84. 深圳中广核工程设计有限公司　5人					
SZ0035	巩 霞	SZ0036	王建军	SZ2033	王青霞
SZ2034	郑福现	SZ0037	吴 松		

85. 深圳市明润建筑设计有限公司　3人					
SZ0211	陈泽伟	SZ0212	彭 谦	SZ0213	邓志东

86. 深圳市工大国际工程设计有限公司　3人					
SZ0191	崔学东	SZ0192	王永钢	SZ0193	伍剑文

87. 中外建工程设计与顾问有限公司深圳分公司　1人		
SZ0640		徐金荣

88. 广东广玉源工程技术设计咨询有限公司　2人			
ZS026	黄石宝	SZ0002	陈新宇

89. 深圳市张孚珮建筑设计事务所　2人			
SZ0095	张孚珂	SZ0097	郭振玉

90. 深圳中海世纪建筑设计有限公司　9人					
SZ0305	吴科峰	SZ0306	蒋雪枫	SZ0307	梁 呐

SZ0308	宋兴彦	SZ0646	陈选科	SZ0647	胡振中
SZ0648	龙呼	SZ0649	时芳萍	SZ0650	赵献忠

91. 深圳市良图设计咨询有限公司　2人

SZ0492	苏红雨	SZ0493	张国海		

92. 深圳市汤桦建筑设计事务所有限公司　2人

ZS022	汤桦	SZ0159	张光泓		

93. 广西华蓝设计集团有限公司深圳分公司　1人

ZS028			吴经护		

94. 深圳市金城艺装饰设计工程有限公司　1人

SZ0026			李宁		

95. 深圳市大地景观设计有限公司　1人

SZ0046			邓宇昱		

96. 深圳市朗程师地域规划设计有限公司　3人

SZ2091	刘乐康	SZ2092	卢昌海	SZ2619	刘群有

97. 深圳市中外园林建设有限公司　1人

SZ0093			黄玉书		

98. 北京森磊源建筑规划设计有限公司深圳分公司　1人

SZ0120			靳炳勋		

99. 深圳市津屹建筑工程顾问有限公司　2人

SZ0160	吴进年	SZ0551	黄嘉玮		

100. 深圳市东大景观设计有限公司　3人

SZ2214	陈健	SZ0503	周永忠	SZ2504	朱士彪

101. 深圳市建艺国际工程顾问有限公司　1人

SZ0225			王建		

102. 深圳长城家具装饰工程有限公司　1人

SZ0229			顾崇声		

103. 深圳原匠建筑设计公司　1人

SZ0231			赵侃		

104. 深圳市华洲建筑工程设计有限公司　3人

SZ0233	陈井坤	SZ0234	方永超	SZ0235	罗凌

105. 北京世纪中天国际建筑设计有限公司　1人

SZ0245			叶荣		

106. 香港恒基兆业地产有限公司　1人

SZ0304			文彦		

107. 深圳市陈世民建筑设计事务所有限公司　5人

SZ0324	刘鸿	SZ0325	苏勋雨	SZ0326	王阳
SZ0327	宛杨	SZ0323	韩璐		

108. 深圳市中泰华翰建筑设计有限公司　2人

SZ0328	兰燕	SZ0329		张小波	

109. 深圳市求是图建筑设计事务所有限公司　3人

SZ0441	韩晶	SZ0442	孔勇	SZ0443	李伟

110. 深圳市和华博创建筑设计有限公司　1人

SZ0458			梁绿荫		

111. 深圳筑诚时代建筑设计有限公司　2人

SZ0478	朱加林	SZ0578	陈耀光		

112. 深圳市四季青园林花卉有限公司　2人

SZ2490	李洁	SZ2641	苗国军		

113. 北京中建恒基工程设计有限公司　1人

SZ0494			郑阳		

114. 深圳市中金岭南有色金属股份有限公司　3人

SZ2511	黄益泉	SZ2513	邹利广	SZ2510	陈正强

115. 建学建筑与工程设计所有限公司　1人

SZ0516			于天赤		

116. 深圳市天合建筑设计事务所有限公司　3人

SZ0524	周锐	SZ0525	郑莹	SZ0526	陈周文

117. 深圳市阿特森泛华环境艺术设计有限公司　1人

SZ0532			陈广智		

118. 北京东方华太建筑设计工程有限责任公司深圳分公司　2人

SZ0533	司徒泉	SZ0534	周西显		

119. 深圳市慧创建筑设计有限公司　2人

SZ0546	梁志伟	SZ0550	王凯		

120. 深圳九州建设监理有限公司　1人

SZ0552			刘功勋		

121. 深圳市镭博建筑设计咨询有限公司　1人

SZ0553			张镭		

122. 广东中绿园林集团有限公司　2人

SZ2555	包沛岩	SZ2556	傅礼铭		

123. 深圳市创和建筑设计事务所有限公司　2人

SZ0570	黄舸	SZ0571	黄焰		

124. 重庆大学建筑设计研究院深圳分部　1人

SZ0579			杨凡		

125. 深圳大学建筑与城市规划学院
深圳大学城市规划设计研究院　1人

SZ0582			杨华		

126. 深圳市华汇建筑设计事务所（普通合伙）　3人

SZ0536	林娜	SZ0537	牟中辉	SZ0538	肖诚

127. 深圳市世房环境建设（集团）有限公司　1人

SZ2586			熊兴龙		

128. 深圳市华江建筑设计有限公司　2人

SZ0587	何国华	SZ0588	缪军		

129. 深圳市耐卓园林科技工程有限公司　1人

SZ2609			黄步芬		

130. 深圳市文科园林股份有限公司　2人

SZ0240	于源	SZ0241	张树军		

131. 深圳市全至工程咨询有限公司　2人

SZ0247	王任中	SZ0248	曾志平		

132. 深圳市华盖建筑设计有限公司　1人

SZ0631			白星辰		

133. 其他单位　3人

SZ0452	唐甸飞	SZ0475	徐峰	SZ0286	朱丹丹

注：单位会员共30家，个人会员共735人

深圳市注册建筑师协会2012年资深会员名录

1. 深圳市建筑设计研究总院有限公司 9人					
ZS035	范晖涛	ZS032	黄晓东	ZS015	张一莉
ZS029	李泽武	ZS007	陈邦贤	ZS023	楚锡璘
ZS024	黄厚泊	ZS031	梁 焱	ZS034	陈福谦
2. 深圳大学建筑设计研究院 2人					
ZS030	张道真	ZS033	高 青		
3. 深圳大学建筑与城市规划学院 1人					
ZS003	艾志刚				
4. 深圳奥意建筑工程设计有限公司 2人					
ZS016	赵嗣明	ZS027	彭其兰		
5. 香港华艺设计顾问（深圳）有限公司 1人					
ZS2013	盛 烨				
6. 深圳市清华苑建筑设计有限公司 1人					
ZS012	李维信				
7. 中建国际（深圳）设计顾问有限公司 2人					
ZS008	庄 葵	ZS018	司小虎		
8. 深圳市华阳国际工程设计有限公司 1人					
ZS019	唐志华				
9. 深圳华森建筑与工程设计顾问有限公司 1人					
ZS004	宋 源				
10. 深圳左肖思建筑师事务所有限公司 1人					
ZS010	左肖思				
11. 深圳艺洲建筑工程设计有限公司 1人					
ZS011	陈文孝				

12. 深圳市建筑科学研究院有限公司 2人					
ZS005	叶 青	ZS037	王 欣		
13. 深圳市华蓝设计有限公司 1人					
ZS025	高磊明				
14. 深圳市博万建筑设计事务所 1人					
ZS039	陈新军				
15. 深圳市汇宇建筑工程设计有限公司 2人					
ZS001	刘 毅	ZS017	祖万安		
16. 广东广玉源工程技术设计咨询有限公司 1人					
ZS026	黄石宝				
17. 深圳市汤桦建筑设计事务所有限公司 1人					
ZS022	汤 桦				
18. 广西华蓝设计集团有限公司深圳分公司 1人					
ZS028	吴经护				
19. 筑博设计股份有限公司 3人					
ZS020	孙慧玲	ZS038	俞 伟	ZS040	赵宝森
20. 深圳市陈世民建筑设计事务所有限公司 1人					
ZS002	陈世民				
21. 艾奕康建筑设计（深圳)有限公司 1人					
ZS009	毛晓冰				
22. 深圳市市政设计研究院有限公司 1人					
ZS021	李 明				

134. 中樑建筑设计有限公司 1人	
HK001	欧中樑
135. 巴马丹拿建筑及工程师有限公司 1人	
HK002	李子豪
136. 亚设贝佳国际（香港）有限公司 1人	
HK003	林材发
137. 建艺公司 1人	
HK037	梁义经
138. 启杰建筑师事务所 1人	
HK005	潘启杰
139. 郭荣臻建筑设计事务所（香港）1人	
HK006	郭荣臻
140. 城设（综合）建筑师事务所有限公司 1人	
HK007	沈埃迪
141. James Lee 顾问事务所 1人	
HK008	李剑强
142. 南丰中国发展有限公司 1人	
HK009	周世雄
143. 香港戚务诚建筑师事务所 1人	
HK010	戚务诚

144. AD+RG建筑设计及研究所有限公司 香港中文大学建筑教授（部任）1人

HK011	林云峰

145. AECOM公司 1人			
HK012	邓镜华		
146. 梁黄顾建筑师（香港）事务所有限公司 8人			
HK013	符展成	HK041	卢建能	HK042	陈家伟
HK043	梁顺祥	HK045	张永健	HK046	陈皓忠
HK048	吴国辉	HK049	何伟强		
147. 南丰发展有限公司 1人			
HK038	蔡宏兴		
148. 正日建筑设计事务所有限公司 1人			
HK015	黄志伟		
149. Traces Limited 创施有限公司 1人			
HK016	刘文君		
150. 城市拓展国际有限公司 1人			
HK017	岑廷威		
151. 香港特区政府福利署建筑组/策划课 1人			
HK018	陈永荃		
152. 吕邓黎建筑师有限公司 3人			
HK019	郭嘉辉	HK020	邓文杰	HK021	黎绍坚
153. 雅砌建筑设计有限公司 2人			
HK022	乙增志	HK023	郑炳鸿		

154. 香港特别行政区周古梁建筑工程师有限公司1人	
HK039	卢志明
155. 三匠建筑事务有限公司 1人	
HK025	区百恒
156. 香港铁路有限公司 1人	
HK026	黄煜新
157. 李景动·雷焕庭建筑师有限公司 1人	
HK027	梁向军
158. 黄潘建筑师事务所有限公司 1人	
HK028	黄志光
159. 香港特别行政区政府房屋署 1人	
HK029	叶成林
160. 嘉里建设 1人	
HK030	鲍锦洲
161. 香港房屋署 1人	
HK031	佘庆仪
162. 香港城市大学 1人	
HK032	陈慧敏
163. 香港建筑师学会 1人	
HK033	谭天放

164. 四合设计有限公司 （Tetra Architects & Planners Ltd.）1人

HK040	潘浩伦

165. 潘家风专业集团 1人		
HK036	潘家风	
166. TFP Farrells Limited 1人		
HK035	李国兴	
167. 何文尧建筑师有限公司 2人		
HK050	何文尧	HK053	熊依明
168. 邝心怡建筑师事务所 1人		
HK051	邝心怡	
169. 香港政府建筑署 1人		
HK052	曾静英	
170. 信和置业有限公司 1人		
HK056	张振球	
171. 利安顾问有限公司 1人		
HK057	林光祺	
172. 自顾 1人		
HK055	潘承梓	
173. 香港演艺学院 1人		
HK058	何美娜	

附录三
《注册建筑师》编委合影

《注册建筑师》编委合影

深圳市注册建筑师协会与香港建筑师学会会员合影

深圳院长会议

深圳市住房和建设局洪海灵副局长为《注册建筑师》书刊题词，
与主编单位深圳市注册建筑师协会、副主编单位香港建筑师学会的会长、副会长、秘书长合影

深圳市注册建筑师协会与香港建筑师学会进行学术交流与技术合作

协会名誉会长修璐（右）与陈世民大师（左）

张振光嘉宾给优秀注册建筑师颁奖

陈一新嘉宾给优秀注册建筑师颁奖

深圳市优秀总建筑师

深圳市优秀项目负责人

深圳市优秀注册建筑师

颁奖大会盛况

附录四

《注册建筑师》编委风采

修 璐
职　　务：副主任
学　　位：博士、研究员
单位名称：住房和城乡建设部执业资格注册中心
　　　　　深圳市注册建筑师协会名誉会长
　　　　　兼国际合作与理论研究委员会总顾问

刘 毅
职　　务：会长
职　　称：高级建筑师
执业资格：国家一级注册建筑师
单位名称：深圳市注册建筑师协会

林光祺
职　　务：董事长、学会会长
单位名称：利安建筑顾问有限公司
　　　　　香港建筑师学会
执业资格：国家一级注册建筑师

艾志刚
职　　务：副会长、副院长
　　　　　中国建筑学会建筑师分会理事
　　　　　深圳市注册建筑师协会副会长
职　　称：教授
执业资格：国家一级注册建筑师
单位名称：深圳大学建筑与城市规划学院

叶 青
职　　务：董事长
　　　　　深圳市注册建筑师协会副会长
职　　称：教授级高级建筑师
执业资格：国家一级注册建筑师
单位名称：深圳市建筑科学研究院有限公司

陈邦贤
职　　务：副会长、院长
职　　称：教授级高级建筑师
执业资格：国家一级注册建筑师
单位名称：深圳市注册建筑师协会
　　　　　深圳市建筑设计研究总院第二设计院

张一莉
职　　务：副会长兼秘书长
职　　称：高级建筑师
执业资格：国家一级注册建筑师
单位名称：深圳市注册建筑师协会

戚务诚
职　　务：董事、首席建筑师、学会义务秘书长
执业资格：国家一级注册建筑师
　　　　　香港建筑师学会资深会员
单位名称：香港戚务诚建筑师事务所

赵嗣明
职　　务：副会长兼副秘书长
职　　称：教授级高级建筑师
执业资格：国家一级注册建筑师
单位名称：深圳市注册建筑师协会
　　　　　深圳奥意建筑工程设计有限公司

王君友
职　　务：董事
职　　称：高级建筑师
执业资格：国家一级注册建筑师
单位名称：深圳市梁黄顾艺恒建筑设计有限公司

王晓东
职　　务：总建筑师
　　　　　深圳市注册建筑师协会理事
职　　称：高级建筑师
执业资格：国家一级注册建筑师
单位名称：深圳华森建筑与工程设计顾问有限公司

宁　琳
职　　务：技术总监
职　　称：高级建筑师
执业资格：国家一级注册建筑师
单位名称：深圳奥意建筑工程设计有限公司

任炳文
职　　务：院长
职　　称：教授级高级建筑师
执业资格：国家一级注册建筑师
单位名称：中国建筑东北设计研究院有限公司深圳分公司

刘　杰
职　　务：执行总建筑师
职　　称：教授级高级建筑师
执业资格：国家一级注册建筑师
单位名称：北京市建筑设计研究院深圳院

孙慧玲
职　　务：设计总监
职　　称：高级建筑师
执业资格：国家一级注册建筑师
单位名称：筑博设计股份有限公司

陈　竹
职　　务：副总建筑师
职　　称：高级建筑师
执业资格：国家一级注册建筑师
单位名称：深圳市清华苑建筑设计有限公司

忽　然
职　　务：总建筑师
职　　称：建筑师
执业资格：国家一级注册建筑师
单位名称：深圳中深建筑设计有限公司

黄晓东
职　　务：执行总建筑师
职　　称：高级建筑师
执业资格：国家一级注册建筑师
单位名称：深圳市建筑设计研究总院有限公司

《注册建筑师》组稿·撰文

中国注册建筑师制度与管理

修　璐

林光祺　戚务诚

注册建筑师之窗

张一莉

注册建筑师执业实践与创新

建筑专题研究

艾志刚

刘　杰

任炳文

建筑技术

宁　琳

赵嗣明

忽　然

陈邦贤

绿色建筑技术

叶　青

王晓东

设计实践与工程项目管理

黄晓东

孙慧玲

建筑广角

林光祺

戚务诚

曾　繁

附录

张一莉

编后语

我国建立注册建筑师制度约有20年的历史。实践证明，实施注册建筑师制度有利于对外开放和开拓国际市场，有利十提高设计队伍和人员的素质，有利于促进工程设计质量和水平的提高，对推动勘察设计管理体制改革有巨大的促进作用。

为了总结经验，促进完善注册建筑师执业制度，我协会于2010年开始策划编撰出版《注册建筑师》。本书旨在编写成一本书写注册建筑师执业实践与创新的专业书，内容包括： 中国注册建筑师制度20年历程简介、建筑设计理论研究与探讨、注册建筑师的执业与创新，涵盖方案设计、施工图设计难点、技术创新、绿色建筑、建筑技术细则与注册建筑师之窗。还有香港建筑设计与工程管理、香港著名建筑师介绍等。

经过两年多的努力，本书得以刊印发行。在编撰过程中，我们得到深圳市住房和建设局的支持与指导，香港建筑师学会积极参与，使编撰工作顺利开展。原住房和城乡建设部执业资格注册中心副主任修璐博士，国家设计大师陈世民先生，国家设计大师孟建民先生，香港建筑师学会林光祺会长、戚务诚秘书长，华南理工大学陶郅教授等专家学者为本书框架的形成与完善作出了大量工作，发挥了积极的作用；修璐博士亲自担任撰稿及审稿；香港建筑师学会为《注册建筑师》绘下精彩的一笔，为加强港深技术合作与学术交流作出了积极的贡献，对上述机构和人员的努力与付出深表感谢。在此，还要感谢各参编单位、各位编委的共同努力。

由于时间所限，本书不全面、不妥当之处还望各界原谅，并望及时指教。

张一莉

深圳市注册建筑师协会秘书长、

《注册建筑师》主编

2012年10月1日

图书在版编目（CIP）数据

　注册建筑师2012/01 /张一莉主编.—
北京：中国建筑工业出版社，2012.11
　ISBN 978-7-112-14912-4

　Ⅰ.①注…Ⅱ.①张…Ⅲ.①建筑师–职业–研究–
深圳市 Ⅳ.①TU

　中国版本图书馆CIP数据核字 (2012) 第276920号

责任编辑：费海玲　张振光
装帧设计：肖晋兴
责任校对：张　颖　陈晶晶

封面题字：叶如棠

注册建筑师　2012/01

深圳市注册建筑师协会
香港建筑师学会

主　编　张一莉
副主编　赵嗣明　戚务诚
*
中国建筑工业出版社出版、发行（北京西郊百万庄）
各地新华书店、建筑书店经销
恒美印务（广州）有限公司印刷
*
开本：880×1230毫米　1/16　印张：16$\frac{1}{2}$　字数：550千字
2012年12月第一版　2012年12月第一次印刷
定价：148.00元
ISBN 978-7-112-14912-4
　　　　（22984）